普通高等教育"十一五"国家级

"十二五"江苏省高等学校

产品造型设计
材料与工艺

第3版

赵占西　黄明宇　何灿群
陆建华　黄黎清　于东玖　编　著

机械工业出版社

本书是普通高等教育"十一五"国家级规划教材,是工业设计专业的技术基础课用书。

本书共 11 章,内容包括:概述,工程材料的力学性能、分类及用途,表面工程与热处理技术,金属材料成形,有机高分子材料及其成形,无机非金属材料及其成形,复合材料及其成形,机械加工与特种加工,逆向工程与快速成形技术,新材料新技术新工艺,产品造型材料与工艺实例。本书内容涵盖了工业设计在工程材料和成形工艺方面所需要的基本知识、基本理论和基本技能。

本书可作为工业设计、艺术设计以及其他设计类专业教材,也可供从事工业设计和艺术设计的技术人员和管理人员参考。

图书在版编目(CIP)数据

产品造型设计材料与工艺/赵占西等编著. —3 版. —北京:机械工业出版社,2023.11 (2024.8 重印)

普通高等教育"十一五"国家级规划教材 "十二五"江苏省高等学校重点教材

ISBN 978-7-111-74185-5

Ⅰ.①产… Ⅱ.①赵… Ⅲ.①工业产品-造型设计-高等学校-教材 Ⅳ.①TB472

中国国家版本馆 CIP 数据核字(2023)第 208632 号

机械工业出版社(北京市百万庄大街 22 号 邮政编码 100037)

策划编辑:冯春生　　　　　　　　　　　责任编辑:冯春生
责任校对:郑 婕 丁梦卓 闫 焱　　封面设计:张 静
责任印制:邹 敏

河北环京美印刷有限公司印刷

2024 年 8 月第 3 版第 2 次印刷

210mm×285mm·16.25 印张·530 千字

标准书号:ISBN 978-7-111-74185-5

定价:59.80 元

电话服务　　　　　　　　　　　　网络服务

客服电话:010-88361066　　　机 工 官 网:www.cmpbook.com
　　　　　010-88379833　　　机 工 官 博:weibo.com/cmp1952
　　　　　010-68326294　　　金 书 网:www.golden-book.com
封底无防伪标均为盗版　　机工教育服务网:www.cmpedu.com

第3版前言

本书的第 1 版于 2008 年 8 月正式出版，共印刷 7 次，累计 2 万册；第 2 版于 2016 年 6 月正式出版，至今已印刷 12 次，累计 3.7 万册。本书从设计类专业角度出发，内容新而实用，重点、难点突出，叙述详尽，所举实例多选取与生活相关的产品，符合设计类专业学生的认知规律。本书配有电子多媒体课件，更加丰富了教材的内容，便于学生理解和掌握。

本书从满足专业教学需要出发，强调实用，突出工程实践，适度精简了工艺原理等内容，并注意应用科技前沿技术和手段，突出产品设计的时代要求。与第 2 版相比，本书在以下几个方面做了改进：

1) 第 2 版中涉及的国家标准部分已经过时并有新的标准实施，故采用最新国家标准替换了旧标准，以适应技术发展的需求。

2) 为了使设计类专业的读者更方便、易懂，增加了部分工艺图，简化了部分零件结构图。

3) 为了突出真实感，在工艺原理中增加了实物图。

4) 对材料微观结构、同位素等内容进行了精简和删除。

5) 对涉及的具体材料牌号，只列出几组代表性牌号，不按照标准全部列出。

6) 将第 2 版中的别字、错字以及表述欠准确之处进行了更正。

7) 对成形工艺中过于专业和深奥的部分内容进行了简化和通俗化处理。

8) 根据目前专业教学需要，总体内容略有缩减。

9) 增加配套视频资源，通过扫描书中的二维码即可观看工艺原理的动画、视频等内容。

在本书的使用过程中，兄弟院校的老师们给予了大力支持并提出了很多宝贵意见。本书的修订还征求了部分设计类专业授课教师和学生的建议。在此对这些老师和学生表示衷心的感谢！

本书在 2008 年被列入普通高等教育"十一五"国家级规划教材之后，于 2011 年被评为江苏省高校精品教材，2014 年被列入"十二五"江苏省高等学校重点教材。

本书第 1 章由赵占西、于东玖编写，第 2、3、4 章由赵占西编写，第 5、6 章由黄黎清编写，第 7 章由何灿群编写，第 8 章由陆建华编写，第 9、10 章由黄明宇编写，第 11 章由黄明宇、何灿群编写。全书由赵占西统稿。

感谢机械工业出版社、河海大学、南通大学、江苏大学、南京工业大学、南通理工学院在本书编写过程中给予的大力支持。

由于编者水平有限，虽竭尽全力但书中仍难免有错误与欠妥之处，敬请读者批评指正。

编　者

第 2 版前言

本书从工业设计专业实际出发，强调实用，突出工程实践，内容适度精练，并注意跟踪科技前沿，合理反映时代要求。与第 1 版相比，本书在以下几个方面做了改进：

1）根据读者建议，将材料分类中的木材划分到有机高分子材料类。

2）第 1 版中涉及的国家标准有些已经过时并有新的标准实施，故采用新的国家标准替换了旧标准，以适应技术发展的需求。

3）修订了书中所有图中存在的问题，如指代、标注错位，细节方面的不足等；按照新的图样标注标准标注了加工符号。

4）增加和更换了部分插图。

5）为了使读者更方便、易懂，增加了部分工艺图，简化了部分零件图。

6）将文中别字、错字以及表述错误之处进行了更正。

7）对各种设计材料和成形工艺中非常专业和深奥的部分进行了简化和通俗化处理，以便于设计类专业学生的理解和学习。

8）在第 4 章增加了"金属材料在工业设计中的应用"。

本书在使用过程中受到了兄弟院校的普遍欢迎，同时他们也提出了很多宝贵意见，修订前也征求了工业设计专业学生的一些意见和建议，在此表示衷心的感谢！

本书在 2008 年被列入普通高等教育"十一五"国家级规划教材之后，于 2011 年被评为江苏省高校精品教材，2014 年被列入"十二五"江苏省高等学校重点教材（编号：2014-1-056）。

感谢机械工业出版社、河海大学、南通大学、江苏大学、广东工业大学在本书编写过程中给予的大力支持。

由于编者水平有限，虽竭尽全力但书中仍难免有错误与欠妥之处，敬请读者批评指正。

编　者

第1版前言

本书是根据教育部高等学校工业设计专业教学指导分委员会2006年全国工业设计专业教育研讨会的精神,为适应我国当前高等教育专业改革和按学科培养学生的需要进行编写的,是普通高等教育"十一五"国家级规划教材。

本书是根据设计学科培养目标,以研究常用工程材料及成形方法为主的综合性技术基础课教材。本书对教学内容进行了精选、拓宽与优化,以常用工程材料性能、用途以及结构设计与成形方法工艺性为主线,讲述工程材料的性能、用途以及各种成形方法,内容包括工程材料的性能,材料表面处理,金属液态成形,金属塑性成形,材料连接成形,塑料、橡胶、陶瓷等非金属材料、复合材料成形以及快速成形技术和反求工程技术等,并介绍了当今材料成形的新工艺、新技术和新进展。

设计是由创意转变为现实的开始。工业设计活动最终要用某种材料、以某种手段创造出具有某种质感和用途的产品,所以工业设计不仅要合理构思,提出实现特定功能的、切实可行的方案,并寻找符合广大消费者审美情趣、能为广大消费者所接受的形态与质感,而且要用确切的表达方式将设计思想转化为可供生产的图样或软件,最终能够进行成形生产,完成产品制造。因此,工业设计师必须熟悉与设计对象密切相关的材料、成形、结构等基础知识。

为加强对学生能力素质的培养,以适应工业设计发展的需要,针对宽口径专业培养目标,吸收相关院校教改和课程建设的成果,以及其他同类教材的优点,本书具有以下几个方面的特点:

1)取材范围广,比较全面地阐述了常用工程材料及其各种成形方法。

2)注重应用。全书以常用设计造型材料、零件结构工艺性与成形工艺适应性为主线,突出了结构工艺性、成形方法的实施、优缺点比较、适应的零件结构形状特点和适用条件等内容。

3)强化了产品结构设计的要求、常用成形方法的选择思路及实例分析,以及在选择成形方法时应具有的质量、成本、环保等工程意识。

4)内容力求做到深入浅出,文字准确简洁,较少涉及微观和深奥理论与原理的内容。

5)各章后面附有复习思考题,可供学生在学习中思考。

学习本书内容之前,应修完"工程制图""工程训练"等先行课程。

建议本书理论教学时数为48学时,具体教学内容各学校可根据教学需要进行取舍或指定学生自学,各章的教学学时数建议如下:

章节	1	2	3	4	5	6	7	8	9	10	11	总计
学时	1	4	6	10	6	4	2	6	4	2	3	48

本书可作为普通高等院校工业设计、艺术设计类专业的教科书，也可供相关工程技术人员参考。

本书由赵占西担任主编，黄明宇、何灿群、于东玖担任副主编。第 1、2、3、4 章由赵占西、于东玖编写，第 5、6、7 章由何灿群、黄黎清编写，第 8、9、10 章由黄明宇、陆建华编写，第 11 章由全体编写人员共同编写。全书由赵占西统稿。

本书由东南大学江建民教授、张远明教授担任主审，多位专家对书稿提出了许多宝贵意见，谨此表示衷心感谢。

感谢机械工业出版社、河海大学、江苏大学、南通大学在本书编写过程中给予的支持。

由于编者水平有限，书中定有许多错误与欠妥之处，敬请读者批评指正。

编　者

目　录

第 1 章

概述

1.1 产品设计与材料及加工技术

1.1.1 产品设计与材料

材料是设计和制造的物质基础，材料已由单一的木材、陶瓷、玻璃和金属发展到越来越丰富的塑料、复合材料等。基本功能相同的产品，由于采用了不同的材料和加工工艺，就可以带来巨大的形态变化，随后是外观和品质的变化。例如音箱外壳，用木质夹板来做，因受到材料特性和加工工艺的制约，一般会做成矩形，如果外壳要做出弧度就有一定的难度。但是如果用工程塑料来做音箱外壳的话，就很容易用注塑成形的方法实现曲面造型。

机器设备、建筑物、交通工具、生活用品、艺术品等都是由材料构成的。工业设计就是要依据对产品功能和外观的需求选择适当的材料，设计它们的结构形式，确立它们的组合方式等。因此，在工业设计活动中必须考虑材料的性质与特点。

1. 材料与工业设计的关系

材料与工业设计的关系为材料是工业设计的物质基础、材料与工业设计相互促进，材料科学是工业设计的技术基础。

（1）材料是工业设计的物质基础 由于任何产品都是由材料组合而成，任何设计都必须建立在可选用材料的基础上，因此设计师在提出符合美学的造型设计时，必须同时考虑现有材料是否可以通过特定的制作工艺达到设计要求。

（2）材料与工业设计相互促进 材料的发展常常会给工业设计带来突破性的发展，如自由女神像的设计就是这样的例子，当时人们对金属材料的高强度等性质已有比较清楚的认识，金属材料也步入了大规模工业化生产的阶段，能够提供充足、价格合理的各种铜及钢铁型材。雕塑本身高46m，加基座为93m，重达225t，由金属铸造。整座铜像以120t的钢铁为骨架，80t铜片为外皮，以30万只铆钉装配固定在支架上。女神右手高举长达12m象征自由的火炬，左手捧着刻有1776年7月4日的《独立宣言》，脚下是打碎的手铐、脚镣和锁链。她象征着自由、挣脱暴政的约束。另一方面，设计思想的不断变化，对材料的发展提出了新的要求，也促进材料研究人员探索和发展新材料，如消费者非常喜欢的黄金饰品，它不仅满足人们的审美要求，而且化学稳定性极好，但是价格十分昂贵，难以大批量使用，在市场需求的推动下，研究人员研制了仿金装饰材料，解决了这一问题。所以说工业设计与材料的发展是相互促进的。

（3）材料科学是工业设计的技术基础 设计师在进行工业产品设计时，不仅要有造型美学上的考虑，还要考虑设计的合理性和可行性。也就是说材料除了满足美学要求外，还要满足使用性能、加工工艺、性价比、环境友好等各方面的要求，如手机外壳要考虑一定的韧性，以免不小心掉在地上摔裂，洗衣机外壳要考虑在潮湿的环境下不会生锈等。对于工业产品还要考虑的性能诸如强度、硬度、韧性、耐磨性和光泽等。另外，设计能否实现还要看能否通过一定的成形加工技术完成对材料的加工。

2. 材料与产品设计的关系

不同材料具有不同的性质，如色彩、光泽、形态、成形工艺等，不同材料在产品造型中的应用也不同。

　　金属材料在产品设计中的应用可以从色彩、光泽、肌理、形态等方面得到体现。金属的色彩可以分为固有色彩和人为色彩。固有色彩是产品的重要因素，设计中必须发挥材料固有色彩的美感属性，而不能削弱和影响材料功能的发挥，可以应用对比、点缀等手法加强固有色彩的美感属性，丰富其表现力。由于金属加工和表面处理的不同，肌理的变化十分丰富，因此在进行设计时要合理运用，充分发挥金属的肌理美等。

　　因为塑料可以使产品的造型取得良好的艺术效果和经济效果，因而在工业产品造型设计中得到越来越多的应用。塑料的外观可变性大，可塑出不同的表面肌理。

　　木材由于不同的树种会产生不同的特性，不同产地、季节也会产生不同的特性、纹理，有的适合制成桌子，有的适合制成椅子，不同的加工方式、不同的木材有不同的应用方式。

　　3. 产品设计中的表面处理

　　材料的表面纹理和质感是工业设计的重要方面，是对工业产品造型设计的技术性、艺术性的总体体现，表面纹理和产品的艺术表现形式有调和与对比等，是指材料表面整体与局部、局部与局部的配比关系，任何工业设计产品的外观结构都是由一系列特定的表面组合而成的，工业设计既要对产品的外观进行结构设计，还必须考虑其组成表面的制造特征，好的设计不仅要有好的、合理的外观和结构，其组成表面还必须能通过一定的加工工艺制造出来，所以产品设计师必须了解常用加工工艺的基础知识。例如，金属成形工艺的液态成形（铸造）、塑性加工、连接成形（焊接）、粉末冶金等；塑料加工工艺的注射成形、挤出成形、吹塑成形、压制成形、压延成形等；木材加工的凿削、刨削等；玻璃加工的吹制法、压制法、压延法、烧结法等。不同加工方法适用不同的材料，有不同的特点，制造成本也不同。所以产品设计中还必须考虑整个产品的成形工艺性，并设计合理的、经济的加工方式。

1.1.2　产品设计与加工技术

　　任何产品都需要经过特定的加工工艺制作才能完成。选用不同的材料就需要采用不同的加工方法，如热加工成形、冷加工成形、注塑和快速原型技术等。为了保证设计的合理性和加工的经济性，在进行产品设计时就应预先考虑到其加工技术问题。

1.2　产品设计选材及成形原则

　　在产品设计中，当材料性能难以满足产品使用要求时必须改进设计。此外，工程材料往往是各向异性的，因此应结合使用材料时的取向和产品力学分析，使材料性能得以最优发挥，也是设计选材的重要因素。

　　1. 使用性原则

　　主要考虑满足产品本身的使用功能，包括材料的常规力学性能、疲劳断裂性能、环境侵蚀性能，对特殊机电产品采用特殊材料，如压电陶瓷材料、梯度功能材料等的特殊性能。设计选材时必须了解材料的各种特性。

　　2. 工艺性原则

　　在设计阶段考虑材料的可加工性可以提高产品的经济性、减少能耗和制造过程中不利副产品的产生。例如，使用粉末冶金成形技术制造齿轮等外形复杂、加工精度要求高的部件，在强度和寿命要求可以满足的情况下能够显著提高工效、降低成本。

　　3. 性价比原则

　　材料的性价比是制约设计选材的重要因素。但在全生命周期设计中不能单纯看材料价格，而应当全面分析材料的使用效能。

4. 环保性原则

使用绿色材料已经得到大众的认可，所以设计者应该了解材料在使用过程中对环境的影响，了解废弃材料的可降解性等。

绿色环保材料应该能够提高效能，延长生命周期，降低产品的淘汰率；减少对环境有破坏和污染材料的使用，避免使用有毒材料；材料的使用单纯化、少量化，尽量避免多种不同材料的混合使用；选用废弃后能自然分解并为自然界吸收的材料；选用可回收或者能重复使用的材料等。

闹钟的环保设计和废旧自行车零件的再利用如图 1-1 所示。

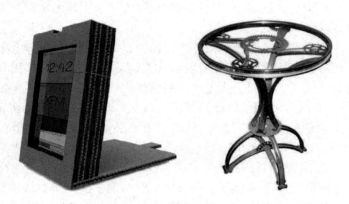

图 1-1　闹钟的环保设计和废旧自行车零件的再利用

5. 美学性原则

工业产品的美主要体现在两个方面：一个是产品外在的感性形式所呈现的美，称为"形式美"；另一个是产品内在结构的和谐、有序而呈现出的美，称为"技术美"。无论外在易感知的形式美，还是内在不易感知的技术美，两者的要素是相互联系的，当把这两方面的要素有机结合时，产品就可以实现真正的美。

形式美是指构成事物的外在属性（如形、色、质等）及其组合关系所呈现出来的审美特性，它是人类在长期劳动中所形成的审美意识。在产品造型设计中必须遵循这些规律，加以灵活运用。任何艺术作品，离开形式美，美就会失去魅力，不能起到感染人的作用。

形式美首先展示的是材质美。在人类社会漫长的发展历史中，人们总是在不断地发现、发明新的材料，并利用它们来创造周围的一切。这些造物材料在人类文明的进程中，往往被赋予了文化内涵和美学属性，不同材质蕴涵着不同的情感，它们构成了五光十色的大千世界。

材料的美学属性包括材料美的自然属性、材料美的科技属性和材料美的社会属性等。

材料美的自然属性体现在材料的情感联想性和材料的真实性、材料的自然生命性和材料的纯净性等方面；材料美的科技属性体现在材质的光学效应美和材质的工艺美两个方面；材料美的社会属性主要体现在材料的绿色性和材料的亲和性等方面。

例如，在产品设计中材质亲和力较强的是丹麦家具，它十分讲究采用天然材料，如木材、皮革、藤条等。一般木质家具多不上油漆，而采用磨光上蜡的工艺，以保持木材的自然纹理与质感。普通丹麦人的家居设计大都十分简洁而实用。由于偏爱自然色彩与质感，给人一种温馨、宜人的感受，为家庭成员度过漫长而寒冷的北欧严冬提供了重要的心理依托。

优秀的设计离不开优美的材质，但不是说材质的美感可以凌驾于其他设计要素之上，产品的美感是造型、材质、功能、风格的平衡与和谐。

技术美是物质生产领域的直接产物，反映的是物的社会现象，艺术美是精神生产领域的直接产物，反映的是人的社会现象。

归纳起来讲，美学性原则应该体现在功能美、结构美、材质美、工艺美和舒适美五个方面。

（1）功能美　功能美指产品良好的技术性能所体现的合理性，是科学技术高速发展对产品造型设计的要求。技术上的良好性能是构成产品功能的必要条件。

（2）结构美　结构美是产品依据一定原理而组成的具有审美价值的结构系统。结构是保证产品物质功能的手段，材料是实现产品结构的基础。同一功能要求的产品可以设计成多种结构形式，若选用不同的材料其结构形式也可产生多种变化。结构形式是构成产品外观形态的依据，结构尺寸是满足人们使用要求的基础。

（3）材质美　材质美指选取天然材料或通过人为加工所获得的具有审美价值的表面纹理，它的具体表现形式就是质感美。质感按人的感知特性可分为触觉质感和视觉质感两类。触觉质感是通过人体接触而产生的一种快乐或厌恶的感觉。视觉质感是基于触觉体验的积累，凭视觉就可以判断它的质感而无须再直接接触。

（4）工艺美　工艺美指产品通过加工制造和表面涂饰等工艺手段所体现的表面审美特性。工艺美的获得主要是依靠制造工艺和面饰工艺两种手段。制造工艺主要通过机械精整加工后所表露出的加工痕迹和特征。面饰工艺通过涂料装饰或电化学处理以提高产品的力学性能和审美情趣。

（5）舒适美　舒适美指人们在使用某产品的过程中，通过人机关系的协调一致而获得的一种美感。舒适美主要是通过人的生理感受（如操作方便、乘坐舒适、不易产生疲劳等）和心理感受（如形态新颖、色调调和、装饰适当等）两方面来体现的。

材料的美学表现如图 1-2 所示。

图 1-2　材料的美学表现

复习思考题

1-1　阐述材料与工业设计的关系。

1-2　简述产品设计选材与成形的关系？

1-3　产品的美学原则包括哪些方面？举例说明。

第 2 章

工程材料的力学性能、分类及用途

选材不当可造成产品达不到使用要求或过早失效，因此了解和熟悉材料的性能成为合理选材、充分发挥工程材料性能的主要依据。

材料的性能包括使用性能和工艺性能。使用性能是指材料在使用过程中表现出来的性能，它包括力学性能、物理和化学性能等；工艺性能是指材料对各种加工工艺适应的能力，它包括液态成形性、塑性成形性、连接成形性、切削加工性能和热处理工艺性能等。

在机械制造领域选用材料时，大多以力学性能为主要依据。

根据载荷作用性质不同，载荷可分为静载荷、冲击载荷、疲劳载荷三种。

（1）静载荷　大小不变或变动很慢的载荷，如仪器设备对工作台的压力。

（2）冲击载荷　突然增加或消失的载荷，如使用冲击钻时钻头所承受的载荷。

（3）疲劳载荷　周期性的动载荷，如在变载荷作用下工作的各种弹簧等弹性元器件。

力学性能是指材料在载荷作用下表现出来的抵抗力。常用的力学性能指标有强度、塑性、硬度、韧性和疲劳强度等。

图 2-1 所示为部分金属部件和建筑钢结构实例。

图 2-1　部分金属部件和建筑钢结构实例

2.1.1　强度

材料在载荷作用下抵抗塑性变形或断裂的能力称为强度。按照载荷作用方式不同，强度可分为抗拉强度、抗压强度、抗弯强度和抗剪强度等。工程上常以屈服强度和抗拉强度作为强度指标。

为了消除受力截面的影响，强度一般用单位面积上所受的力来表示，称为应力。

（1）上屈服强度（R_{eH}）和下屈服强度（R_{eL}）　在外力作用下，材料产生屈服现象的极限应力值，即

$$R_{eH} = F_{eH}/S_0 \; ; R_{eL} = F_{eL}/S_0$$

式中，R_{eH} 是上屈服强度（MPa）；R_{eL} 是下屈服强度（MPa）；F_{eH} 是上屈服力（N）；F_{eL} 是下屈服力（N）；S_0 为试样截面面积（mm^2）。

屈服强度表示材料由弹性变形阶段过渡到塑性变形的临界应力，是材料对明显塑性变形

的抗力。绝大多数零件，如传动齿轮、机床主轴、汽车轮毂等，在工作时都不允许产生明显的塑性变形，否则将丧失其自身精度或与其他零件的配合受影响，因此屈服强度是其设计与选材的主要依据之一。

（2）抗拉强度（R_m） 材料在受力过程中，所能承受的最大载荷 F_m 处对应的应力值即为抗拉强度，即

$$R_m = F_m/S_0$$

式中，R_m 是抗拉强度（MPa）；F_m 是产生断裂时的力（N）；S_0 为试样截面面积（mm^2）。

R_m 是材料最大允许承载能力的度量，因其易于测定，故适合于作为产品规格说明或质量控制标志，广泛出现在标准、合同、质量证明等文件资料中。

所有强度指标均可作为设计与选材的依据，为了应用的需要，还有一些从强度指标派生出来的指标：

1）比强度：材料抗拉强度与密度之比，如在对零件自身重量有要求或限制的场合下（如航空航天构件）、在汽车轻量化要求下，比强度有着重要的现实意义。

2）屈强比：材料屈服强度与抗拉强度之比，表征了材料强度潜力的发挥利用程度和其零件工作时的安全程度。

合金化、热处理及各种冷、热加工可在很大程度上改变材料强度指标。

2.1.2 塑性

塑性是指材料在外力作用下产生塑性变形而不破坏的能力，即材料断裂前的塑性变形的能力。

在拉伸、压缩、扭转、弯曲等外力作用下材料所产生的伸长、缩短、扭曲、弯曲等都可用来表示材料的塑性。塑性用伸长率 A 和断面收缩率 Z 来表示。

（1）伸长率（A） 试样拉断后，伸长量与原始标距的百分比称为断后伸长率，以 A 表示。

（2）断面收缩率（Z） 试样拉断后，缩颈处横截面面积的最大缩减量与原始横截面面积的百分比称为断面收缩率，以 Z 表示。

$$A = [(L_u - L_0)/L_0] \times 100\%$$
$$Z = [(S_0 - S_u)/S_0] \times 100\%$$

式中，L_0 是试样的原始标距（mm）；L_u 是试样拉断后标距（mm）；S_0 是试样原始横截面面积（mm^2）；S_u 是试样断裂处的横截面面积（mm^2）。

伸长率或断面收缩率越高，材料的塑性越好。良好的塑性可使材料顺利加工成形，还可在一定程度上保证零件或构件的安全性。一般伸长率 A 达 5%、断面收缩率 Z 达 10% 即可满足绝大多数零部件的使用要求。

材料的塑性与其强度指标一样，也是结构敏感性参数，可通过各种方法改变。金属材料之所以应用广泛，主要原因是其具有良好的强韧性配合。

2.1.3 硬度

硬度是指材料的软硬程度，即抵抗硬物压入或划伤的能力。

测定硬度的方法有很多，主要有压入法、划痕法。在金属材料中主要采用压入法，在非金属材料表面硬度测试中经常采用划痕法。

常用的布氏硬度（HBW）、洛氏硬度（HR）和维氏硬度（HV）等，均属压入法，即用

一定的压力将压头压入材料表层，然后根据压力的大小、压痕面积或深度确定其硬度值的大小。莫氏硬度是一种划痕硬度，主要用于无机非金属材料，特别是矿物的硬度测试。

1. 布氏硬度（HBW）

布氏硬度试验是用硬质合金球，以相应的试验力压入试样表面，经规定保持时间后卸除试验力，测量试样表面的压痕直径，如图 2-2 所示。

布氏硬度 HBW 可用下式计算：

$$HBW = 0.102 \frac{2F}{\pi D(D - \sqrt{D^2 - d^2})}$$

式中，HBW 为布氏硬度；F 为试验载荷（N）；D 为压头直径（mm）；d 为卸载后试样表面压痕平均直径（mm）。

2. 洛氏硬度（HR）

洛氏硬度常用符号 HRC 表示，是将金刚石锥体压入试样表面，可以在试验仪器上直接读出。

洛氏硬度的优点是操作迅速简便，压痕较小，几乎不损伤工件表面，故而应用最广；但因压痕较小而代表性、重复性较差，数据分散度也较大。

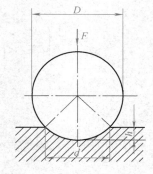

图 2-2　布氏硬度测试原理

3. 莫氏硬度

莫氏硬度（又称摩氏硬度）是以材料抵抗刻划的能力作为衡量硬度的依据，用来表示矿物硬度的一种标准。莫氏硬度的标度从软到硬分为 10 级。如果一种材料不能用硬度标号为 n 的矿物刻划出划痕，而只能用硬度标号为 $(n-1)$ 的矿物刻划出划痕时，它的硬度就在此两种硬度标号之间，即为 $(n-1/2)$ 级。

10 种矿物的莫氏硬度等级依次为：金刚石（10），刚玉（9），黄玉（8），石英（7），长石（6），磷灰石（5），萤石（4），方解石（3），石膏（2），滑石（1）。其中金刚石最硬，滑石最软。

2.1.4　韧性

韧性是材料在塑性变形和断裂过程中吸收能量的能力。韧性好的材料在使用过程中不会产生突然的脆性断裂，从而保证零件的安全性。

冲击载荷是动载荷的一种主要类型，很多零部件在动载荷下工作，如变速齿轮、飞机起落架、弹簧等。在冲击载荷作用下，材料的韧性尤为重要。通常采用带缺口的试样使之在冲击载荷的作用下折断，以试样在变形和断裂的过程中所吸收的能量来表示材料的韧性，这种韧性通常称为冲击韧度。

最常应用的冲击试验方法（GB/T 229—2020 金属材料　夏比摆锤冲击试验方法）是将具有规定形状和尺寸的试样放在冲击试验机的支座上，然后使事先调整到规定高度的摆锤下落，产生冲击载荷使试样折断，如图 2-3 所示。

测定试样在冲击载荷作用下折断时所吸收的能量 K，即以冲击吸收能量的大小来表征材料的韧性，K 值越大材料的冲击韧性越好，冲击韧性的单位为 J。

2.1.5　疲劳强度

疲劳强度是指材料在无数次循环应力作用下仍不断裂的最大应力，用以表现材料抵抗疲劳断裂的能力。

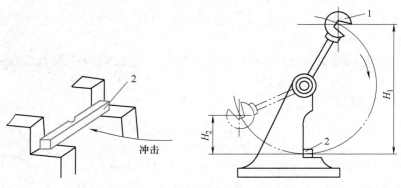

图 2-3　冲击试验示意图
1—摆锤　2—试样

疲劳强度与其断裂前的应力循环次数 N 的关系曲线称为疲劳曲线，如图 2-4 所示。

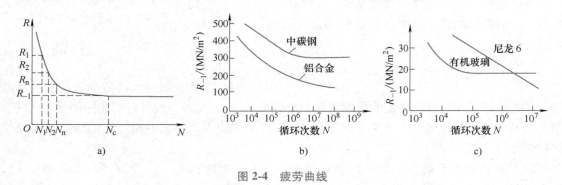

图 2-4　疲劳曲线
a）疲劳曲线示意图　b）实测中碳钢与铝合金　c）实测尼龙 6 与有机玻璃

由图 2-4 可以看出，应力越小，则材料断裂前所能承受的循环次数越多，当应力降低到某一值时，曲线趋于水平，即表示在该应力作用下，材料经无数次应力循环而不断裂。工程上规定，材料在循环应力作用下循环次数达到某一基数 N 而不断裂时，其最大应力就作为该材料的疲劳强度极限，用 R_{-1} 来表示，单位为 MPa。钢铁材料的循环基数取 10^7 次。

2.2　工程材料的分类及用途

工程材料有很多不同的分类方法。若将工程材料按化学成分分类可分为金属材料、无机非金属材料、有机高分子材料和复合材料四大类。

（1）金属材料　金属材料是最重要的工程材料，包括金属和以金属为基的合金，可分为黑色金属材料和有色金属材料两大部分。黑色金属材料是指铁和以铁为基的合金（钢、铸铁和铁合金）；有色金属材料是指黑色金属以外的所有金属及其合金，常用的有铝合金、铜合金、镁合金、锌合金和钛合金等。

（2）无机非金属材料　常用无机非金属材料包括玻璃和陶瓷等。

（3）有机高分子材料　有机高分子材料为有机合成材料，也称聚合物。它具有较高的强度、良好的塑性、较强的耐蚀性、很好的绝缘性且具有重量轻等优良性能，在工程上是发展最快的一类新型结构材料。有机高分子材料种类很多，工程上通常根据力学性能和使用状态将其分为塑料、橡胶、合成纤维和木材等。

（4）复合材料　复合材料是用两种或两种以上不同材料组合成的新材料，其性能是其组成的各单质材料所不具备的。复合材料可以由各种不同种类的材料复合组成。它在强度、刚度和耐蚀性方面比单纯的金属、陶瓷和聚合物都要优越，是特殊的工程材料，具有广阔的发展前景。

2.2.1　金属材料

为什么不同的金属材料性能不同，有些差异还很大，比如制作工具的钢硬度非常高，用于制作易拉罐的钢或铝合金又具有非常好的塑性？为了回答这些问题，就有必要要了解不同金属或合金的微观结构。

1. 晶体与非晶体

固体金属根据原子排列方式不同可以分为晶体和非晶体两类。

原子在三维空间中有规则、周期性重复排列的物质称为晶体，否则为非晶体。

由于晶体与非晶体内部结构不同，其性能也有区别。晶体具有固定的熔点（如铁为1538℃），且在不同方向上具有不同的性能，即各向异性。而非晶体没有固定的熔点，是在一个温度范围内熔化或软化，因其在各个方向上的原子聚集密度大致相同，故表现出各向同性。

晶体和非晶体在一定条件下可以互相转化。例如，非晶态的玻璃经高温长时间加热并快速冷却可以变成晶态玻璃；而通常是晶态的金属，如从液态急冷也可获得非晶态金属。

2. 晶体结构

（1）晶体学基本概念

1）晶格。晶体中原子排列的方式称为晶体结构。组成晶体的质点不同，排列的规则或周期性不同，就可以形成各种各样的晶体结构。晶体中原子排列模型如图 2-5 所示。

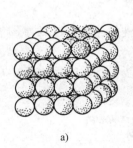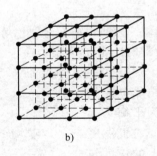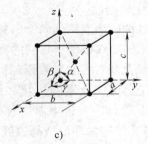

图 2-5　晶体中原子排列模型

a）原子排列模型　b）晶格　c）晶胞

2）晶胞。从晶格中选取一个能够完全反映晶格特征的最小几何单元，以此来分析晶体中原子排列的规律，这个最小的几何单元称为晶胞，如图 2-5c 所示。晶胞在三维空间的重复排列构成晶格并形成晶体。

3）晶格常数。晶胞的棱边长度（图 2-5c 中的 a、b、c）称为晶格常数。金属的晶格常数大多为 0.1~0.7nm。

（2）典型金属的晶体结构　工业上使用的金属，绝大多数的晶体结构比较简单，其中最典型的有三种类型，即体心立方结构、面心立方结构和密排六方结构，如图 2-6 所示。

1）体心立方结构。体心立方结构的晶胞模型如图 2-6a 所示，原子分布在立方晶胞的八个角上和立方体的体心，如 Cr、α-Fe、Mo、W、V 等 30 多种金属具有体心立方结构。

① 晶胞原子数　晶胞原子数是指一个晶胞内所包含的原子数目。由于晶格是由大量晶胞

堆垛而成的，所以晶胞每个角上的原子在空间同时属于 8 个相邻的晶胞，这样只有 1/8 个原子属于这个晶胞，而晶胞中心的原子完全属于这个晶胞。体心立方晶胞中的原子数为 2 （即 $8×1/8+1=2$）。

② 致密度　晶胞中原子的体积分数称为晶胞的致密度。体心立方晶胞的致密度为 68%。

2）面心立方结构。面心立方结构的结构模型如图 2-6b 所示，金属原子分布在立方晶胞的八个角上和六个面的中心，像 γ-Fe、Cu、Ni、Al、Ag 等约 20 种金属具有这种晶体结构。

面心立方晶胞的致密度为 74%，即面心立方晶胞的致密度比体心立方晶胞高。

3）密排六方结构。密排六方结构的结构模型如图 2-6c 所示，金属原子分布在六方晶胞的 12 个角上以及上下两底面的中心和两底面之间的 3 个均匀分布的间隙里，像 Zn、Mg、Be、Cd 等金属具有密排六方结构。

对于典型的密排六方结构金属，其致密度为 74%。

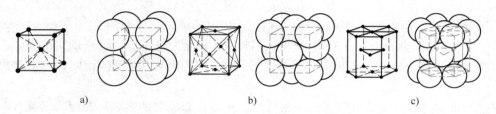

图 2-6　最常见的三种晶体结构
a）体心立方结构　b）面心立方结构　c）密排六方结构

综上所述，不同金属具有不同的晶体结构，不同晶体结构的材料具有不同的性能，体心立方结构金属材料的强度较高，而面心立方结构金属材料的塑性较好，在设计选材中可以灵活应用。

3. 纯金属结晶

制造各种产品所用到的金属材料一般先由矿石经过冶炼成液体，然后冷却凝固而成，不同合金、不同冷却条件所得到的材料的性能也不相同。

（1）结晶条件　将温度随时间变化的关系绘制成曲线，称为冷却曲线，如图 2-7 所示。

从理论上讲，金属的熔化和结晶是在相同的温度下进行的，这个温度称为平衡结晶温度（T_0），又称为理论结晶温度。在此温度下，液体中金属原子结晶到晶体上的速度与晶体上的原子溶入液体中的速度相等，晶体与液体处于平衡状态。

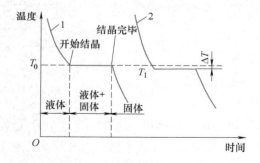

图 2-7　纯金属结晶时的冷却曲线
1—理论冷却曲线　2—实际冷却曲线

从图 2-7 可以看出，金属在结晶之前温度连续下降，当液态金属冷却到理论结晶温度 T_0 时并未开始结晶，而是需要冷却到 T_0 温度之下某一温度 T_1 时才能有效地进行结晶。实际结晶温度低于理论结晶温度的现象，称为过冷，二者之差称为过冷度，用 ΔT 表示，即 $\Delta T = T_0 - T_1$，实际结晶温度越低，过冷度越大，冷却速度越快。

（2）结晶过程　金属的结晶包括形核与长大两个过程，纯金属结晶过程如图 2-8 所示。

随着温度的降低，一些尺寸较大的原子集团开始变得稳定，从而成为结晶核心，即称为晶核。晶核按各自方向吸收液体中的金属原子逐渐长大，与此同时，在液态中不断产生新的结晶核心，也逐渐长大。如此不断发展，直到相邻晶体相互接触，液体金属耗尽，结晶方才完毕。晶核长大为晶粒，这样就形成一块多晶体金属。

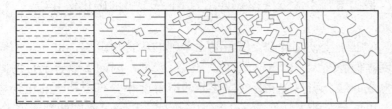

图 2-8　纯金属结晶过程示意图

结晶过程

金属冷却速度越快，则结晶核心越多，金属的晶粒就越细小，材料强度和塑性就越好。
图 2-9 所示为不同冷却速度下得到的金属晶粒大小示意图。

4. 合金的晶体结构

所谓合金，就是由两种或两种以上的金属元素或金属与非金属元素所组成的具有金属特性的物质。由于纯金属强度较低，工业上多使用合金。工业上广泛使用的碳素钢和铸铁，就是由铁和碳两种元素（组元）为主组成的多元合金。合金的优良性能是由合金各组成相的结构及其形态所决定的。

根据合金元素之间相互作用的不同，合金中的相结构可分成两大类：一类是固溶体，另一类是金属化合物。

（1）**固溶体**　溶质原子溶入金属溶剂中所组成的合金相称为固溶体。固溶体的点阵结构仍保持金属溶剂的结构，只引起晶格参数的改变和晶格畸变。工业上所使用的金属材料，绝大部分以固溶体为基体，有的甚至完全由固溶体所组成。例如碳素钢和合金钢，其基体相均为固溶体。

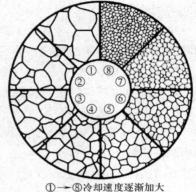

①—⑧冷却速度逐渐加大

图 2-9　不同冷却速度下得到的
金属晶粒大小示意图

按溶质原子在金属溶剂晶格中的位置，固溶体可分为置换固溶体（图 2-10a）和间隙固溶体（图 2-10b）两种。置换固溶体中溶质原子占据了溶剂晶格的一些结点，在这些结点上溶剂原子被溶质原子置换。合金钢中的锰、铬、镍、硅、钼等各种元素都能与铁形成置换固溶体。

固溶体结构及其晶格畸变如图 2-10 所示。

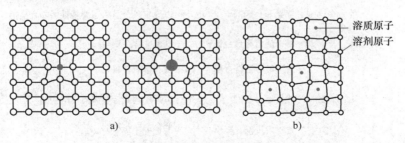

图 2-10　固溶体结构及其晶格畸变
a）置换固溶体　b）间隙固溶体

由于溶质和溶剂的原子大小不同，固溶体中溶质原子附近的局部范围内必然造成晶格畸变。溶质原子与溶剂原子的尺寸相差越大，所引起的晶格畸变越严重。晶格畸变可提高金属的强度和硬度。这种由于外来原子（溶质原子）溶入基体中形成固溶体而使其强度、硬度升高的现象称为固溶强化。

固溶强化是强化材料的常用方法之一，但强化的程度有限。

（2）金属化合物　合金中另一类相就是金属化合物。金属化合物是合金组元之间发生相互作用而形成的一种新相。像碳素钢中的渗碳体（Fe_3C）、不锈钢中的碳化铬（$Cr_{23}C_6$）都属于金属化合物。

（3）机械混合物　大多数工业上使用的合金既不是由单纯的化合物组成，也不是由固溶体组成的。由于化合物硬度高但脆性大，固溶体塑性好但强度较低，因此多数合金是用固溶体作基体和少量化合物而构成的混合物。通过调整固溶体的溶解度和分布于其中的化合物的形态、数量、大小及分布，可使合金的力学性能发生很大的变化，以满足不同的性能需要。

合金钢中碳化物的类型不同，其稳定性不同，熔点、硬度也不同。例如，在工具钢中的VC，可提高其耐磨性；高速工具钢中的 W_2C、VC 在高温下比较稳定并呈弥散分布，其在高温下能保持高硬度和切削性能；硬质合金中的碳化物（WC、TiC 等）的高硬度保证了其优越的切削性能。

由于不同金属和合金具有不同的晶体结构，即它们的微观结构不同，事实上在材料成分相同的情况下，不同的微观结构可导致材料具有不同的性能。

5. 常用金属材料

常用金属材料包括钢、铸铁、铝合金、铜合金、镁合金和钛合金等。

（1）钢的分类及牌号

1）钢的分类。依据分类标准不同，钢的分类方法有多种。如按化学成分不同，分为碳素钢和合金钢，其中碳素钢按碳含量不同又可分为低碳钢（$w_C \leq 0.25\%$）、中碳钢（$w_C = 0.25\% \sim 0.6\%$）和高碳钢（$w_C > 0.6\%$）；合金钢按合金元素含量不同也可分为低合金钢（$w_{合金元素} \leq 5\%$）、中合金钢（$w_{合金元素} = 5\% \sim 10\%$）、高合金钢（$w_{合金元素} > 10\%$）。按钢的质量等级（钢中 P、S 含量越低，钢的质量越好）分，有普通钢、优质钢和高级优质钢。按钢的主要用途分为结构钢（包括一般工程结构钢和机器零件结构钢）、工具钢（包括刀具、模具、量具）、特殊性能钢、专业用钢等。

根据国家标准 GB/T 13304.1—2008 和 GB/T 13304.2—2008，我国钢的分类有两部分：第一部分按化学成分分类；第二部分按主要质量等级和主要性能或使用特性分类。图 2-11 为钢的分类关系。

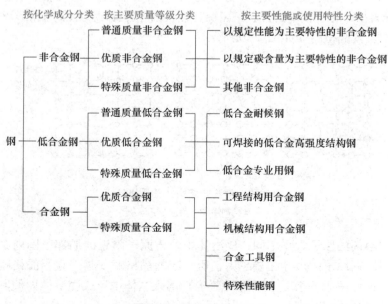

图 2-11　钢的分类关系

2）钢铁及合金牌号统一数字代号体系。GB/T 17616—2013《钢铁及合金牌号统一数字代号体系》规定，凡被列入国家标准和行业标准的钢铁及合金产品应同时列入产品牌号和统一数字代号（ISC），相互对照，并列使用，共同有效。

ISC 为 Iron and Steel Code 的缩写，即钢铁及合金牌号的统一数字代号，ISC 代号以固定的 6 位符号组成，其结构式为□×××××，左边第一位符号为大写拉丁字母（一般不使用 I 和 O），代表不同的钢铁及合金类型，钢铁及合金的类型与统一数字代号见表 2-1。

表 2-1　钢铁及合金的类型与统一数字代号（GB/T 17616—2013）

钢铁及合金的类型	英文名称	首位字母	统一数字代号
合金结构钢	Alloy structural steel	A	A×××××
轴承钢	Bearing steel	B	B×××××
铸铁、铸钢及铸造合金	Cast iron、cast steel and cast alloy	C	C×××××
电工用钢和纯铁	Electrical steel and iron	E	E×××××
铁合金和生铁	Ferro alloy and pig iron	F	F×××××
耐蚀合金和高温合金	Heat resisting and corrosion resisting alloy	H	H×××××
金属功能材料	Metallic functional materials	J	J×××××
低合金钢	Low alloy steel	L	L×××××
杂类材料	Miscellaneous materials	M	M×××××
粉末及粉末冶金材料	Powders and powder metallurgy materials	P	P×××××
快淬金属及合金	Quick quench matels and alloys	Q	Q×××××
不锈钢和耐热钢	Stainless steel and heat resisting steel	S	S×××××
工模具钢	Tool and mould steel	T	T×××××
非合金钢	Unalloy steel	U	U×××××
焊接用钢及合金	Steel and alloy for welding	W	W×××××

3）钢的牌号

① 碳素结构钢和低合金高强度钢。这两类钢的牌号反映钢的屈服强度、钢的质量等级和脱氧方法。牌号由代表屈服强度的汉语拼音字母"Q"（屈）、上屈服强度数值、质量等级、脱氧方法符号顺序排列组成。例如，Q235AF 表示上屈服强度不小于 235MPa、质量等级为 A 级的碳素结构沸腾钢（F）。

碳素结构钢和低合金高强度钢在牌号上的最主要区别在屈服强度等级上，碳素结构钢的最高强度等级为 275MPa，而低合金高强度钢的最低强度等级为 295MPa。

② 优质碳素结构钢。优质碳素结构钢的牌号反映钢的化学成分（碳的质量分数）。牌号通常由两位数字组成，该数字表示钢中碳的平均质量分数的万分数。例如，45 表示碳的质量分数平均为万分之四十五，即平均碳的质量分数为 0.45% 的优质碳素结构钢。

③ 合金结构钢。合金结构钢的牌号反映钢的化学成分（碳的质量分数和合金元素质量分数）。牌号组成形式为：数字（两位）+元素符号+数字+元素符号+数字+……，最前面的两位数字表示钢中碳的质量分数的万分数。元素符号和其后的数字表明钢中所含合金元素的种类及其质量分数：合金元素质量分数小于 1.5% 时，不标明含量；当合金元素质量分数为 1.5%~2.5% 时标 2；合金元素质量分数为 2.5%~3.5% 时标 3；依此类推。高级优质钢在牌号末尾加 A，特级优质钢在牌号末尾加 E。例如，40Cr 表示碳的质量分数为万分之四十（即 0.40%）、$w_{Cr}<1.5\%$ 的优质合金结构钢。

④ 碳素工具钢。碳素工具钢的牌号反映钢材的用途和化学成分（碳的质量分数）。牌号由代表碳素工具钢的汉语拼音字母"T"（碳）和其后的数字组成，该数字表示钢中碳的平均质量分数的千分数。例如，T10 表示碳的平均质量分数为 1.0% 的优质碳素工具钢。

⑤ 合金工具钢和高速工具钢。合金工具钢和高速工具钢的牌号反映钢的化学成分。牌号组成形式与合金结构钢相似，但最前面的一位数字表示钢中碳的质量分数的千分数；当钢的 $w_C \geqslant 1.0\%$ 时，不标明碳的质量分数。例如，9SiCr 表示碳的质量分数为 0.90%，Si、Cr 的质量分数均小于 1.5% 的合金工具钢。

⑥ 滚动轴承钢。滚动轴承钢的牌号反映其用途和化学成分。牌号由代表滚动轴承钢的汉语拼音字母"G"（滚）和其后表示碳的质量分数、合金元素种类及质量分数的数字和元素符号组成。在使用最为广泛的高碳铬轴承钢中，合金元素铬的质量分数用千分数表示，碳的质量分数通常为 0.95%~1.15%，不予标注。例如，GCr15 表示碳的质量分数为 1.0%、铬的质量分数为 1.5% 的高碳铬轴承钢。

⑦ 铸钢。铸钢的牌号用强度表示（GB/T 5613—2014），由"ZG"（铸钢）和其后的两组数字组成，第一组数字为最低上屈服强度值，第二组数字为最低抗拉强度值。例如，ZG200-400 表示最低上屈服强度为 200MPa、最低抗拉强度为 400MPa 的铸钢。

（2）结构钢　结构钢是各种工程构件和机器零件用钢。根据其化学成分、力学性能和冶金质量特点，结构钢可分为碳素结构钢、低合金高强度钢、优质碳素结构钢、合金结构钢等。

1）碳素结构钢。碳素结构钢易于冶炼，价格便宜，性能能满足一般工程结构件的要求，大量用于制造各种金属结构和要求不高的机器零件，也是目前产量最大、使用最多的一类钢。碳素结构钢的牌号、化学成分、力学性能和应用见表 2-2。

表 2-2　（普通）碳素结构钢的牌号、化学成分、力学性能与应用（GB/T 700—2006）

| 牌号 | 统一数字代号 | 等级 | 化学成分(%)≤ | | | | | 脱氧方法[①] | 力学性能不小于 | | | 应用举例 |
			w_C	w_{Si}	w_{Mn}	w_P	w_S		R_{eH}/MPa（厚度或直径≤16mm）	R_m/MPa	$A(\%)$（厚度或直径≤40mm）	
Q195	U11952	—	0.12	0.30	0.50	0.035	0.040	F、Z	195	315~430	33	承受小载荷结构件、铆钉、垫圈、地脚螺栓、冲压件及焊接件
Q215	U12152	A	0.15	0.35	1.20	0.045	0.050	F、Z	215	335~450	31	
	U12155	B					0.045					
Q235	U12352	A	0.22	0.35	1.40	0.045	0.050	F、Z	235	370~500	26	金属结构件、钢板、钢筋、型钢、螺栓、螺母、短轴、芯轴
	U12355	B	0.20				0.045					
	U12358	C	0.17			0.040	0.040	Z				
	U12359	D				0.035	0.035	TZ				
Q275	U12752	A	0.24	0.35	1.5	0.045	0.050	F、Z	275	410~540	22	
	U12755	B	0.21				0.045					
	U12758	C	0.22			0.040	0.040	Z				
	U12759	D	0.20			0.035	0.035	TZ				

① F—沸腾钢；Z—镇静钢；TZ—特殊镇静钢。

碳素结构钢的质量等级分为 A、B、C、D 四级，A、B 级为普通质量钢，C、D 级为优质钢。这类钢的力学性能随钢材厚度或直径的增大而降低，如 Q235 在钢材厚度或直径≤16mm 时，其上屈服强度 R_{eH} 为 235MPa，断后伸长率 A 为 26%，当钢材厚度或直径>150mm 时，其 R_{eH} 下降到 185MPa，A 下降到 21%。

2）低合金高强度钢。碳素结构钢强度等级较低，难以满足重要工程结构的要求。在碳素结构钢的基础上加入少量合金元素形成的低合金高强度钢，其强度等级较高，加工工艺性能良好，可满足桥梁、船舶、车辆、锅炉、高压容器、输油输气管道等大型重要钢结构对性能的要求，并且能减轻结构自重、节约钢材。

低合金高强度钢中的合金元素主要有 Mn、Si、Ni、Cr、V、Nb、Ti，其中 Mn、Si、Cr、Ni 等元素主要起固溶强化作用，以提高基体固溶体相的强度；V、Ti、Nb 等元素均为强碳化物形成元素，可形成细小弥散分布的碳化物，并可细化晶粒，从而通过弥散强化和细晶强韧化以提高钢的强度、塑性和韧性。常见低合金高强度结构钢的牌号和用途举例见表 2-3。

表 2-3　常见低合金高强度结构钢的牌号与用途举例

牌号（摘自 GB/T 1591—2018）（热轧钢）	主要用途
Q355（B、C、D）	桥梁、车辆、压力容器、化工容器、船舶、建筑结构
Q390（B、C、D）	桥梁、船舶、压力容器、电站设备、起重设备、管道
Q420^g（B、C）	大型桥梁、高压容器、起重机、大型船舶、矿山机械
Q460^g（C）	大型重要桥梁、大型船舶、车辆、高压容器、输油输气管道

注：1. B、C、D 表示钢的质量等级。

　　2. g 表示仅适用于型钢和棒材。

3）优质碳素结构钢。优质碳素结构钢主要用于制造各种重要的机器零件和弹簧。优质碳素结构钢的牌号、力学性能和用途见表 2-4。

表 2-4　优质碳素结构钢的牌号、力学性能和用途（摘自 GB/T 699—2015）

序号	统一数字代号	牌号	力学性能（不小于）					性能及应用举例
			抗拉强度 R_m/MPa	下屈服强度 R_{eL}/MPa	断后伸长率 A（%）	断面收缩率 Z（%）	冲击吸收能量 KU_2/J	
2	U20102	10	335	205	31	55	—	强度、硬度低，塑性、韧性高，冷加工性和焊接性优良，切削加工性欠佳，热处理强化效果不显著。10 钢薄钢板常用于冲压制品；15~25 钢用作渗碳钢，制造表硬心韧、中小尺寸耐磨件
3	U20152	15	375	225	27	55	—	
4	U20202	20	410	245	25	55	—	
7	U20352	35	530	315	20	45	55	中碳钢综合力学性能较好，热加工较佳，冷变形能力和焊接性中等。多在调质或正火状态下使用，可用于表面淬火处理以提高零件的疲劳性能和表面耐磨性，其中 45 钢应用最广
9	U20452	45	600	355	16	40	39	
11	U20552	55	645	380	13	35	—	
12	U20602	60	675	400	12	35	—	高碳钢具有较高的强度、硬度、耐磨性和良好的弹性，切削加工性中等，焊接性不佳，淬火开裂倾向较大。主要用于制造弹簧、轧辊和凸轮等耐磨件与钢丝绳等
14	U20702	70	715	420	9	30	—	
16	U20802	80	1080	930	6	30	—	

（续）

序号	统一数字代号	牌号	力学性能（不小于）					性能及应用举例
			抗拉强度 R_m/MPa	下屈服强度 R_{eL}/MPa	断后伸长率 A（%）	断面收缩率 Z（%）	冲击吸收能量 KU_2/J	
20	U21252	25Mn	490	295	22	50	71	应用范围基本同于相对应的普通锰含量钢，但因淬透性和强度较高，可用于制作截面尺寸较大或强度要求较高的零件，其中以 65Mn 最常用
24	U21452	45Mn	620	375	15	40	39	
28	U21702	70Mn	785	450	8	30	—	

注：表中力学性能适用于公称直径或厚度不大于 80mm 的钢棒。

优质碳素结构钢的力学性能主要取决于碳的质量分数及热处理状态，从选材角度来看，碳的质量分数越低，其强度、硬度越低，塑性、韧性越高；碳的质量分数越高，其强度、硬度越高，塑性、韧性越低；锰的质量分数较高的钢，强度、硬度也较高。优质碳素结构钢用来制造比较重要的机械零件，因此它既保证化学成分又保证力学性能，一般经热处理后使用。

4）合金结构钢。合金结构钢是在优质碳素结构钢的基础上，加入一种或几种合金元素而形成的能满足更高性能要求的钢种。

按冶金质量分类：优质钢、高级优质钢、特级优质钢。

按加工用途分类：压力加工用钢（热压力加工、顶锻用钢、冷拔坯料）、切削加工用钢。

按主要用途分类：合金渗碳钢、合金调质钢、合金弹簧钢和滚动轴承钢，其统一数字代号、成分、热处理工艺及性能和用途等参见 GB/T 3077—2015《合金结构钢》。

合金结构钢统一数字代号表示方法见表 2-5。

表 2-5 合金结构钢统一数字代号表示方法（摘自 GB/T 17616—2013）

首位字母	第一位阿拉伯数字		第二位阿拉伯数字		示例	
	数字	代表合金系列分类	数字	代表钢组	ISC 代号	牌号
A	0	Mn（X）系钢、MnMo（X）系钢（不包括 Cr、Ni、Co 等元素）	0	Mn 钢	A00407	D40Mn2
			1	MnV 钢	A01203	20MnVA
			2	MnMo 钢	A02202	20MnMo
			3	MnMoW 钢	A03306	30Mn2MoWE
	1	SiMn（X）系钢、SiMnMo（X）系钢（不包括 Cr、Ni、Co 等元素）	0	SiMn、SiMn2 钢	A10272	27SiMn
			1	Si2Mn、Si2Mn2、Si3Mn 钢	A11603	60Si2MnA
			2	SiMnMo、SiMnW 钢	A12262	26SiMnMo
			3	MnSiV 钢	A13232	23MnSiV
	2	Cr（X）系钢、CrSi（X）系钢、CrMn（X）系钢、CrV（X）系钢、CrMnSi（X）系钢、CrW（X）系钢（不包括 Ni、Mo、Co 等元素）	0	Cr 钢	A20204	ML20Cr
			1	CrSi 钢	A21382	38CrSi
			2	CrMn 钢	A22402	40CrMn
			3	CrV 钢	A23503	50CrVA
	3	CrMo（X）系钢、CrMoV（X）系钢、CrMnMo（X）系钢（不包括 Ni 等合金元素）	0	CrMo 钢	A30122	12CrMo
			1	CrMoV、CrMoVSi 钢	A31252	25Cr2MoV
			2	CrMoWV、CrMoWVSi、CrWV 钢	A32213	20Cr3MoWVA
			3	CrMoAl 钢	A33382	38CrMoAl

（续）

首位字母	第一位阿拉伯数字		第二位阿拉伯数字		示例	
	数字	代表合金系列分类	数字	代表钢组	ISC 代号	牌号
A	4	CrNi（X）系钢（不包括 Mo、W 等元素）	0	CrNi 钢	A40206	20CrNiE
			1	CrNi2 钢	A41123	12CrNi2A
			2	CrNi3 钢	A42123	12CrNi3A
			3	CrNi4 钢	A43125	12Cr2Ni4H
	5	CrNiMo（X）系钢、CrNiW（X）系钢、CrNiCoMo（X）系钢	0	CrNiMo 钢	A50202	20CrNiMo
			1	CrNiMoV、CrNiMoVSi、CrNiMoVTiAl 钢	A51303	30CrNi2MoVA
			2	CrNiW 钢	A52182	18Cr2Ni4W
			3	CrNiWV 钢	A53313	30Cr2Ni2WVA
	6	Ni（X）系钢、NiMo（X）系钢、NiCoMo（X）系钢、Mo（X）系钢、MoWV（X）系钢（不包括 Cr 等元素）	0	Ni 钢	A60068	06Ni9DR
			1	NiMn、NiMnV、NiMnNb、NiMnCuAl 钢	A61142	14MnNi
			2	NiSi 钢	A62603	60Si2Ni2A
			3	NiMo（Mn、Si）钢	A632078	07MnNiMoVDR
	7	B（X）系钢、MnB（X）系钢、SiMnB 系钢（不包括 Cr、Ni、Co 等元素）	0	B 钢	A70452	45B
			1	MnB 钢	A71202	20Mn2B
			2	MnMoB 钢	A72202	20MnMoB
			3	MnVB 钢	A73152	15MnVB
	8	W 系	0	W	—	
	9		空位			

注：第三、四位阿拉伯数字代表碳含量特性值，一般采用牌号中表示碳含量的两位特征数字，即碳含量中间值的 1 万倍；第五位阿拉伯数字代表不同的质量等级和专门用途，其中：0—空位；1—渗氮钢；2—优质钢；3—高级优质钢（符号 A）；4—冷镦和冷挤压用钢（符号 ML）；5—保证淬透性钢（符号 H）；6—特级优质钢（符号 E）；7—兵器专用钢；8—锅炉和压力容器用钢（符号 Q 或 R）；9—超细晶粒钢。

① 合金渗碳钢。渗碳钢是指经渗碳、淬火和低温回火后使用的结构钢。渗碳钢基本上都是低碳钢和低碳合金钢，主要用于制造高耐磨性、高疲劳强度和要求具有较高韧性的零件，如各种变速齿轮及凸轮轴等。

低碳渗碳钢淬透性低，经渗碳、淬火和低温回火后虽可获得高的表面硬度，但心部强度低，只适用于制造受力不大的小型渗碳零件，而对性能要求高，尤其是对整体强度要求高或截面尺寸较大的零件则应选用合金渗碳钢。

常见渗碳钢的牌号有 20Cr、20Mn2B 等。

② 合金调质钢。合金调质钢适用于对强度要求高、截面尺寸大的重要零件。

合金调质钢为中碳合金钢，碳的质量分数通常为 0.25%~0.50%，合金元素主要有 Mn、Si、Cr、Ni、B、Ti、V、W、Mo 等。合金元素提高钢的淬透性、产生固溶强化、形成高稳定性碳化物，起细晶强韧化作用，Mo、W 还能防止产生高温回火脆性。合金元素还可明显提高钢的抗回火能力，使钢在高温回火后仍能保持较高强度。

常用调质钢的牌号有 40Cr、35CrMo 等。

③ 合金弹簧钢。合金弹簧钢因主要用于制造弹簧而得名。弹簧钢应具有高的弹性极限、

高的疲劳强度和足够的塑性与韧性。

弹簧钢一般为高碳钢和中碳合金钢、高碳合金钢。高碳弹簧钢（如 65 钢、70 钢、85 钢）的碳含量通常较高，以保证高的强度、疲劳强度和弹性极限，但其淬透性较差，不适于制造大截面弹簧。合金弹簧钢碳的质量分数通常为 0.45%~0.70%，碳的质量分数过高会导致塑性、韧性下降较多。合金弹簧钢含有 Si、Mn、Cr、B、V、Mo、W 等合金元素，由于有合金元素的强化作用，既可提高淬透性又可提高强度和弹性极限，可用于制造截面尺寸较大、对强度要求高的重要弹簧。常用的弹簧钢的牌号有 65Mn、60Si2Mn 等。

图 2-12 所示为弹簧钢制造的部分零部件。

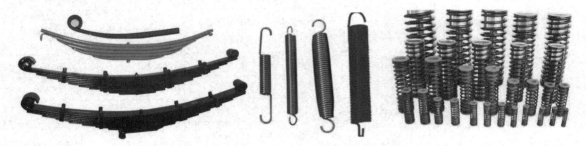

图 2-12　弹簧钢制造的部分零部件

④ 滚动轴承钢。滚动轴承钢是指主要用于制造各类滚动轴承的内圈、外圈以及滚珠、滚柱、滚针等滚动体的专用钢，简称为轴承钢。滚动轴承钢应具有高的抗压强度和接触疲劳强度、高的硬度和耐磨性，同时应具有一定的韧性和耐蚀性。

高碳铬轴承钢约占滚动轴承钢总量的 90%，其碳的质量分数为 0.95%~1.15%，可保证高强度、高硬度和高耐磨性。

在高碳铬轴承钢中以 GCr15 最为常用；GCr15 也常用于制造量具和冷作模具，均在淬火后低温回火状态下使用。

用轴承钢生产的轴承件如图 2-13 所示。

图 2-13　轴承钢生产的轴承件

5）铸钢。铸钢是指用铸造方法成形的结构钢。按铸钢的化学成分可将铸钢分为碳素铸钢和合金铸钢。

碳素铸钢碳的质量分数通常在 0.12%~0.62%，为提高铸钢的力学性能可在碳素铸钢的基础上加入 Mn、Si、Cr、Ni、Mo、Ti、V 等合金元素形成合金铸钢。当要求特殊的物理、化学和力学性能时，可加入较多的合金元素形成特殊铸钢，如耐蚀铸钢、耐热铸钢、耐磨铸钢（如 ZGMn13）等。

铸钢常用于制造结构件（如机座、箱体等），通常不进行热处理。用于制造机器零件的铸造碳钢（如 ZG200-400、ZG230-450、……、ZG340-640）和铸造合金钢（如 ZG20SiMn、ZG40Cr、ZG35CrMo 等）一般应进行正火或退火处理，以改善组织、消除残余应力，重要零件还应进行调质处理，要求表面耐磨的零件可进行表面淬火、低温回火处理。

碳素铸钢按用途分为一般工程用碳素铸钢和焊接结构用碳素铸钢，牌号中的"ZG"为"铸钢"二字的汉语拼音字首，其后的两组数字分别表示最低屈服强度与最低抗拉强度（MPa），"H"为"焊"字的汉语拼音字首，表示焊接结构用碳素铸钢。表 2-6 列举了碳素铸钢的牌号、力学性能及用途。

表 2-6　碳素铸钢的牌号、力学性能及用途（摘自 GB/T 11352—2009 和 GB/T 7659—2010）

种类	牌号	上屈服强度 $R_{eH}(R_{p0.2})$ /MPa	抗拉强度 R_m/MPa	伸长率 $A_5(\%)$	根据合同选择			用途举例
					断面收缩率 $Z(\%)$	冲击吸收能量 KV/J	冲击吸收能量 KU/J	
一般工程用	ZG200-400	200	400	25	40	30	47	良好塑性、韧性，用于受力不大、要求高韧性的零件，如机座、变速箱壳等
	ZG230-450	230	450	22	32	25	35	一定强度和较好韧性，用于受力不太大、要求高韧性的零件，如砧座、轴承盖、阀门等
	ZG270-500	270	500	18	25	22	27	较高强韧性，用于受力较大且有一定韧性要求的零件，如连杆、曲轴、机架、缸体、轴承座、箱体等
	ZG310-570	310	570	15	21	15	24	较高强度和较低韧性，用于载荷较高的零件，如大齿轮、制动轮
	ZG340-640	340	640	10	18	10	16	高强度、硬度和耐磨性，用于齿轮、棘轮、联轴器、叉头等
焊接结构用	ZG200-400H	200	400	25	40	45		含碳量偏下限，焊接性能优良，其用途基本同于 ZG200-400、ZG230-450 和 ZG270-500 等
	ZG230-450H	230	450	22	35	45		
	ZG270-480H	270	480	20	35	40		
	ZG300-500H	300	500	20	21	40		
	ZG340-550H	340	550	15	21	35		

图 2-14 所示为部分铸钢件。

图 2-14　部分铸钢件

（3）工模具钢　工模具钢按用途分为刀具模具用非合金钢、量具刃具用钢、耐冲击工具用钢、轧辊用钢、冷作模具用钢、热作模具用钢、塑料模具用钢和特殊用途模具用钢等。

1）刀具模具用非合金钢。刀具模具用非合金钢中碳的质量分数为 0.65%～1.35%，属高碳钢，经淬火、低温回火后使用。

刃具模具用非合金钢的回火稳定性小，热硬性差，而且其淬透性低，淬火变形大。因此，此类钢适宜制作尺寸小、形状简单的低速切削刃具。

刃具模具用非合金钢的牌号、成分及用途见表 2-7。

表 2-7　刃具模具用非合金钢的牌号、成分及用途（摘自 GB/T 1299—2014）

序号	统一数字代号	牌号	化学成分（%）			主要特点及用途
			w_C	w_{Si}	w_{Mn}	
1-1	T00070	T7	0.65~0.74	≤0.35	≤0.40	亚共析钢，具有较好的塑性、韧性和强度，以及一定的硬度，能承受振动和冲击负荷，但切削能力差。用于制造承受冲击负荷不大，且要求具有适当硬度和耐磨性及较好韧性的工具等
1-2	T00080	T8	0.75~0.84	≤0.35	≤0.40	淬透性、韧性均优于 T10 钢，耐磨性也较高，但淬火加热容易过热，变形也大，塑性和强度比较低，大、中截面模具易残存网状碳化物，适用于制作小型拉拔、拉深、挤压模具等
1-3	T00080	T8Mn	0.80~0.90	≤0.35	0.40~0.60	共析钢，具有较高的淬透性和硬度，但塑性和强度较低，用于制造断面较大的木工工具、手锯锯条、刻印工具、铆钉冲模、煤矿用凿等
1-4	T00090	T9	0.85~0.94	≤0.35	≤0.40	过共析钢，具有较高的硬度，但塑性和强度较低。用于制造要求较高硬度且有一定韧性的各种工具，如刻印工具、铆钉冲模、冲头、木工工具、凿岩工具等
1-5	T00100	T10	0.95~1.04	≤0.35	≤0.40	性能较好的非合金工具钢，耐磨性也较高，淬火时过热敏感性小，经适当热处理可得到较高强度和一定韧性，适合制作要求耐磨性较高而受冲击载荷较小的模具等
1-6	T00110	T11	1.05~1.14	≤0.35	≤0.40	过共析钢，具有较好的综合力学性能（硬度、耐磨性和韧性），加热时对晶粒长大和形成碳化物网的敏感性小。用于制造在工作时切削刃口不变热的工具，如锯、丝锥、锉刀、刮刀、扩孔钻、板牙、尺寸不大和断面无急剧变化的冷冲模及木工刀具等
1-7	T00120	T12	1.15~1.24	≤0.35	≤0.40	过共析钢，由于含碳量高，淬火后仍有较多的过剩碳化物，所以硬度和耐磨性高，但韧性低，且淬火变形大。不适于制造切削速度高和受冲击负荷的工具，用于制造不受冲击负荷、切削速度不高、切削刃口不变热的工具，如车刀、铣刀、钻头、丝锥、锉刀、刮刀、扩孔钻、板牙及断面尺寸小的冷切边模和冲孔模等
1-8	T00130	T13	1.25~1.35	≤0.35	≤0.40	过共析钢，由于含碳量高，淬火后有更多的过剩碳化物，所以硬度更高，但韧性更差，又由于碳化物数量增加且分布不均匀，故力学性能较差，不适于制造切削速度较高和受冲负荷的工具，用于制造不受冲击负荷，但要求极高硬度的金属切削工具，如剃刀、刮刀、拉丝工具、锉刀、刻纹用工具，以及坚硬岩石加工用工具和雕刻用工具等

2）量具刃具用钢。量具刃具用钢是指用于制造各种测量工具、切削用工具和模具用钢，此类钢应具有高硬度、高耐磨性和高的尺寸稳定性。

量具刃具用钢多为高碳合金钢，经淬火和低温回火后使用。

量具刃具用钢的牌号、成分及用途见表 2-8。

表 2-8　量具刃具用钢的牌号、成分及用途（摘自 GB/T 1299—2014）

序号	统一数字代号	牌号	化学成分（%）					主要特点及用途
			w_C	w_{Si}	w_{Mn}	w_{Cr}	w_W	
2-1	T31219	9SiCr	0.85~0.95	1.20~1.60	0.30~0.60	0.95~1.25		比铬钢具有更高的淬透性和淬硬性，且回火稳定性好。适宜制造形状复杂、变形小、耐磨性要求高的低速切削刃具，如钻头、螺纹工具、手动铰刀、搓丝板及滚丝轮等；也可以制造冷作模具（如冲模、打印模等）、冷轧辊、矫正辊以及细长杆件
2-2	T30108	8MnSi	0.75~0.85	0.30~0.60	0.80~1.10	—	—	在 T8 钢基础上加入 Si、Mn 元素形成的低合金工具钢，具有较高的回火稳定性、较高的淬透性和耐磨性，热处理变形也较非合金工具钢小，适宜制造木工工具、冷冲模及冲头，也可制造冷加工用模具
2-3	T30200	Cr06	1.30~1.45	≤0.40	≤0.40	0.50~0.70		在非合金工具钢基础上添加一定量的 Cr，提高淬透性和耐磨性，冷加工塑性变形和切削加工性较好，适宜制造木工工具，也可制造简单的冷加工模具，如冲孔模、冷压模等
2-4	T31200	Cr2	0.95~1.10	≤0.40	≤0.40	1.30~1.65		在 T10 的基础上添加一定量的 Cr，淬透性提高，硬度、耐磨性、接触疲劳强度也比非合金工具钢高，淬火变形小。适宜制造木工工具、冷冲模及冲头，也用于制造中小尺寸冷作模具
2-5	T31209	9Cr2	0.80~0.95	≤0.40	≤0.40	1.30~1.70	—	与 Cr2 钢性能基本相似，但韧性更好。适宜制造木工工具、冷轧辊、冷冲模及冲头、钢印冲孔模等
2-6	T30800	W	1.05~1.25	≤0.40	≤0.40	0.10~0.30	0.80~1.20	在非合金工具钢基础上添加一定量的 W，热处理后具有更高的硬度和耐磨性，且过热敏感性、热处理变形小，回火稳定性好。适宜制造小型麻花钻头，也可用于制造丝锥、锉刀、板牙，以及温度不高、切削速度不快的工具

图 2-15 所示为刃具钢制产品。

图 2-15　刃具钢制产品

3）塑料模具用钢。无论是热塑性塑料还是热固性塑料，成形都是在加热加压条件下完成的；但一般加热温度不高（150~250℃），成形压力也不大（大多为40~200MPa），故塑料模具用钢的常规力学性能要求不高。然而塑料制品形状复杂、尺寸精密、表面光洁，成形加热过程中还可能产生某些腐蚀性气体。因此要求塑料模具钢具有优良的切削加工性、冷挤压成形性和表面抛光性等工艺性能，较高的硬度（≈45HRC）和耐磨性、耐蚀性以及足够的强韧性。

常用塑料模具用钢的牌号及用途见表2-9。

表2-9 常用塑料模具用钢的牌号及用途（摘自 GB/T 1299—2014）

序号	统一数字代号	牌号	主要特点及用途
7-1	T10450	SM45	非合金塑料模具钢，切削加工性能好，淬火后具有较高的硬度，调质处理后具有良好的强韧性和一定的耐磨性，适宜制作中、小型的中、低档次的塑料模具
7-4	T25303	3Cr2Mo	预硬型钢，相当于 ASTM A681 中的 P20 钢，其综合性能好，淬透性高，较大截面的钢材也可获得均匀的硬度，并且具有很好的抛光性能，模具表面粗糙度值低
7-8	T25515	5CrNiMnMoVSCa	预硬化型易切削钢，钢中加入 S 元素可改善钢的切削加工性能，加入 Ca 元素主要是改善硫化物的组织形态，改善钢的力学性能，降低钢的各向异性。适宜制作各种类型的精密注塑模具、压塑模具和橡胶模具
7-10	T25572	2CrNi3MoAl	时效硬化钢，由于固溶强化处理工序是在切削加工制成模具之前进行的，从而避免了模具的淬火变形，因而模具的热处理变形小，综合力学性能好，适宜制作复杂、精密的塑料模具
7-12	A64060	06Ni6CrMoVTiAl	低合金马氏体时效钢，简称 C6Ni 钢，经固溶处理后，硬度为25~28HRC。在机械加工成所需要的模具形状和经钳工修整及抛光后，再进行时效处理，使硬度明显增加，模具变形小，可直接使用，保证模具的高精度和使用寿命
7-14	S12023	2Cr13	耐腐蚀型钢，属于 Cr13 型不锈钢，机械加工性能较好，经热处理后具有优良的耐蚀性，较好的强韧性，适宜制作承受高负荷并在腐蚀介质作用下的塑料模具和透明塑料制品模具等
7-17	T25402	2Cr17Ni2	耐腐蚀预硬化型钢，具有良好的抛光性能；在玻璃模具的应用中具有好的抗氧化性。适宜制作耐腐蚀塑料模具，并且可不用 Cr、Ni 涂层
7-19	T25513	3Cr17NiMoV	耐腐蚀预硬化型钢，属于 Cr17 型不锈钢，具有优良的强韧性和较高的耐蚀性，适宜制作各种要求高精度、高耐磨性，又要求耐蚀的塑料模具和压制透明的塑料制品模具

塑料模具用钢涉及面广，它几乎包括了所有钢材：从纯铁到高碳钢，从普通钢到专用钢，甚至还可用非铁合金（如铜合金、铝合金、锌合金等）。实际生产中应根据塑料制品的种类、形状、尺寸大小与精度以及模具使用寿命和制造周期来选用。例如，塑料成形时若有腐蚀性气体放出，则多用不锈钢（20Cr13、40Cr13）制模，若用普通钢材则须进行表面镀铬；对添加有玻璃纤维或石英粉等增强物质的塑料成形时，则应选硬度与耐磨性较好的钢材。

图2-16 所示为塑料模具。

（4）不锈钢 不锈钢通常是不锈钢（耐大气、蒸汽和水等弱腐蚀介质腐蚀的钢）和耐酸钢（耐酸、碱、盐等强腐蚀介质腐蚀的钢）的统称，全称不锈耐酸钢。其广泛用于化工、石油、卫生、食品、建筑、航空、原子能等行业。

图 2-16　塑料模具

1）性能要求

① 优良的耐蚀性。耐蚀性是不锈钢最重要的性能。不锈钢的耐蚀性对介质具有选择性，即某种不锈钢在特定的介质中具有耐蚀性，而在另一种介质中则不一定耐蚀，故应根据零件的工作介质来选择不锈钢的类型。

② 合适的力学性能。

③ 良好的工艺性能（如冷塑性加工性、切削加工性、焊接性等）。

常用不锈钢的类型、牌号、成分、性能及应用举例见表 2-10。

表 2-10　常用不锈钢的类型、牌号、成分、性能及应用举例（摘自 GB/T 20878—2007）

类型	序号	统一数字代号	牌号	主要化学成分（%）			力学性能					应用举例
				w_C	w_{Cr}	w_{Ni}	R_m/MPa	R_{eL}/MPa	A_5（%）	Z（%）	HRC	
奥氏体型	13	S30210	12Cr18Ni9	0.15	17~19	8~10	≥560	≥200	45	50		制作耐硝酸、冷磷酸、有机酸及盐、碱溶液腐蚀的零件
	17	S30408	06Cr19Ni10	0.08	18~20	8~11	≥500	≥180	40	60		具有良好的耐蚀性及耐晶间腐蚀性能
铁素体型	85	S11710	10Cr17	0.12	16~18	—	≥400	≥250	20	50		制作硝酸设备，如吸收塔、热交换器、酸槽、输送管道等
马氏体型	98	S41010	12Cr13	0.15	11.5~13.5	—	≥600	≥420	20	60		制作能耐弱腐蚀性介质、能承受冲击载荷的零件，如汽轮机叶片、水压机阀、结构架等
	101	S42020	20Cr13	0.16~0.25	12~14	—	≥660	≥450	16	55		
	112	S44090	95Cr18	0.90~1.00	17~19	—					55	不锈切片机械刃具、剪切刃具、手术刀片等

2）成分特点

① 碳含量。不锈钢的碳含量范围很宽，$w_C = 0.03\% \sim 0.95\%$。从耐蚀性角度考虑，碳含量越低越好，因为碳易于与铬生成碳化物（如 $Cr_{23}C_6$），这样将降低基体的 Cr 含量进而降低了电极电位并增加微电池数量，从而降低了耐蚀性，故大多数不锈钢的含碳量为 $w_C = 0.1\% \sim 0.2\%$；若从力学性能角度考虑，增加碳含量虽然损害了耐蚀性，但可提高钢的强度、硬度和

耐磨性，可用于制造要求耐蚀的刀具、量具和滚动轴承。

② 合金元素。不锈钢是高合金钢，其合金元素的主要作用有提高钢基体的电极电位、在基体表面形成钝化膜及影响基体组织类型等，这些是不锈钢具有高耐蚀性的根本原因。

3）不锈钢分类与常用牌号。不锈钢按其正火组织不同可分为马氏体型、铁素体型、奥氏体型、奥氏体-铁素体双相型及沉淀硬化型五类，其中以奥氏体型不锈钢应用最广泛，约占不锈钢总产量的70%。

图2-17所示为不锈钢产品。

图2-17 不锈钢产品

（5）铸铁　铸铁是碳的质量分数大于2.11%的铁碳合金。铸铁的抗拉强度、塑性和韧性不如钢，无法进行锻造，但它具有良好的铸造性、减摩性、减振性和切削加工性，且熔炼简便，成本低廉，在工业上应用较广。

图2-18所示为铸铁产品。

图2-18 铸铁产品

1）常见铸铁的类型。根据铸铁中碳的存在形态不同，分为灰口铸铁和白口铸铁。根据铸铁中石墨存在的形态不同，又可分为灰铸铁、可锻铸铁、球墨铸铁和蠕墨铸铁等。

① 白口铸铁。白口铸铁中的碳大多以渗碳体（Fe_3C）的形式存在，断口呈银白色。其性硬而脆，很难进行切削加工，工业上很少用来直接加工零件，主要用于制造可锻铸铁和小能量冲击的耐磨件。

② 灰铸铁。灰铸铁中的碳以片状石墨存在。由于石墨存在尖角作用，造成其力学性能降低很多，塑性、韧性低，呈脆性。然而石墨的存在，使铸铁具有耐磨、减振、缺口敏感性低等优良性能。

灰铸铁牌号的表示方法为：我国灰铸铁的牌号为HT×××，其中"HT"表示"灰铁"二字的汉语拼音字首，而后面的×××为最低抗拉强度值，单位为MPa。灰铸铁牌号共八种，其中HT100、HT150、HT200、HT225为普通灰铸铁；HT250、HT275、HT300、HT350为孕育铸铁，灰铸铁的牌号和力学性能见表2-11。

③ 球墨铸铁。球墨铸铁中的石墨呈球状。球墨铸铁具有较高的强度，并具有一定的塑性和韧性。可用来制造受力复杂、力学性能要求高的零件，如曲轴、凸轮轴等。

表 2-11　灰铸铁牌号和力学性能（摘自 GB/T 9439—2010）

牌号	铸件壁厚/mm		最小抗拉强度 R_m/MPa（强制性值）（min）		铸件本体预期抗拉强度/MPa	应用举例
	>	≤	单铸试棒	附铸试棒或试块		
HT100	5	40	100	—	—	低负荷零件，如外罩、手轮、支架等
HT150	5	10	150	—	155	承受中等负荷零件，如机座、支架、箱体、带轮、飞轮、刀架、轴承座、法兰、泵体、阀体等
	10	20		—	130	
	20	40		120	110	
	40	80		110	95	
	80	150		100	80	
	150	300		90	—	
HT200	5	10	200	—	205	承受较大负荷的重要零件，如气缸体、气缸套、活塞、齿轮、机座、床身、刹车轮、联轴器、齿轮箱、轴承座、液压缸、阀体等
	10	20		—	180	
	20	40		170	155	
	40	80		150	130	
	80	150		140	115	
	150	300		130	—	
HT225	5	10	225	—	230	
	10	20		—	200	
	20	40		190	170	
	40	80		170	150	
	80	150		155	135	
	150	300		145	—	
HT250	5	10	250	—	250	
	10	20		—	225	
	20	40		210	195	
	40	80		190	170	
	80	150		170	155	
	150	300		160	—	
HT275	10	20	275	—	250	承受高负荷的重要零件，如重型机床床身、压力机机身、高压液压件、车床卡盘、活塞环、齿轮、凸轮、滑阀壳体等
	20	40		230	220	
	40	80		205	190	
	80	150		190	175	
	150	300		175	—	
HT300	10	20	300	—	270	
	20	40		250	240	
	40	80		220	210	
	80	150		210	195	
	150	300		190	—	
HT350	10	20	350	—	315	
	20	40		290	280	
	40	80		260	250	
	80	150		230	225	
	150	300		210	—	

球墨铸铁牌号的表示方法为："QT"表示球墨铸铁，后面的第一组数字表示最低抗拉强度（MPa），第二组数字表示最低伸长率（%），如QT600-2，表示抗拉强度和伸长率分别不小于600MPa和2%的球墨铸铁。球墨铸铁的牌号和力学性能见表2-12。

表2-12　球墨铸铁的牌号和力学性能（摘自GB/T 1348—2019）

材料牌号	抗拉强度R_m/MPa(min)	屈服强度R_{eL}/MPa(min)	伸长率$A(\%)$(min)	布氏硬度HBW	主要基体组织	应用举例
QT350-22L	350	220	22	≤160	铁素体	铸铁管、曲轴和汽车底盘零件等
QT350-22R	350	220	22	≤160	铁素体	
QT350-22	350	220	22	≤160	铁素体	
QT400-18L	400	240	18	120~175	铁素体	风电设备轮毂、底座、齿轮箱等；收割机及割草机上的导架、差速器壳、护刃器等
QT400-18R	400	250	18	120~175	铁素体	
QT400-18	400	250	18	120~175	铁素体	汽车、拖拉机后桥壳、轮毂、离合器壳、拨叉、电动机壳，阀体、阀盖、压缩机气缸，农机具上的犁托、犁柱等
QT400-15	400	250	15	120~180	铁素体	
QT450-10	450	310	10	160~210	铁素体	
QT500-7	500	320	7	170~230	铁素体+珠光体	机油泵齿轮，铁路机车车辆轴瓦，水轮机的阀体等
QT550-5	550	350	5	180~250	铁素体+珠光体	
QT600-3	600	370	3	190~270	珠光体+铁素体	内燃机曲轴、凸轮轴、气缸套、连杆，部分磨床、铣床、小型水轮机主轴、空压机、制氧机、泵的曲轴、缸体、缸套，桥式起重机大小车滚轮等
QT700-2	700	420	2	225~305	珠光体	
QT800-2	800	480	2	245~335	珠光体或索氏体	
QT900-2	900	600	2	280~360	回火马氏体或屈氏体+索氏体	汽车、拖拉机传动齿轮，柴油机凸轮轴，农机具上犁铧、耙片等

注：字母"L"表示有低温（-20℃或-40℃）下冲击性能要求；字母"R"表示有室温（23℃）下冲击性能要求；性能指标为铸件壁厚≤30mm的单铸试样件。

2）铸铁的热处理。对铸铁可进行热处理，以改善其性能，如去应力退火、石墨化退火、正火、淬火和回火、等温淬火。其中石墨化退火是为了消除铸件表层和薄壁处可能出现的白口组织，便于切削加工。

（6）铝及其合金

1）工业纯铝。铝是一种轻金属，密度约为2.7g/cm³。纯铝的熔点为660℃，具有良好的导电性能。铝在大气中易于形成致密的三氧化二铝保护膜，故具有良好的耐大气腐蚀性。

固态的铝强度、硬度很低（R_m仅为80~100MPa），塑性很好（A为30%~40%）。工业纯铝主要用于制造电缆和换热器等。

2）铝合金。铝与Si、Cu、Mg、Mn、Zn等元素组成的铝合金，具有比纯铝更高的强度。铝合金由于其重量较轻，在航空工业中得到了广泛应用，还可用于制造承受较大载荷的结构件和机器零件。铝合金分为变形铝合金（GB/T 16474—2011）和铸造铝合金（GB/T 1173—2013）两类。

变形铝合金牌号以四位数表示，其中：1×××、2×××、3×××、4×××、5×××、6×××、7×××、

8×××分别表示铝含量（质量分数）不小于99.00%的纯铝和以 Cu、Mn、Si、Mg、Mg 和 Si、Zn、其他合金为主要合金元素的铝合金。

变形铝合金经压力加工后，制成板、管、棒等型材，用于制造螺旋桨、螺栓、螺钉等；铸造铝合金一般用于制造形状复杂、耐蚀的零件，如内燃机气缸体、活塞等。

常用铸造铝合金的牌号、代号、化学成分和力学性能见表 2-13。

表 2-13　常用铸造铝合金的牌号、代号、化学成分及力学性能（摘自 GB/T 1173—2013）

合金类别	牌号	代号	化学成分(%)					状态代号	铸造方法	力学性能（不低于）		
			w_{Si}	w_{Cu}	w_{Mg}	w_{Mn}	其他			R_m /MPa	A (%)	HBW
铝硅	ZAlSi12	ZL102	10.0~13.0					T2 T2	J SB	145 135	3 4	50 50
	ZAlSi9Mg	ZL104	8.0~10.5		0.17~0.35	0.2~0.5		T1 T6	J J、JB	200 240	1.5 2	65 70
	ZAlSi5Cu1Mg	ZL105	4.5~5.5	1.0~1.5	0.4~0.6			T5 T7	S、J、R、K S、J、R、K	235 175	0.5 1	70 65
	ZAlSi12Cu1Mg1Ni1	ZL109	11.0~13.0	0.5~1.5	0.8~1.3		Ni0.8~1.5	T1 T6	J J	195 245	0.5 —	90 100
铝铜	ZAlCu5Mn	ZL201		4.5~5.3		0.6~1.0	Ti0.15~0.35	T4 T5	S、J、R、K S、J、R、K	295 335	8 —	70 90
	ZAlCu10	ZL202		9.0~11.0				F T6	S、J S、J	104 163	— —	50 100
铝镁	ZAlMg10	ZL301			9.5~11.0			T4	S、J、R	280	9	60
	ZAlMg5Si	ZL303	0.8~1.3		4.5~5.5	0.1~0.4		F	S、J、R、K	143	1	55
铝锌	ZAlZn11Si7	ZL401	6.0~8.0		0.1~0.3		Zn9.0~13.0	T1	J	245	1.5	90
	ZAlZn6Mg	ZL402		0.5~0.65		0.2~0.5	Ti0.15~0.25；Cr0.4~0.6；Zn5.0~6.5	T1	J	235	4	70

注：J 为金属型铸造，S 为砂型铸造，R 为熔模铸造，K 为壳型铸造，B 为变质处理；F 为铸态，T1 为人工时效，T2 为退火，T4 为固溶处理加自然时效，T5 为固溶处理加不完全人工时效，T6 为固溶处理加完全人工时效，T7 为固溶处理加稳定化处理。

① 铝硅系。铝硅系合金为只含铝和硅元素的简单铝硅合金，具有良好的铸造性能，但强度较低。可加入 Cu、Mg 等元素提高其强度。

② 铝镁系。铝镁系合金具有密度小、耐蚀性好、强度较高等优点，铸造性能较差。

③ 铝铜系。铝铜系合金具有较高的强度和塑性，在 300℃ 以下使用时仍能保持较高的强度，但铸造性能和耐蚀性差。

④ 铝锌系。铝锌系合金具有良好的铸造性能和较高的强度。

图 2-19 所示为铝合金产品。

（7）铜及其合金　铜及铜合金分类和成分范围要求符合 GB/T 5231—2022《加工铜及铜合金牌号和化学成分》，主要分为纯铜、黄铜和青铜等。

图 2-19　铝合金产品

1）纯铜。纯铜表面形成的氧化膜外观呈紫红色，故也称紫铜。纯铜的密度为 $8.9g/cm^3$，熔点为 $1083℃$。纯铜按成分可分为：普通纯铜（T1：$w_{Cu} = 99.95\%$，T2：$w_{Cu} = 99.90\%$，T3：$w_{Cu} = 99.70\%$）、无氧铜（TU00、TU0、TU1、TU2、TU3；w_{Cu+Ag} 分别 $\geqslant 99.99\%$、99.97%、99.97%、99.95%、99.95%）、脱氧铜（TP1、TP2、TP3、TP4）、添加少量合金元素的特种铜（砷铜、碲铜、银铜等）四类。

纯铜的电导率和热导率仅次于银，广泛用于制作导电、导热器材。纯铜在大气、海水和某些非氧化性酸（盐酸、稀硫酸）、碱、盐溶液及多种有机酸（醋酸、柠檬酸）中，有良好的耐蚀性，用于化学工业。另外，纯铜有良好的焊接性，可经冷、热塑性加工制成各种半成品和成品。

2）铜合金。工业中广泛应用的是铜的合金。按照化学成分，常用的铜合金有黄铜和青铜两大类。

① 黄铜。黄铜是以锌为主要添加元素的铜合金，其加工性能好，主要用于制造弹簧、衬套及耐蚀零件等。

常用的黄铜有 H80、H70 等。"H" 为 "黄" 的汉语拼音字首，数字表示平均含 Cu 量。常用于制作冷轧板材、管材、形状复杂的深冲零件、镀层、工艺美术装饰品等。

黄铜不仅有良好的变形加工性能，而且有优良的铸造性能。由于结晶温度间隔很小，它的流动性很好，易形成集中缩孔，铸件组织致密，偏析倾向较小。

② 青铜。青铜是以锡为主要添加元素的铜合金，习惯上称锡青铜。青铜主要用于制造轴瓦、蜗轮、雕塑及要求耐磨、耐蚀的零件等。

锡青铜在铸造凝固时，由于结晶温度范围很宽，冷凝后体积收缩很小，充满铸模型腔的能力很强，能获得完全符合铸模内形的铸件，但其致密程度较差，故一般仅用于制造形状复杂、气密性差的铸件。

图 2-20 所示为铜合金产品。

图 2-20　铜合金产品

2.2.2　有机高分子材料

有机高分子材料由大量的大分子构成，而大分子是由一种或多种低分子化合物通过聚合连接起来的链状或网状大分子。因此有机高分子化合物又称高聚物或聚合物。由于分子的化学组成及聚集状态的不同而形成性能各异的高聚物。常用有机高分子材料主要有塑料、橡胶和胶粘剂等。

1. 有机高分子化合物的力学性能

有机高分子材料的性能主要包括高弹性、黏弹性（蠕变和应力松弛、滞后和内耗）、强度、韧性以及耐磨性等。

2. 有机高分子化合物的物理化学性能

有机高分子化合物的物理化学性能主要包括电学性能、热性能、化学稳定性等。

3. 有机高分子化合物的老化及防止

有机高分子化合物在长期存放和使用过程中，由于受光、热、氧、机械力、化学介质和微生物等因素的长期作用，性能逐渐变差，如变硬、变脆、变色，直到失去使用价值的过程称为老化。老化的主要原因是在外界因素作用下，大分子链的结构发生交联或裂解。有机高分子材料的老化问题是与金属材料最大的区别。

2.2.3　无机非金属材料

1. 陶瓷材料

陶瓷材料一般由晶相、玻璃相和气相组成。其显微结构由原料、组成和制造工艺决定。

陶瓷的熔点很高，大多在 2000℃ 以上，因此具有很高的耐热性能。陶瓷的线膨胀系数小，导热性和抗热震性都较差，受热冲击时容易破裂。陶瓷的化学稳定性高，抗氧化性优良，对酸、碱、盐具有良好的耐蚀性。陶瓷有各种电学性能，大多数陶瓷具有高电阻率，少数陶瓷具有半导体性质。许多陶瓷具有特殊的性能，如光学性能、电磁性能等。

陶瓷既可以制造工业产品，也可以制造民用产品，还可以制造艺术品等。

2. 玻璃

玻璃是熔融物冷却凝固所得到的非晶态无机材料。工业上大量生产的普通玻璃是以石英（SiO_2）为主要成分的硅酸盐玻璃。在生产过程中若加入适量的硼、铝、铜、铬等金属氧化物，可制成各种性质不同的高级特种玻璃，如石英玻璃、微晶玻璃、光敏玻璃、耐热玻璃等。

玻璃具有坚硬、透明、气密性、装饰性、化学耐蚀性、耐热性及电学、光学等性能；能用吹、拉、压、铸、槽沉等多种成形和加工方法制成各种形状和大小的制品。

普通玻璃经过物理淬火法或化学离子交换法进行钢化可得到钢化玻璃，钢化玻璃具有以下优点：

（1）安全性好　当玻璃受外力破坏时，碎片会呈类似蜂窝状的钝角碎小颗粒，不易对人体造成严重伤害。

（2）强度高　同等厚度的钢化玻璃抗冲击强度是普通玻璃的 3~5 倍，抗弯强度是普通玻璃的 3~5 倍。

（3）热稳定性好　钢化玻璃具有良好的热稳定性，能承受的温差是普通玻璃的 3 倍，可承受 300℃ 的温差变化。

由于钢化玻璃破碎后，碎片呈均匀的小颗粒并且没有普通玻璃碎片的尖角，从而被称为安全玻璃而广泛用于汽车、室内装饰，以及高楼层对外开启的窗户等。

2.2.4　复合材料

目前常用的复合材料主要是以聚合物、金属和陶瓷为基体，加入各种增强纤维或增强颗粒而形成的。其力学性能、耐热性能均优于基体材料。因此，复合材料的研制和应用越来越广泛。

1. 复合材料的力学性能

（1）比强度和比模量大 复合材料的强度与密度之比（比强度）和弹性模量与密度之比（比模量）均较大，如碳纤维增强环氧树脂复合材料的比强度高达 $1.03×10^5$MPa；比模量可达 $0.97×10^7$MPa，超过一般的钢材和铝合金。

（2）抗疲劳性能好 多数金属的疲劳极限是抗拉强度的 40%~50%，而碳纤维增强聚合物复合材料则可达 70%~80%，这是由于在应力状态下裂纹扩展过程完全不同，纤维增强复合材料在应力状态下，裂纹扩展方向要改变，裂纹尖端的应力状态也发生变化，在一定程度上阻止了裂纹的扩展。此外，由于纤维对基体的分割作用，使裂纹扩展路程更为曲折，对疲劳强度的提高也有显著影响。

（3）耐磨和自润滑性能好 当选用合适的塑料与钢构成复合材料时，由于钢具有较高的强度，而塑料摩擦因数比较低，有的还对油有吸附作用和自润滑性能，因此这样形成的复合材料就具有塑料与钢的共同优点。例如，聚四氟乙烯或聚甲醛和多孔青铜层、钢板组成的三层复合材料，便具有聚四氟乙烯的自润滑性及钢、青铜的高强度和高耐磨性等性能，成为滑动轴承的良好材料。

2. 复合材料的应用

纤维增强复合材料是以树脂、金属等为基体，以无机纤维为增强材料。这种材料既有树脂的化学性能、电性能和密度小、易加工等特性，又有无机纤维的高弹性模量、高强度的性能。常用的有玻璃纤维、碳纤维和硼纤维增强复合材料。

由陶瓷颗粒与金属结合的颗粒增强复合材料称为金属陶瓷。材料中的陶瓷为氧化物、碳化物和硼化物，起强化作用，金属 Ti、Cr、Ni、Co 及其合金起粘结作用。陶瓷和金属的类型及相对量决定金属陶瓷的性能，以陶瓷为主的多为工具材料，金属含量较多的多为结构材料。目前应用较多的是氧化物基和碳化物基金属陶瓷。

材料以层状的金属与塑料相复合，具有金属的力学、物理性能和塑料的表面耐摩擦、磨损性能。如塑料-青铜-钢形成的复合材料，在钢与塑料之间以青铜网为媒介，使三者获得可靠的结合力。一旦塑料磨损，露出青铜也不会严重磨伤轴颈，因为许多滑动轴承都是由耐磨性优良的青铜制成。应用较多的有以聚四氟乙烯为表面层的 SF-1 型和以聚甲醛为表面层的 SF-2 型两种。这种材料已用于制造各种机械、车辆等无润滑或少润滑的轴承。

图 2-21 所示为部分复合材料产品。

图 2-21 部分复合材料产品

复习思考题

2-1 简述常用工程材料的主要用途。

2-2 简述金属材料的主要力学性能指标。

2-3 实际生产中，为什么零件设计图或工艺卡上一般提出硬度要求而不是强度或塑性值？

2-4 简述金属的晶体结构与材料性能的关系。

2-5 如果其他条件相同，试比较在下列铸造条件下，所得铸件晶粒的大小：

①金属型浇注与砂型浇注；②高温浇注与低温浇注；③薄壁铸件与厚壁铸件；④浇注时采用震实与不采用震实；⑤厚大铸件的表面部分与中心部分。

2-6 为自行车的下列零件选择合适的材料：

①链条；②座位减振弹簧；③大梁；④链条罩；⑤前轴。

2-7 常用塑料模具材料有哪些，使用时应考虑的主要因素有哪些？

2-8 有形状和尺寸完全相同的灰铸铁和低碳钢棒料各一根，如何用简便方法区分？

2-9 机床的床身和箱体为什么宜采用灰铸铁铸造？

2-10 简述纯铝及各类铝合金的牌号表示方法、性能特点及应用。

2-11 简述纯铜及各类铜合金的牌号表示方法、性能特点及应用。

第 3 章

表面工程与热处理技术

3.1　表面工程概述

表面工程是表面经过预处理后，通过表面涂覆、表面改性或多种表面技术复合处理，改变固体金属或非金属表面的形态、成分、组织结构和应力状况，以获得表面所需性能的系统工程。其目的是在物体表面获得装饰性、耐腐蚀、抗高温氧化、减摩、耐磨性能及光、电、磁等多种表面特殊功能。

对产品表面进行一系列形、色、质、光等处理，使之更加宜人、更加完美、更能满足人们多方面的使用要求，是工业设计中必不可少的重要方面。常用的表面处理技术有涂装、电镀、氧化着色等。这些表面处理技术的应用，可以提高产品的外观质量，并且给产品带来更高的附加值。

表面工程按照功能分类如下：

（1）表面装饰　不同光亮、色泽、纹理的组合，使外观精美、多样化，增加美感与耐用性。

（2）耐腐蚀　耐环境气氛腐蚀，耐淡水、海水腐蚀，耐化学介质浸渍、腐蚀等。

（3）耐磨损　耐腐蚀磨损、微动磨损、磨粒磨损等。

（4）热功能　耐热、抗高温氧化、热绝缘、抗热辐射等。

（5）特种功能　反光、消光、超导、导电、绝缘、半导体、电磁屏蔽、吸波、红外反射、太阳能吸收、辐射屏蔽功能等。

3.2　表面工程技术方法与工艺

3.2.1　电镀

电镀工艺最初主要是为了满足人们防腐和装饰的需要。近年来，随着现代工业和科学技术的发展，人们不断开发出新的工艺技术方法，极大地拓展了这项表面处理技术的应用领域，并使其成为现代表面工程技术的重要组成部分。

1. 电镀基本原理

电镀是通过电解的方法在固体表面上获得金属沉积层的过程。其目的在于改变固体材料的表面特性，改善外观，提高耐蚀性、耐磨性、减摩性能；制成特定成分和性能的金属覆盖层，提供特殊的电、磁、光、热等表面特性和其他物理性能等。目前电镀已经应用于机械、交通、能源、航空、船舶、仪表、轻工日用品以及艺术品的生产制造中。

待镀工件接直流电源的负极，电镀金属接直流电源的正极，然后把它们放入含欲镀覆金属离子盐溶液的镀槽中，当在工件和电镀金属间通入直流电流时，镀液中的金属离子将移向阴极，在阴极金属离子得到电子产生还原反应，沉积在工件表面上。作为阳极的电镀金属将逐渐溶解，不断补充镀液中的金属离子，使电镀继续下去，电镀原理及电镀产品如图 3-1 所示。

图 3-1 电镀原理及电镀产品

2. 镀层的主要特性及用途

（1）防护性镀层 电镀金属有锌、镉、锡及其合金，如锌镍、锌铁、锌锡、锌钛、锡镍等，主要用于钢铁件在大气环境中的防腐蚀。其作用和涂装相似，但镀层有金属感，而且具有导电性和可摩擦性。例如，螺纹类产品只能用电镀而不能用油漆来防腐蚀，这类镀层大都为阳极镀层，有较好的防锈能力。随着光亮电镀的实现，这类镀层经处理后也具有一定的装饰性。防护性镀层约占全部电镀层的 60% 以上，主要用于标准紧固件、仪器仪表底板以及日用品等。

（2）装饰性镀层 这类镀层除要求有较高的耐蚀性外，对表面装饰性也有较高要求，如汽车、摩托车、机床、日用品等表面电镀铜镍铬、镍铬、双层镍铬、三层镍铬和镍镀层上镀仿金等。最终的镀层既要保证带有装饰性，还需要镀层在大气中能稳定和具有一定的耐蚀性。除镀铬层、镀金层和少数贵金属及少量合金层外，最后一层往往是有机覆盖层。防护装饰性镀层在电镀产品中约占 30%。

（3）功能性镀层 这类镀层除了有一定的耐蚀性和装饰性外，主要要求镀层具有特殊性质和功能，因此称为功能性镀层，主要有以下几种：

1）耐磨和减摩镀层。前者采用电镀硬铬镀层、电镀及化学镀镍磷镀层和复合镀镍镀层等提高工件表面硬度，以增加工件耐磨性，例如气缸、活塞环、轴、模具和量具等。后者多用于滑动接触面，在这些接触面上镀上能起固体润滑剂作用的韧性金属（减摩合金）就可以减小滑动摩擦，这种镀层多用在轴瓦或轴套上，常使用锡、铅锡合金、银铅合金以及铅锡锑三元合金等。

2）导电性镀层。在无线电及通信技术中大量使用提高表面导电性能的镀层，一般有镀铜、镀银，如同时要求耐磨则镀银锑合金、银金合金、金钴合金等。

3）磁性镀层。提高某些金属工件的磁性，一般镀镍铁、镍钴、镍钴磷等合金镀层。

4）高温抗氧化镀层。保护金属工件在高温下不被腐蚀，如转子发动机内腔用镀铬来防护，喷气发电机转子叶片也采用铬合金镀层，在更特殊场合下甚至采用铂铑合金镀层作为耐高温抗氧化层。

5）修复性镀层。用于重要的机械零部件的修复，如汽车、拖拉机的曲轴、键以及纺织机的压辊等都可进行电镀修复。用于修复性的镀层有铜、铁、硬铬等。

3. 电镀的镀前预处理和镀后处理

电镀工艺过程包括镀前预处理、电镀及镀后处理三个阶段。

（1）镀前预处理 镀前预处理是为了得到干净、具有活性的金属表面，为最后获得高质量镀层做准备，主要进行脱脂、去锈、去灰尘等工作。其步骤如下：

1）使表面粗糙度达到一定要求。可通过磨光、抛光等工艺方法来实现。

2）去油脱脂。可采用溶剂溶解以及化学、电化学等方法来实现。

3）除锈。可用机械、酸洗以及电化学方法除锈。

4）活化处理。一般在弱酸中浸蚀进行镀前活化处理。

（2）镀后处理

1）钝化处理。钝化处理是指在特定的溶液中进行化学处理，在镀层上形成坚实细密、稳定性高的薄膜表面的处理方法。钝化使镀层耐蚀性大大提高，并增加表面光泽和提高抗污染能力。这种方法用途很广，镀锌、镀铜及镀银后，都可进行钝化处理。

2）除氢处理。有些金属如锌，在电沉积过程中，除自身沉积外，还会析出氢，这部分氢渗入镀层中，使镀件产生脆性，甚至断裂，所以镀后应进行除氢处理，防止氢脆。

4. 常用金属表面电镀

（1）镀铬

1）铬镀层的性质和用途。铬在大气中有强烈的钝化能力，能经久不变色。铬又有极高的硬度和优良的耐磨性及耐热性，加热到 500℃时其外观和硬度仍无明显变化。铬镀层的反光能力仅次于银镀层，它在碱液、硫酸、硝酸和有机酸中很稳定，但能溶于盐酸、氢氟酸和加热的浓硫酸中。

根据使用要求，镀铬可分为防护装饰性镀铬和镀硬铬两种类型。

① 防护装饰性镀铬是在预先经过抛光的镀件表面上镀铬，可以获得结晶细致、具有美丽光泽的镀层，广泛应用于自行车、汽车、机床、测量工具等各种机械零件的装饰层上。经过抛光的镀铬层，具有良好的反光性能，因此很多反光镜都采用铬镀层。在特定的电解液成分及电解操作工艺条件下，可以镀出黑铬，是一种装饰性镀层。黑铬镀层具有硬度高和耐磨及耐温性好的特点，可用在光学仪器、照相机、天线杆等轻工业产品和太阳能集热器上。

② 镀硬铬是在各种镀件表面上镀较厚的铬层，镀层厚度一般在 20μm 以上。由于镀层较厚，能发挥镀铬层的硬度高、耐磨性好的特点，故镀硬铬常应用于成形玻璃制品和塑料制品的模具、游标卡尺等量具、气缸活塞环、枪管和炮筒的内壁、旋转的轴和往复运动的机械滑块等。此外还用于对轴类零件的尺寸修复，经过镀硬铬修复后可大大延长其使用期限。

图 3-2 所示为部分镀铬产品。

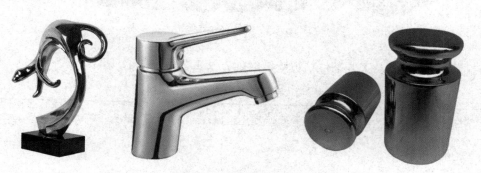

图 3-2　部分镀铬产品

2）镀铬液的配方及工艺条件。镀硬铬工艺主要控制镀液的温度和电流密度，其配方及工艺条件见表 3-1。

表 3-1　镀铬液的配方及工艺条件

溶液各组成的质量浓度/g·L⁻¹	防护性装饰镀层	镀硬铬	工艺条件	防护性装饰镀层	镀硬铬
铬酐	250~400	240	温度/℃	50~55	50~60
硫酸	2.50~4.00	1.2	温度/℃	50~55	50~60
氟硅酸	—	2.25	电流密度/A·dm⁻²	15~30	15~60

（2）镀镍

1）镀镍层的性质和用途。镍是一种微黄色的金属，具有良好的强度和韧性，能耐大气腐蚀，与强碱不发生作用，在稀硫酸和稀盐酸溶液中溶解得非常缓慢，但不耐稀硝酸的腐蚀。镍镀层结晶细致平滑，容易抛光，在镀液中加入各种添加剂后，能得到镜面光亮的镀层，是防护装饰性的主要镀层，用作汽车、自行车、机床、钟表、照相机、五金工具和塑料制品的防护装饰性镀层。

由于镍的电位比铁高，所以镍镀层对钢铁基体来说属于阴极性的镀层。在镀层与基体形成的电化学腐蚀中，基体的铁作为阳极，如果镍镀层有孔隙，基体的铁就会加快腐蚀，因此应尽可能减少孔隙来提高镍镀层的质量。镀镍的价格较高，除了汽车、摩托车、精密机床和国防上的特殊用途以及一些附加值较高或较重要的部件外，往往采用多层镀的方法来减小镍镀层的厚度。例如，采用厚铜薄镍镀层，铜锡合金层上再镀以薄的镍镀层；还可采用双层镀银或三层镀镍的工艺，减少镍镀层的孔隙，提高镍镀层的防护性能。

用于装饰性表面处理的还有镀黑镍。镀黑镍是利用镀液中含有锌时会使镍发黑的特性，在镀液中加入一定量的锌盐和含硫物质而获得。钢铁零件镀黑镍前最好喷砂处理，而且以镀铜或镀锌作底层。铜零件上镀黑镍比钢铁零件上镀黑镍的效果好。镀黑镍主要作为装饰性镀层，多用于光学仪器、仪器仪表工业等精密机械装置上的某些特殊零件的装饰。黑镍层色泽柔和，不反光，又能表现金属的质感，适当的应用能获得良好的装饰效果。

图 3-3 所示为部分镀镍产品。

图 3-3　部分镀镍产品

2）镀镍液的配方及工艺条件。镀镍液的配方及工艺条件见表 3-2。

表 3-2　镀镍液的配方及工艺条件

溶液各组成的质量浓度/$g \cdot L^{-1}$	pH 值	温度/℃	电流密度/$A \cdot dm^{-2}$	备注
硫酸镍 250~350 氯化镍 40~50 硼酸 30~45	4.1~4.6	50~60	3~4	加入光亮剂,得到光亮镍层
硫酸镍 240~330 氯化镍 37~52 硼酸 30~45	3~5	45~65	2.5~10	瓦特(Watts)镀液
氨基磺酸镍 500~600 氯化镍 5~10 硼酸 40	3.8~4.2	60~70	5~20	可获得无应力镀层

影响镍镀层质量的因素主要有 pH 值、温度、电流密度、搅拌和杂质等。一般来说镀液浓度和温度高，pH 值低，可采用大的电流密度，反之应小。搅拌能促使镍离子迅速向阴极区扩散，还有利于氢气的逸出，减少镀层针孔。镀镍电解液对杂质非常敏感，当存在某些杂质时，会严重影响镍镀层的质量，铁、铜、锌、铬等金属离子是镀液中常见的有害杂质。

（3）镀银

1）银镀层的性质和用途。银是一种白色光亮、可塑并具有极强反光能力的金属，其硬度比铜稍差、比金高。银在碱液和某些有机酸中十分稳定，但易溶于硝酸和微溶于硫酸。在一般大气中，银是比较稳定的，但是在含有氧化物和硫化物的空气中，银表面会很快变色，并迅速失去反光能力。在所有的金属中，银的导电性最好。由于银的价格较高，一般不适于作为防护镀层，但常用于装饰，主要用于仪器仪表、轻工、灯具、反光镜等作为防护装饰的电镀层和反光镀层。

镀银的物体一般多是铜或铜合金件。钢铁基体镀银，必须先镀上一层能使金属免受腐蚀的其他金属或合金层。经常与硬橡胶（含有硫）接触的零件不宜镀银。

2）防止镀银变色的方法。银镀层在大气中硫化物、卤化物等腐蚀介质的作用下，其表面很快就会生成浅黄色、黄褐色，甚至黑褐色的硫化银薄膜，特别是在工业空气中，与含硫的橡胶、胶木、油漆等物接触的状态下，或者在高温高湿度条件下，变色更迅速。

若银镀层的表面清洗不干净，留有电镀残液，或银镀层中有铁、铜、锌等低电位金属杂质，也会使镀层变色。另外，若银镀层表面粗糙或孔隙较多，也是造成银镀层容易变色的重要原因。

银镀层变色会严重影响装饰的外观，并使接触电阻增大，妨碍导电性能，造成焊接困难，降低了实用价值，特别是电子设备中的高频微波元件由于银镀层变色而造成的导电性能下降更为突出。

图 3-4 所示为部分镀银产品。

图 3-4　部分镀银产品

防止银镀层变色的工艺主要有：①在银镀层上形成一层保护膜，如化学钝化、电解钝化等；②在银镀层上沉积一层薄贵金属，如镀金、铑、钯等；③覆盖有机材料薄膜法，这种方法是在银表面上覆一层薄而透明的有机材料与空气隔开，防止银镀层变色；④电镀具有一定抗变色能力的银基合金镀层，如银金合金等。

（4）镀金　金是一种黄色、可塑性极好的金属，质软，易于抛光，具有极高的化学稳定性，在碱及各种酸中都较稳定，但金可溶解于王水中，也可溶解于盐酸及铬酸的混合液中，硫化氢及其他硫化物对金都不起作用，因而金在空气中不氧化也不变色，是理想的表面装饰镀层。

由于金的价格昂贵，因而镀金的应用受到限制。就其本身的装饰性能来看，金表面的化学钝化作用极强，并有精美的外观，因此金镀层比其他金属镀层都好，所以镀金广泛用于装饰性电镀，如用于精密仪器、钟表、首饰等作为装饰性表层。

镀金一般在铜或银镀层上进行，为克服金镀层的质软和不耐磨的弱点，在氰化镀金电解液中加入银、镍、钴等金属离子或采用酸性光亮镀金溶液，能提高金镀层的硬度和光泽度，减少金的消耗。

图 3-5 所示为部分镀金产品。

5. 非金属材料上的电镀

（1）概述　工程塑料的应用，可以大大减轻设备的自重，这在航空航天、通信及家电行

图 3-5　部分镀金产品

业方面具有重要意义。这些非金属材料的使用可以大量节省各种金属材料和机械加工费用，降低产品的成本，提高劳动生产率。但是，非金属材料本身存在着不耐磨、不导热、易变形以及抗老化性能差等缺陷，限制了它的使用范围。然而，可以采用给非金属材料施加一层金属镀层的方法，来满足不同应用场合对产品性能的要求，特别是塑料在汽车内外部件、印制电路、导电纤维等领域的应用。

目前已能够在各种非金属制品上镀覆导电层、焊接层、导磁层、耐磨层和防护装饰性镀层。非金属材料的电镀与金属的电镀相比，最大的难点是非金属材料为绝缘体，无法直接电镀。给非金属材料制品表面施加导电层的途径主要有涂刷金属或石墨粉、烧渗导电层、涂导电胶以及化学镀等，其中比较好的方法是化学镀。

非金属材料制品在进行电镀前的主要工序为：

机械粗化→化学脱脂→化学粗化→敏化处理→活化处理→还原处理→化学镀覆。

（2）非金属电镀工艺简介　非金属材料制品必须经过镀前表面处理才能进行电镀。

1）化学脱脂。除去工件表面的油污，使表面粗化均匀，从而提高镀层的结合力，延长粗化液的使用寿命。化学脱脂的方法主要分有机溶剂脱脂和碱液脱脂两种。

2）粗化。粗化是使非金属表面微观粗糙，增加镀层和基体间的接触面积，达到提高基体与镀层结合力的目的。粗化的方法有机械粗化和化学粗化两种。

3）敏化。敏化是使非金属表面吸附一些容易氧化的物质，为后续的活化处理和化学镀覆打下基础。常用的敏化剂有氯化亚锡、三氯化钠、硫酸亚锡等水溶液。

4）活化。非金属制品经过敏化处理后，紧接着要进行活化处理。活化的目的是使工件表面生成一层贵金属膜，并以此作为化学沉积时氧化还原反应的催化剂，使化学镀覆的反应加速。银、金、钯、铂等是能起催化作用的贵金属，它们的盐溶液是常用的活化剂，硝酸银、氧化钯应用较广。

5）化学镀。化学镀的目的是在需要镀覆的非金属制品表面形成一层导电金属层，为非金属制品下一步电镀创造条件，所以化学镀是非金属材料电镀的关键。目前，最常用的是化学镀铜和化学镀镍。

非金属材料制品经化学镀覆后，表面形成一层导电膜，就可以根据需要继续镀其他金属了。

（3）塑料电镀　塑料电镀制品具有塑料和金属两者的特性，它的密度小，耐蚀性良好，成形简单，具有金属光泽和金属感，还有导电、导磁和焊接等性能。它可以省去复杂的精加工，节省金属材料，而且外表美观，同时还提高了塑料件的强度。由于金属镀层对大气等外界因素具有较高的稳定性，因而塑料电镀金属后可防止塑料老化，延长塑料件的使用寿命。

塑料电镀在新型设备，电子、光学仪器以及家用电器等的某些零件和外观装饰上得到了广泛应用，也成为工业设计中塑料表面装饰的重要手段之一。目前国内外在丙烯腈-丁二烯-苯乙烯（ABS）、聚丙烯、聚碳酸酯、尼龙、酚醛玻璃纤维增强塑料、聚苯乙烯等的表面上进行电镀已广泛使用。

图 3-6 所示为部分塑料电镀产品。

图 3-6　部分塑料电镀产品

3.2.2　化学镀

化学镀是指在没有外加电流通过的情况下，利用化学方法使溶液中的金属离子还原为金属，并沉积在基体表面形成镀层的一种表面加工方法。工件浸入镀液中，化学还原剂在溶液中提供电子使金属离子还原沉积在工件表面。化学镀是一个催化还原过程，还原作用仅发生在催化表面上，如果被镀工件本身是反应的催化剂，则化学镀的过程就具有自催化作用。反应生成物本身对反应的催化作用，使反应不断继续下去。化学镀又称自催化镀、无电解镀。

由于化学镀层具有耐磨、耐蚀、硬度高、焊接性好等优点，因此，化学镀在电子、石油、化学化工、航空航天、核能、汽车、机械等工业中得到了广泛的应用。

1. 化学镀镍

用还原剂将镀液中的镍离子还原为金属镍并沉积到基体表面的方法称为化学镀镍。还原剂有次磷酸盐、硼氢化物、胺基硼烷等，以次磷酸盐为还原剂的化学镀镍溶液有酸性镀液和碱性镀液两种。其中使用次磷酸盐作还原剂的酸性镀液是使用最广泛的化学镀镍液。

化学镀镍层具有优良的耐磨性、耐热性及电磁学特性，广泛应用于模具制造、石油化工及汽车制造等行业。例如，采用化学镀镍强化模具，既能保证硬度和耐磨性，又能起到固体润滑的效果，使脱模容易，延长模具的使用寿命。由于化学镀镍层兼有优良的耐蚀和耐磨两大特点，加之其厚度均匀，能满足精密尺寸的要求，即使在管件和复杂的内表面也能获得均匀的镀层，因此化学镀镍是石油化工设备表面保护最常用的一种方法。

2. 化学镀铜

化学镀铜的主要目的是在非导电体材料表面形成导电层，在印制电路板孔金属化和塑料电镀前的化学镀铜已广泛应用。化学镀铜层的物理化学性质与电镀法所得铜层基本相似。

化学镀铜的主盐通常采用硫酸铜，使用的还原剂有甲醛、肼、次磷酸钠、硼氢化钠等，生产中使用最普遍的是甲醛。

化学镀铜是为了给非金属制品施加一层导电膜，因此一般只进行 20～30min，要想继续施加其他镀层，要先用电镀铜将化学镀铜层加厚。

3.2.3　热浸镀

1. 概述

热浸镀是一种将整体金属浸在另一种低熔点的金属液中，在其表面形成一层金属保护膜的方法。钢铁是使用最广泛的基体材料，铸铁及铜等金属材料也有采用热浸镀的。镀层金属主要有锌、锡、铝、铅及其合金等。常见热浸镀层种类见表 3-3。

表3-3 常见热浸镀层种类

镀层金属	熔点/℃	浸镀温度/℃	比热容/J·(kg·K)$^{-1}$	镀层特点
镉	231.9	260~310	0.056	美观的金属光泽,耐蚀性、附着力、韧性均好
锌	419.5	460~480	0.094	耐蚀性好,粘附性好,焊接条件要适当
铝	658.7	700~720	0.216	优异的耐蚀性和耐热性,对光、热有良好的反射性

热浸镀锌、热浸镀铝的钢材作为耐蚀材料的主要用途见表3-4。

表3-4 热浸镀钢材的主要用途

种类	用途
锌板、带	建筑业、交通运输业、机器制造、器具方面
锌钢板	石油化工、建筑、管道等
锌钢丝	通信与电力工程、一般用途
铝钢板	耐热、耐蚀
铝钢丝	低碳钢丝、高碳钢丝
铝钢管	石油工业、焦炭工业、化学工业

根据热浸镀前处理方法的不同,其工艺可分为溶剂法和保护气法两大类。

2. 热浸镀锌

热浸镀锌是一种经济实惠的保护工艺。热浸镀锌镀层的形成大致可分成以下三个步骤:

1)铁基表面被锌液溶解形成铁锌合金层。

2)合金层中的锌原子进一步向基体扩散,形成锌铁互溶层。

3)合金层表面包络着一薄层锌。

热浸镀锌镀层的结合牢固性、覆盖性都远比电镀锌好。

钢铁的热浸镀锌工艺要求及技术参数见表3-5。

表3-5 钢铁的热浸镀锌工艺要求及技术参数

工艺		目的	工艺要求		
镀前处理	碱洗	清除表面油污、中和酸洗后的残渣和灰泥	氢氧化钠 100~200g/L 硅酸钠 70~80 g/L 温度 70~90℃ 时间 0.5~1h		
	酸洗	除去预镀件表面的氧化皮	钢	硫酸 100~200g/L 盐酸 100~200g/L 若丁 0.3~0.5g/L 温度 常温 时间 约30min	
			铁	硫酸($\rho=1.84$g/cm^3) 氢氟酸(HF的质量分数为40%) 食盐 若丁 温度 时间	180~200g/L 20~50g/L 40~50g/L 5~8g/L 约60℃ 20~30min
	水洗	洗去预镀件表面的余酸、铁盐、残渣等	常温,最好为流动水		
	稀盐酸处理	防止预镀件被二次氧化,去除预镀件表面残存的铁盐	0.5%~1.5%的盐酸水溶液		

（续）

工艺		目的	工艺要求
助镀处理	熔融溶剂法（湿法）	提高镀层对基体材料的附着力，清除预镀件表面的铁盐	氯化铵∶氯化锌=2∶3，浮在锌液上
	烘干溶剂法（干法）	清除熔融金属表面的氧化物，降低金属表面张力	氯化铵水溶液（$\rho=1.014\sim1.028g/cm^3$）100~250g/L 或氯化锌 300~500g/L，在溶液中浸渍后，在 80~100℃ 下烘干
热浸镀锌工艺		在表面镀一层锌或锌合金	温度　460~480℃ 时间　30~300s 加热　煤、重油、天然气、感应电流
镀后处理		避免未凝固的锌镀层被损伤而降低制品质量	立即在清水中进行冷却

（1）镀前处理　镀前处理主要是通过碱洗、酸洗、水洗等工序除去镀件表面的油污、锈蚀、型砂微粒、氧化皮等，使钢件在洁净状态下进行热浸镀锌。

（2）助镀处理　经表面处理的工件，已获得较清洁的金属表面，然后再进行溶剂处理，烘干后进入镀锌锅。使用较普遍的助镀剂为氯化锌和氯化铵的复合盐。

（3）热浸镀锌工艺　经过严格前处理的工件立即送入熔融的锌液中浸镀。镀锌温度控制在 460~480℃ 范围内，最高不得超过 490℃。浸镀时间根据工件的不同，一般为 30~300s。工件浸入之前以及从锌锅中取出时，要求除净锌液表面的锌灰，以免影响镀层质量。

（4）镀后处理　从锌锅中取出的工件要经过除去多余的锌、水冷和钝化处理等步骤。工件从锌锅中取出后，要在 5~10s 内除去镀层上多余的锌，否则会产生结瘤。

除锌后的工件要立即进行冷却和钝化处理，以提高钢件镀锌层的耐蚀性并防止锌层变色。先在空气中冷却，然后再放入冷水中冷却，冷水温度保持在 20~50℃，最好采用流动水。

钝化处理主要是防止锌层产生白锈。常用锌层钝化液是以铬酸或重铬酸盐为主配成的水溶液。几种常用锌层钝化液的配方及工艺见表 3-6。

表 3-6　常用锌层钝化液的配方及工艺

配方	钝化液组成	溶液温度/℃	浸渍时间
1	质量分数为 1% 的重铬酸钠加少量稀硫酸的水溶液	常温	15min
2	5g/L 铬酐加 1g/L 硫酸（98%）的水溶液	常温	20~30s
3	18~22g/L 铬酐加 6~10g/L 硫酸钠（无水）和硝酸（$\rho=1.4g/cm^3$）的水溶液	15~20	1~3s

3. 热浸镀铝

镀铝钢材是钢基体的高强度和铝层良好耐蚀性结合起来而构成的一种新材料，因而具有强度高、耐蚀性好、耐热性高的特性。

热浸镀铝是将表面净化的工件浸于熔融铝或铝合金中并保持一定时间，这时便发生铝液对钢表面浸润、铁的溶解以及铁原子与铝原子的相互扩散和反应，从而形成 Fe-Al 金属间化合物的中间层，并在工件从铝液中取出时在此合金层的表面粘附一层铝液或铝合金液，在其冷却凝固后便形成包括 Fe-Al 合金层和表面纯铝层或铝合金层的镀层。与其他镀铝工艺相比，钢材热浸镀铝层的形成时间短，在几十秒到几分钟内即可形成厚度为 20~50μm 的合金层。镀铝时铝液的温度一般为 680~750℃。

镀铝钢材的用途如下：

（1）镀铝钢板

1）Ⅰ型镀铝钢板（Al-Si 合金镀层）主要用于高温耐热制品。它包括：

① 汽车工业。汽车底盘等。

② 耐热器具。热交换器、烘烤箱、燃烧炉内衬、烟筒、通热风管道、粮食烘干机、炉用反射板、焚烧器、食品烤炉内衬、淋浴器等。

③ 容器方面。储粮筒仓、冷藏容器、储槽、水槽、暖气片、各种包装箱等。

2）Ⅱ型镀铝钢板（纯铝镀层）主要用于耐常温大气腐蚀。它包括：

① 建筑方面。大型建筑的屋顶板、外壁、集水槽沟、落水管、门窗框、活动卷帘门等。

② 交通运输。汽车库、飞机库、高速公路护栏、道路标牌、灯具壳、露天设施等。

③ 冶金方面。热处理炉罩、高炉钟罩、炼钢炉耐热闸板等。

（2）镀铝钢丝　较软的低碳钢镀铝丝主要用于编织网、篱笆、围栏、海岸护堤网、渔网、防鲨网、山道及矿井巷道的防落石安全网、球场网、牧场围墙、舰船钢丝绳等。

（3）镀铝钢管　热浸镀铝管主要用于以下各领域：

1）石油化工业。石油管式加热炉炉管、热交换用冷凝器、石油管道等。

2）化学工业。生产硫酸、邻苯二甲酸酐的管式接触器和管式热交换器，用于含硫气体、氯气、溴、氧化氮、浓醋酸、柠檬酸、丙酸、苯甲酸、甘油、酚类等化工产品的输送管道等。

3）焦化工业。各种热交换器装置、苯和吡啶车间的分馏塔和冷凝器、煤气初冷器、清洗炼焦煤气中硫化氢及二氧化碳的热交换器和管道等。

4）食品工业。由于铝不受有机酸的作用，对生物体无毒，不会改变食品味道、颜色和气味。因此可用于各种酒类酿造厂、酒精厂的各种设备及管道。

3.2.4　热喷涂

热喷涂技术是采用可燃气体、液体燃料或电弧、等离子弧、激光等作为热源，将金属、合金、金属陶瓷、氧化物、碳化物、塑料以及它们的复合材料等喷涂材料加热到熔融或半熔融状态，通过高速气流使其雾化，然后喷射、沉积到经过预处理的工件表面，从而形成附着牢固的表面层的加工方法。

采用热喷涂技术不仅能使零件表面获得各种不同的性能，如耐磨、耐热、耐腐蚀、抗氧化和润滑等性能，而且在许多材料（金属、合金、陶瓷、水泥、塑料、石膏、木材等）表面上都能进行喷涂，喷涂工艺灵活，喷涂层厚度达 0.5～5mm，而且对基体材料的组织和性能影响小。目前，热喷涂技术已广泛应用于航空航天、国防、冶金、石油、化工、水利、电力等领域。

图 3-7 所示为热喷涂实例。

金属热喷涂

图 3-7　热喷涂实例

热喷涂技术按涂层加热和结合方式不同，可分为喷涂和喷熔两种。前者是基体不熔化，涂层与基体形成机械结合；后者是涂层经再加热重熔，涂层与基体互熔并扩散形成冶金结合。按照加热喷涂材料的热源种类分为火焰喷涂、电弧喷涂、等离子弧喷涂、爆炸喷涂、激光喷涂和重熔、电子束喷涂等。

热喷涂有以下主要特点：

（1）适用范围广　涂层材料可以是金属、非金属以及复合材料，被喷涂工件也可以是金属和非金属，用复合粉末喷成的复合涂层可以把金属和塑料或陶瓷结合起来，获得良好的综合性能，而其他方法则难以达到。

（2）工艺灵活　施工对象小到 10mm 内孔，大到铁塔、桥梁等大型结构。热喷涂既可在整体表面上进行，也可在指定区域进行，既可在真空或控制气氛中喷涂活性材料，也可在野外现场作业。

（3）喷涂层的厚度可调范围大　涂层表面光滑，加工量少，不经研磨即可使用。

（4）工件受热程度可以控制　除喷熔外，热喷涂是一种冷工艺，如氧-乙炔焰喷涂、等离子喷涂，工件受热程度均不超过 250℃，工件不会发生大的变形和再结晶软化。

（5）生产率高　大多数工艺方法的生产率可达到每小时喷涂数千克喷涂材料，有些工艺方法可高达 100kg/h 以上。

（6）可赋予普通材料以特殊的表面性能　可使材料满足耐磨、耐蚀、抗高温氧化、隔热等性能要求，达到节约贵重材料，提高产品质量，满足多种工程和尖端技术需求的目的。

热喷涂材料按用途分类见表 3-7。

表 3-7　热喷涂材料按用途分类

目的		热喷涂材料
耐蚀	金属	锌、铝、锌-铝合金、不锈钢、镍及其合金、铜及其合金等
	非金属	陶瓷、塑料
耐热	金属	耐热铝、耐热合金
	非金属	陶瓷、金属陶瓷
耐磨损	金属	碳钢、低合金钢、不锈钢、镍-铬合金
	非金属	陶瓷

3.2.5　高能束技术

高能束技术是采用激光束、离子束、电子束对材料表面进行改性或合金化的技术。用这些束流对材料表面进行改性的技术主要包括两个方面：

1）利用脉冲激光器可获得极高的加热和冷却速度，从而可制成微晶、非晶及其他一些奇特的、热平衡相图上不存在的亚稳态合金，从而赋予材料表面以特殊的性能。目前的激光束、电子束发生器已有足够的能量在短时间内加热和熔化大面积的表面区域。

2）利用离子注入技术可把异类原子直接引入表面层中进行表面合金化，引入的原子种类和数量不受常规合金化热力学条件的限制。

这些束流用于材料表面加热时，由于加热速度极快，所以整个基体的温度在加热过程中可以不受影响。用这些束流加热材料表层的深度一般为几微米，加热熔化这些微米级的表层所需能量一般为几焦耳每平方厘米。电子束、离子束的脉冲宽度可短至 10^{-9}s，激光的脉冲宽度可短至 10^{-12}s。它们的能量沉积功率密度可以相当大，在被照物体上由表面向里能够产生

$10^6 \sim 10^8$ K/cm 的温度梯度，使表面薄层迅速熔化。正因为达到了这样高的温度梯度，冷的基体又会使熔化部分以 $10^8 \sim 10^{11}$ K/s 的速度冷却，致使固-液界面以几米每秒的速度向表面推进，使凝固迅速完成。

3.2.6 化学转化膜技术

化学转化膜技术，就是通过化学或电化学手段，使金属表面形成稳定的化合物膜层的方法。其特点是膜层的结合力好。

根据形成膜介质的不同，化学转化膜可以分为：

1）氧化物膜——在含有氧化剂的溶剂中形成（氧化）。

2）磷酸盐膜——金属在磷酸中形成（磷化）。

3）铬酸盐膜——在铬酸或铬酸盐溶液中形成（钝化）。

几乎所有的金属表面均能成膜，工业上以 Fe、Al、Zn、Cu、Mg 为主。

1. 钢铁的化学氧化

钢铁材料在氧化剂中生成蓝、黑膜层，称为"发蓝"或"发黑"，分为高温化学氧化和常温化学氧化。

（1）钢铁高温化学氧化　传统发黑方法的基本工艺过程：在浓碱性 $NaNO_2$、140℃、$15 \sim 90$ min 后，生成 Fe_3O_4 膜，厚度为 $0.5 \sim 1.5 \mu m$，通过浸油后，钢铁材料的耐蚀性大大提高。

（2）钢铁常温化学氧化　钢铁常温发黑工艺：将工件置于以硫酸和硫酸铜为主要组成物的溶液中，$2 \sim 10$ min 后，用脱水缓蚀剂、石蜡封闭，钢铁材料的表面耐蚀性大大提高。

钢铁化学氧化主要用于精密仪器、光学仪器、武器、机械制造业等。

2. 铝及铝合金的阳极氧化

铝及铝合金的阳极氧化是指在适当的电解液中，以金属作为阳极，在外加电流的作用下，使其表面生成氧化膜的方法。膜层厚可达几十到几百微米，而一般铝的自然氧化膜厚度仅为 $0.010 \sim 0.015 \mu m$。

（1）阳极氧化膜的性质

1）膜层多孔。蜂窝状，吸附能力很强，可吸附树脂、蜡、涂料等。

2）耐磨性好。硬度高，吸附润滑剂后，可进一步提高耐磨性。

3）耐蚀性好。在大气中很稳定，并与厚度、孔隙率有关，可采用封闭处理，进一步提高耐蚀性。

4）电绝缘性好。电阻大，击穿电压高，可作为电容器电介质层或电器绝缘层。

5）绝热性好。良好的绝热层，承受1500℃瞬时高温，热导率很低 $[0.419 \sim 1.26 W/(m \cdot K)]$。

6）结合力强。结合力很强，难以用机械的方法将它分离。

（2）铝合金阳极氧化工艺流程　铝制品的阳极氧化工艺流程为：

铝工件→机械预处理→上挂具→脱脂→水洗→碱洗→水洗→中和→水洗→阳极氧化→水洗→着色→去离子水洗→封闭→烘干→下挂具。

（3）铝合金阳极氧化的应用　铝合金阳极氧化的应用主要为：建筑铝材的防护与装饰；铝合金零件的防护，如果零件的使用条件恶劣，还应涂油漆；为了装饰和作识别标志而要求具有特殊颜色的零件；要求外观光亮并有一定耐磨性的零件；$w_{Cu} \geq 4\%$ 的铝合金的防护；形状简单的对接气焊零件。

图3-8所示为铝合金氧化着色产品实例。

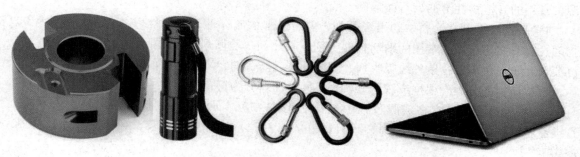

图 3-8 铝合金氧化着色产品实例

3.2.7 涂料与涂装

用有机涂料通过一定方法涂敷于材料或制件表面，形成涂膜的全部工艺过程称为涂装。涂装用的有机涂料，是涂于材料或制件表面而能形成具有保护、装饰或绝缘防腐等特殊性能固体涂膜的一类液体或固体材料的总称。早期大多以植物油为主要原料，故又称为"油漆"；后来合成树脂逐步取代了植物油，因而统称为"涂料"。

1. 涂料的性能及特点

1）对基体有良好的保护作用，这种作用主要体现在两个方面：首先，耐各种环境介质下的锈蚀，可延长物件的使用寿命；其次，可以保护物件表面不受机械外力摩擦和碰撞而损坏。

2）用于装饰外观，可赋予材料表面各种色彩，美化生活。

3）具有特殊性能的涂料都具有其独特的作用。

4）涂料选材范围广、工艺简单、适用性强，大部分情况下无须昂贵的涂装设备。

5）涂料工业生产过程、工艺设备比较简单，在同一套工艺设备上可生产多个品种的涂料。

6）涂料的性能评价包括很多方面，诸如涂料的作业性，涂膜的形成性、附着性、耐蚀性和耐久性、可修补性、经济性、环境保护性等。其中的"耐久性"所包括的内容也很多，诸如耐水性、耐热性、耐酸性、耐碱性、耐油性、电绝缘性、非褪色性、防毒性等。所以可根据工程需要选择性能合适的涂料和涂装技术。

在金属表面处理工程中，涂料涂装工程量远大于其他表面处理工程量，属于最终表面处理工序。

2. 涂料的主要组成及分类

（1）涂料的主要组成　涂料由成膜物质、颜料、溶剂和助剂四部分组成。

1）成膜物质。成膜物质一般是天然油脂、天然树脂和合成树脂。它们是在涂料组成中能形成涂膜的主要物质，是决定涂料性能的主要因素。它们在储存期间相当稳定，而涂敷于制件表面后在规定条件下固化成膜。

2）颜料。颜料能使涂膜呈现颜色和遮盖力，还可增强涂膜的耐老化性、耐磨性以及增强膜的耐蚀性和防污染等能力。颜料呈粉末状，不溶于水或油，且能均匀分散于介质中。大部分颜料是某些金属氧化物、硫化物和盐类等无机物。有的颜料是有机染料。按其作用不同可分为着色颜料、体质颜料、发光颜料、荧光颜料、示温颜料等。

3）溶剂。溶剂使涂料保持溶解状态，调整涂料的黏度，以符合施工要求，同时可使涂膜具有均衡的挥发速度，使涂膜平整和有光泽，还可消除涂膜的针孔、刷痕等缺陷。溶剂要根据成膜物质的特性、黏度和干燥时间来选择。一般常用混合溶剂或稀释剂。按其组成和来源，常用的有植物性溶剂、石油溶剂、酯类、酮类和醇类等。

4）助剂。助剂在涂料中的用量虽小，但对涂料的储存性、施工性以及对所形成涂膜的物理性能有明显作用。常用的助剂有催干剂、固化剂、增韧剂、表面活性剂、防结皮剂、防沉淀剂、防老化剂以及紫外线吸收剂、润湿助剂、防霉剂、增滑剂、消泡剂等。

（2）涂料的分类　根据成膜干燥机理不同，涂料分为溶剂挥发类和固化干燥类。

1）溶剂挥发类。它在成膜过程中不发生化学反应，而仅是溶剂挥发使涂料干燥成膜。这类涂料一般为自然干燥型涂料，具有良好的修补性，易于重新涂装，如硝基漆、乙烯基漆类。

2）固化干燥类。这类涂料的成膜物质一般是相对分子质量较低的线型聚合物，可溶解于特定的溶剂，经涂装后待溶剂挥发，就可通过化学反应交联固化成膜，因已转化成体型网状结构，以后不能再溶解于溶剂中。

涂料的其他分类方法有：按有无颜料分为清漆和色漆；按形态可分为水性涂料、溶剂型涂料、粉末涂料、高固体分涂料等；按用途分为建筑漆、汽车漆、飞机蒙皮漆、木器漆等；按施工方法分为喷漆、烘漆、电泳漆等；按使用效果分为绝缘漆、防锈漆、防污漆、防腐漆等。

3. 涂装工艺方法

使涂料在被涂表面形成涂膜的全部工艺过程称为涂装工艺。具体的涂装工艺要根据工件的材质、形状、使用要求、涂装用工具、涂装环境、生产成本等加以合理选用。涂装工艺的一般工序是：涂前表面预处理→涂布→干燥固化。

（1）涂前表面预处理　涂前表面预处理主要有以下内容：①清除工件表面的各种污垢；②对清洗过的金属工件进行化学处理，以提高涂层的附着力和耐蚀性；③若前道切削加工未能消除工件表面的加工缺陷和得到合适的表面粗糙度，则在涂前要用机械方法进行处理。

（2）涂布　涂布主要包括：刷涂、滚刷涂及刮涂等手工涂布法；浸涂、淋涂法；空气喷涂法；无空气喷涂法。

（3）干燥固化　涂料主要靠溶剂蒸发以及熔融、缩合、聚合等物理或化学作用而成膜。

图3-9所示为涂装过程及涂装产品实例。

图3-9　涂装过程及涂装产品实例

汽车喷涂

4. 涂装表面的预处理

涂装表面预处理是涂装施工前必须进行的准备工作，由于工件材质不同，如金属、木材、塑料等，在施工前的准备工作也不同。

（1）金属材料的表面处理　金属工件的表面预处理，须将工件表面的杂物，如污垢、尘埃、水分、铁锈、氧化皮、旧面不坚固的旧涂膜等影响涂料附着力的因素清除，并使工件具有一定的粗糙度，这样可提高涂料的附着力。

金属工件的表面处理包括脱脂、去锈、磷化、钝化、表面整形等内容。

（2）塑料制品的表面处理　对塑料制品进行涂装，能提高塑料制品的耐候性、耐溶剂性和耐磨性等表面性能，可增强塑料制品的装饰性，并使其获得导电、难燃等特性。

塑料制品常用的表面处理方法有：

1）手工或机械方法。用砂纸打磨或采用喷砂法，是塑料制品在不受化学物品作用的情况下清除污物并获得粗糙表面的方法。

2）溶剂处理方法。对于聚丙烯塑料，可用丙酮溶液或蒸气进行表面处理。

3）化学处理。采用强氧化剂对塑料表面进行轻微的腐蚀，使表面具有一定的粗糙度，并软化表面。施工中可按硫酸 150、重铬酸钾 75、水 12（质量）的比例，配成溶液清洗塑料。

（3）木材的表面处理　木材在加工过程中会形成粗糙不平的表面，同时也难免会沾上污物、油迹等，从而会影响涂料干燥和涂膜的附着力、涂膜色泽的均匀性等，所以在木材制成木器白坯后，不可能都符合涂装施工的要求，为保证涂装质量，必须在涂装前对木器白坯进行表面处理，主要包括除木毛、清除污物及松脂、漂白、上色和表面补嵌等。

（4）水泥制件的表面处理　水泥制件含有碱性物质和水分，会严重影响涂层的质量，涂料直接涂于水泥制件表面会发生变色、起泡、脱皮和碱性物质的皂化、腐蚀等现象。为克服上述弊病，需在涂装前对水泥表面进行处理。

新水泥制件，一般不可立即进行涂装，须自然放置 3 周以上，使水分挥发，盐分固化后才可涂装。如急需涂装，则必须用质量分数为 15%～20% 的硫酸锌或氯化锌溶液，在工件表面涂刷几遍，待干燥后，扫除停留在水泥面上的析出物，即可进行涂装。对于砖墙面上的纸筋石灰，用氟硅酸镁溶液或锌与铝的氟硅酸盐溶液进行中和处理，清除墙面上的粉质浮粒，即可涂装。

（5）玻璃的表面处理　玻璃表面特别光滑，如果不进行表面处理，涂料不易附着，往往会出现流痕及剥落现象。对玻璃表面的处理，除了清除油污、水迹等污物外，重要的是使其表面具有一定的粗糙度，常用的方法是用棉纱头拌磨料（如砂轮粉末）后在玻璃表面反复、均匀地擦拭，或用氢氟酸涂于玻璃表面进行轻度腐蚀，直至具有一定的表面粗糙度为止，然后用大量的水清洗后，方可进行涂装。

3.3　热处理

3.3.1　热处理概述

1. 热处理基本概念

热处理是将材料在固态下进行加热、保温和冷却以获得所需组织与性能的工艺。

热处理通过改变金属材料的组织和性能来满足工程中对材料的性能要求，选择正确的热处理工艺对于挖掘金属材料的性能潜力、改善零件使用性能、提高产品质量、延长零件的使用寿命、节约材料具有重要意义，因此，热处理在制造行业中应用很广。例如，汽车、拖拉机行业中需要进行热处理的零件占 70%～80%；机床行业中占 60%～70%；工具、轴承及各种模具则 100% 需进行热处理。

2. 热处理的分类

热处理工艺分为三大类：

（1）整体热处理　对工件进行整体加热，以改善整体组织和性能的处理工艺，分为退火、正火、淬火、回火等。

（2）表面热处理　仅对工件表层进行热处理，以改变其组织和性能的工艺，分为表面淬火和回火等。

（3）化学热处理　将工件置于一定温度的活性介质中保温，使一种或几种元素渗入工件的表层，以改变其表层化学成分、组织和性能的热处理工艺，根据渗入成分的不同分为渗碳、碳氮共渗、渗氮、氮碳共渗等。

尽管热处理的种类很多，但通常所用的各种热处理过程都由加热、保温、冷却三个阶段组成。图3-10所示为最基本的热处理工艺曲线和热处理设备。

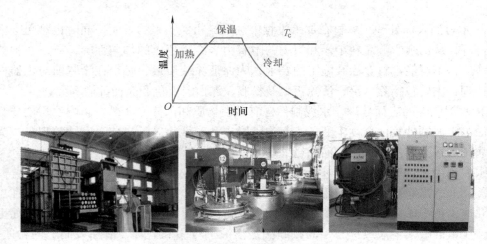

图3-10　热处理工艺曲线及热处理设备

3. 热处理在零件制造过程中的作用

绝大部分零部件在制造过程中都需要进行热处理，以提高材料性能，满足零件的使用要求。

以下为工模具钢中的量具刃具用高速钢W18Cr4V刀具的制造过程：

下料→球化退火（降低硬度到207~255HBW，便于切削加工）→机械加工→淬火（提高硬度）→冷处理（-80℃左右，减少残留奥氏体，保持刀具内部组织稳定性）→高温回火（550~570℃回火2~4次，二次硬化）→成品。

从以上零件的制造过程来看，热处理起着极其重要的作用。

3.3.2　退火和正火

1. 退火

退火是将工件加热到适当温度，保持一定时间，然后缓慢冷却的热处理工艺。

（1）完全退火　完全退火是将钢加热到奥氏体转变临界温度以上使金属的组织奥氏体化后保温，随后缓慢冷却，获得接近平衡状态组织的热处理工艺。

完全退火的目的是细化组织、降低硬度、改善可加工性能、去除内应力。

完全退火主要适用于中碳钢及中碳合金钢的铸件、锻件、轧制件及焊接件。

（2）去应力退火　去应力退火是为了去除由于液态成形、塑性加工、焊接、热处理及机械加工等造成的残余应力而进行的。如果这些应力不消除，将会使工件在一定时间后或在随后的切削加工过程中产生变形或裂纹；或者在使用过程中产生变形，降低零部件的精度，甚至发生事故。

对于钢铁材料，去应力退火的加热温度一般为500~650℃。

去应力退火过程中工件内部不发生组织转变，在加热、保温和缓冷过程中完成应力消除。

2. 正火

正火是将钢加热到奥氏体转变临界温度以上 30～50℃，保温适当时间后，在空气中冷却的热处理工艺。正火冷却速度比退火快，金属组织细小，正火后的强度、硬度、韧性都高于退火，且塑性基本不降低。

正火的主要目的是调整锻件、铸钢件的硬度，细化晶粒。通过正火细化晶粒，钢的韧性可显著改善，对焊接件可以通过正火改善焊缝及热影响区的组织和性能。

钢的退火、正火加热温度范围如图 3-11 所示。

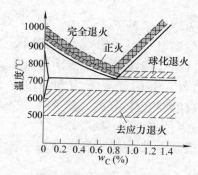

图 3-11　钢的退火、正火加热温度范围

3.3.3　淬火和回火

1. 淬火

淬火是将钢件加热到奥氏体转变临界温度以上，保持一定时间后快速冷却，获得高硬度组织的热处理工艺。例如，用于制作锉刀的 T10 钢，退火态的硬度小于 20HRC，不能作为锉削工具。如果将 T10 钢淬火后配以低温回火，硬度可提高到 60～64HRC，可以切削金属材料，包括退火态的 T10 钢。

最常用的淬火冷却介质为水及水基液体。

2. 回火

回火是指将淬火钢件加热到奥氏体转变临界温度以下某一温度，保温一定时间，然后冷却到室温的热处理工艺。其主要目的：①降低脆性、消除或降低残余应力，如不及时回火，往往会使工件变形甚至开裂；②赋予工件所要求的力学性能。工件经淬火后，硬度高、脆性大，不宜直接使用。为了满足工件的不同性能要求，可以通过适当的回火配合来调整硬度、降低脆性，得到所需要的韧性、塑性。

根据回火温度的不同，回火可以分为三类。

（1）低温回火　淬火钢件在 250℃ 以下的回火称为低温回火。回火后的硬度为 58～64HRC。低温回火的目的是在尽可能保持高硬度、高耐磨性的同时降低淬火应力和脆性。低温回火适用于高碳钢和合金钢制作的各类刀具、模具、滚动轴承、渗碳及表面淬火的零件，如 T12 钢锉刀采用 760℃ 水淬+200℃ 回火。

（2）中温回火　淬火钢件在 350～500℃ 的回火称为中温回火。回火后的硬度为 35～50HRC。中温回火的目的是获得较高的弹性极限和屈服强度，同时改善塑性和韧性。中温回火适用于各种弹簧及锻模，如 65 钢弹簧采用 840℃ 油淬+480℃ 回火。

（3）高温回火　淬火钢件在 500～600℃ 的回火称为高温回火。回火后的硬度为 25～35HRC。将钢件淬火加高温回火的复合热处理工艺称为调质。高温回火的目的是在降低强度、硬度及耐磨性的前提下，大幅度提高塑性、韧性，得到较好的综合力学性能，适用于各种重要的中碳钢结构零件，特别是在交变载荷下工作的连杆、螺栓、齿轮及轴类等，如45钢小轴采用830℃水淬+600℃回火。调质后的屈服强度、塑性和冲击韧度显著高于正火。

图3-12所示为40钢的力学性能随回火温度的变化情况。

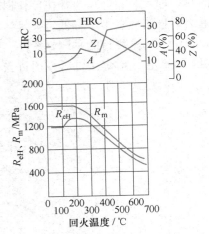

图3-12 40钢的力学性能随
回火温度的变化

3.3.4 表面淬火和化学热处理

1. 概述

机械零件很多是在动载荷和摩擦条件下工作的，它们要求其表面具有高硬度和高耐磨性；而心部则要求具有足够的塑性和韧性。例如，汽车、拖拉机上的传动齿轮，为保证其表面有高的耐磨性，其硬度要求为58~62HRC，而为使心部有足够的韧性及一定的强度，其硬度则要求为33~38HRC。针对机械零件的这种表硬心韧的性能要求，一般采用表面热处理或化学热处理等表面强化工艺。

表面热处理是仅对工件表面进行热处理以改变其组织和性能的工艺。其中表面淬火工艺最常用，它是通过快速加热与立即淬火冷却相结合的方法来实现的，即利用快速加热使工件表面很快加热到淬火温度，在热量传到心部之前即迅速冷却，使表层得到马氏体而被淬硬，而心部仍保持未淬火状态的组织，即原来塑性、韧性较好的退火、正火或调质状态的组织。

化学热处理是将工件置于一定温度的活性介质中保温，使一种或几种元素渗入工件表层，以改变其化学成分、组织和性能的热处理工艺。

2. 表面淬火

常用的表面淬火方法有感应淬火及火焰淬火等。

（1）感应淬火 感应淬火是利用感应电流通过工件所产生的热效应，使工件表面、局部或整体加热并进行快速冷却的淬火工艺。

感应淬火工件的常用工艺路线为：

锻造→退火或正火→粗加工→调质或正火→精加工→感应淬火→低温回火→磨削。

（2）火焰淬火 火焰淬火是应用氧-乙炔火焰对工件表面进行加热，随后冷却的工艺。

火焰淬火工件的常用材料为中碳钢和中碳合金钢，如35、45、40Cr、65Mn等；还可用于灰铸铁、合金铸铁件等。

火焰淬火的淬硬深度一般为2~6mm，主要适用于单件或小批量生产的大型零件和需要局部淬火的工具及零件等。

图3-13所示为齿轮及表面淬火。

3. 化学热处理

化学热处理最常用的是渗碳、渗氮和碳氮共渗，可提高钢的硬度、耐磨性及疲劳性能等。

（1）钢的渗碳 渗碳是将钢件在渗碳介质中加热并保温使碳原子渗入表层的化学热处理工艺。其目的是使低碳（$w_C = 0.10\% \sim 0.25\%$）钢件表面得到高碳（$w_C = 1.0\% \sim 1.2\%$），经淬火+低温回火后获得高硬度、高耐磨性的表面；而心部仍保持一定强度及较高的塑性、韧性，适用于同时受磨损和较大冲击载荷的低碳钢或低合金钢零件，如齿轮、活塞销、套筒等。

图 3-13　齿轮及表面淬火

齿轮表面淬火

渗碳工件制造的一般工艺路线为：

锻造→正火→机械加工→渗碳→淬火+低温回火→精加工。

（2）钢的渗氮　渗氮是指在一定温度下使活性氮原子渗入工件表面的化学热处理工艺。其目的是提高工件表面硬度、耐磨性、疲劳性、耐蚀性及热硬性。目前应用较多的有气体渗氮和离子渗氮。

渗氮件表面具有高硬度（1000~1100HV）、高耐磨性、高耐蚀性的特点，主要作用是表面强化和表面保护。渗氮主要应用于在交变载荷下工作并要求耐磨的重要结构零件，如高速传动的精密齿轮、高速柴油机曲轴、高精度机床主轴及在高温下工作的耐热、耐蚀、耐磨零件，如齿轮圈、阀门等。

渗氮零件制造的一般工艺路线为：

锻造→正火→粗加工→调质→精加工→去应力→粗磨→氮化→精磨或研磨。

复习思考题

3-1　与材料整体改性技术相比，材料表面技术有哪些特点？

3-2　常用表面工程技术有哪些，分别应用在什么场合？

3-3　施工前对工件表面进行预处理的目的是什么？如何根据不同基材选择相应的表面预处理方法？

3-4　比较电镀、化学镀、化学转化膜技术的异同。

3-5　什么是涂料？试述涂料的组成及其作用。

3-6　试述涂装的主要工艺过程。

3-7　试述塑料电镀的特点及其工艺过程。

3-8　简述金属材料常用热处理方法及其在零件制造中的作用。

3-9　比较退火、正火、淬火方法的异同，处理后零件的性能特点。

3-10　简述 T12 钢制丝锥的热处理工艺及各工艺的作用。

3-11　某一用 45 钢制造的零件，其加工工艺路线如下：

备料→锻造→正火→粗加工→调质→精加工→高频感应淬火+低温回火→磨削。

请说明各热处理工序的目的及热处理后的性能特点。

第 4 章

金属材料成形

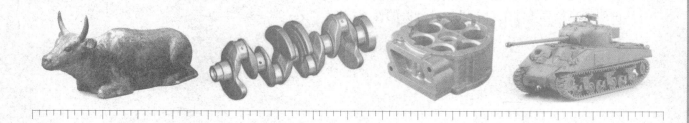

4.1　金属材料成形概述

材料成形加工行业是制造业的重要组成部分，材料成形加工技术是汽车、电力、石化、造船及机械等支柱产业的基础制造技术，新一代材料加工技术也是先进制造技术的重要内容。金属液态成形、塑性成形及连接成形等材料加工技术是国民经济可持续发展的主体技术，全世界约75%的钢材经塑性加工成形，45%的金属结构用连接成形。汽车结构件中65%以上仍由钢材、铝合金、铸铁等材料通过以上几种加工方法成形。

但是，我国的材料成形加工技术与工业发达国家相比仍有很大差距。重大工程的关键铸锻件（如长江三峡水轮机的第一个叶轮）仍从国外进口；航空工业发动机及其他重要动力机械的核心成形制造技术尚有待突破。因此，有必要要加强和重视材料成形加工制造技术的发展。

高速发展的产品设计技术要求加工制造产品精密化、轻量化、集成化；国际竞争更加激烈的市场要求产品性能高、成本低、周期短；日益恶化的环境要求能源消耗低、污染少、可再生。为了生产高精度、高质量、高效率的产品，材料正由单一的传统型向复合型、多功能型发展；材料成形加工制造技术逐渐综合化、多样化、柔性化、多学科化。因此，必须十分重视材料加工成形技术的技术进步。

4.2　液态成形工艺基础

金属液态成形又称铸造，是将液态金属在重力或外力作用下充填到型腔中，待其冷却凝固后，获得所需形状、尺寸和精度的毛坯或零件的方法。

金属材料液态成形具有很多优点。

（1）适应性广，工艺灵活性大　工业上常用的金属材料如铸铁、碳素钢、合金钢、非铁合金等，均可在液态下成形，特别是对于不宜塑性成形或焊接成形的材料，该生产方法具有特殊的优势。铸件的大小、形状几乎不受限制，质量从零点几克到数百吨，壁厚从1mm到1000mm。

（2）最适合形状复杂的铸件　具有复杂内腔的毛坯或零件的成形，如复杂箱体、机架、阀体、泵体、缸体等适宜铸造成形。

（3）成本较低　铸件与最终零件的形状相似、尺寸相近，节省材料和加工工时。

大多数铸件是毛坯件，需经过切削加工才能成为零件。

4.2.1　砂型铸造

铸造可分为砂型铸造和特种铸造两大类。砂型铸造工艺流程如图4-1所示。

砂型铸造是将熔融金属浇入砂质铸型中，待冷却凝固后，取出铸件的铸造方法，是液态成形中应用最广的铸造方法，它适用于各种形状、大小及常用合金铸件的生产。

图4-2所示为支座的零件图和砂型铸造合箱图。

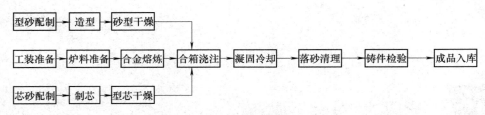

图 4-1 砂型铸造工艺流程

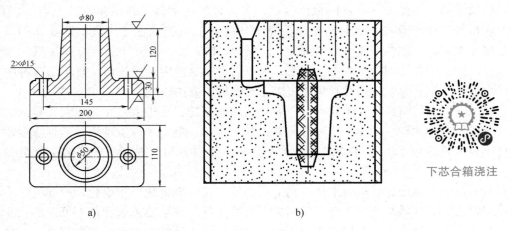

下芯合箱浇注

a)   b)

图 4-2 支座的零件图和砂型铸造合箱图

a）零件图 b）合箱图

1. 熔融合金的流动性及充型

液态合金充满型腔，形成轮廓清晰、形状和尺寸符合要求的优质铸件的能力，称为液态合金的流动性。

当合金的流动性差时，铸件易产生浇不足、冷隔、气孔和夹杂等缺陷。流动性好的合金，易于充满型腔，利于液态金属中的气体和非金属夹杂物上浮，也有利于对铸件进行补缩。

常用合金中铸铁、非铁合金的流动性好，铸钢的流动性较差。

2. 液态合金的收缩

（1）收缩的概念 液态合金在凝固和冷却过程中，体积和尺寸减小的现象称为合金的收缩。收缩是绝大多数合金的物理本性之一。收缩可使铸件产生缩孔、缩松、裂纹、变形和内应力等缺陷，影响铸件质量。

合金的收缩经历如下三个阶段，如图 4-3 所示。

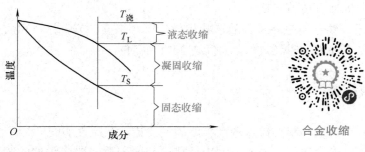

合金收缩

图 4-3 合金收缩的三个阶段

1）液态收缩。从浇注温度（$T_浇$）到凝固开始温度（液相线温度 T_L）间的收缩。

2）凝固收缩。从凝固开始温度（T_L）到凝固终止温度（固相线温度 T_S）间的收缩。

3）固态收缩。从凝固终止温度（T_S）到室温间的收缩。

合金的收缩率为上述三个阶段收缩率的总和。

因为合金的液态收缩和凝固收缩表现为合金体积的缩减，故常用单位体积收缩量（即体收缩率）表示。合金的固态收缩不仅引起体积上的缩减，同时还使铸件在尺寸上减小，因此常用单位长度上的收缩量（线收缩率）来表示。

常用合金中，铸钢、铝合金和铜合金的收缩率较大，灰铸铁较小。

（2）铸件的缩孔和缩松　液态合金充满型腔后，在冷却凝固过程中，若液态收缩和凝固收缩所缩减的体积得不到补足，则铸件的最后凝固部位会形成一些孔洞，按照孔洞的大小和分布，可将其分为缩孔和缩松两类。

缩孔是指集中在铸件上部或最后凝固部位、容积较大的孔洞，缩孔多呈倒圆锥形，内表面粗糙；缩松是指分散在铸件某些区域内的细小缩孔。

3. 砂型铸造造型（造芯）方法

制造砂型的工艺过程称为造型。造型通常分为手工造型和机器造型两大类。

（1）手工造型方法　手工造型时，填砂、紧实和起模都用手工完成。其优点是操作灵活、适应性强，模样生产准备时间短。但生产率低，劳动强度大，铸件质量不易保证。故手工造型只适用于单件、小批量生产。

实际生产中，由于铸件的尺寸、形状、生产批量、使用要求以及生产条件的不同，可以采用不同的造型方法。各种常用手工造型方法的特点及其适用范围见表 4-1。

表 4-1　常用手工造型方法的特点及其适用范围

造型方法		主要特点	适用范围
按模样特征区分	整模造型 整模	整体模样，多数情况下，型腔全部在下半型内，上半型无型腔。造型简单，铸件不会产生错型缺陷	适用于一端为最大截面，且为平面的铸件
	挖砂造型 挖砂	整体模样，铸件分型面是曲面。为起模方便，造型时用手工挖去阻碍起模的型砂。每造一件，就挖砂一次，费工、生产率低	用于单件或小批量生产，且分型面不是平面的铸件
	假箱造型 木模 用砂做的成形底板(假箱)	为了克服挖砂造型的缺点，先将模样放在一个预先制作的假箱上造下型，省去挖砂操作。操作简便，分型面整齐	用于成批生产，且分型面不是平面的铸件
	分模造型 上模 下模	将模样沿最大截面处分为两半，型腔分别位于上、下两个半型内。造型简单，节省工时	常用于最大截面在中部的铸件

（续）

造型方法		主要特点	适用范围
按模样特征区分	活块造型 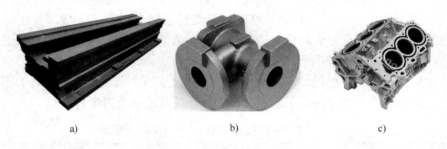	铸件上有妨碍起模的凸台、肋板等。制模时将此部分做成活块，在主体模样起出后，从侧面取出活块。造型费工，要求操作者的技术水平较高	主要用于单件、小批量生产带有凸出部分难以起模的铸件
	刮板造型	用刮板代替模样造型。可大大降低模样成本，缩短生产周期。但生产率低，要求操作者的技术水平较高	主要用于有等截面或回转体的大、中型铸件的单件或小批量生产

图4-4所示产品或其壳体为砂型铸造的产品。

a) b) c)

图4-4 砂型铸造的产品
a）机床床身 b）阀体 c）发动机缸体

（2）**机器造型方法** 机器造型是将加砂、紧砂、起模等工序用造型机来完成的造型方法，是大批量生产砂型的主要方法。常用的机器造型方法包括震压造型、抛砂造型、微震压实造型、高压造型、射压造型等。

机器造型生产率高，制出的铸型尺寸精确、表面粗糙度值小、加工余量小，同时，还可改善工人的劳动条件。但机器造型对厂房要求高，机器设备、模具、砂箱等工艺装备的一次性投资大，生产周期长，同时，还必须使其他工序（如配砂、运输、浇注、落砂等）全面实现自动化才便于生产协调，因此，只有在大批量生产时才经济。

（3）**造芯** 当制作空心铸件、铸件外壁内凹或铸件具有影响起模的外凸时，经常要用到型芯，制作型芯的工艺过程称为造芯。

为了提高大型型芯的刚度和强度，需在型芯中放入芯骨；为了提高型芯的透气性，需在型芯的内部制作通气孔。

4. 铸件结构工艺性

进行铸件结构设计时，不仅要保证其使用性能和力学性能要求，还必须考虑铸造工艺和合金铸造性能对铸件结构的要求，铸件结构设计合理与否，对铸件的质量、生产率及其成本有很大的影响。

（1）**砂型铸造工艺对铸件结构设计的要求** 铸件结构应尽可能使制模、造型、造芯、合箱和清理等过程简化，避免不必要的浪费，防止废品的产生，并为实现机械化、自动化生产创造条件。因此，设计人员在进行铸件结构设计时，必须考虑有关砂型铸造工艺对铸件结构设计的要求，见表4-2。

表 4-2　砂型铸造工艺对铸件结构设计的要求

对铸件结构的要求		不好的铸件结构	较好的铸件结构
铸件的外形必须力求简单、造型方便	铸件应具有最少的分型面,从而避免多箱造型和不必要的型芯	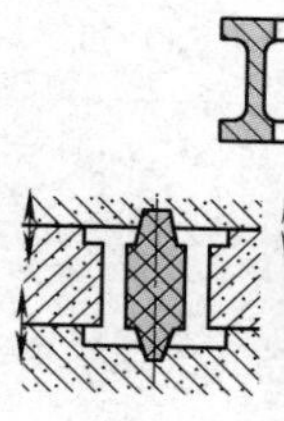	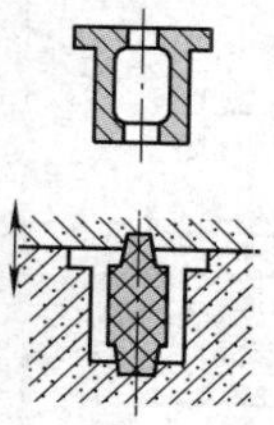
	铸件加强肋的布置应有利于起模	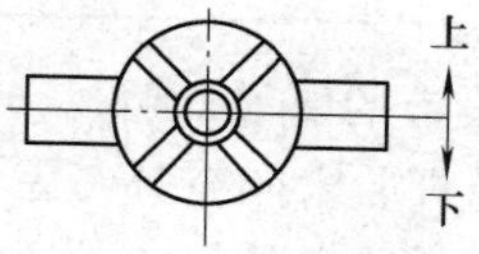	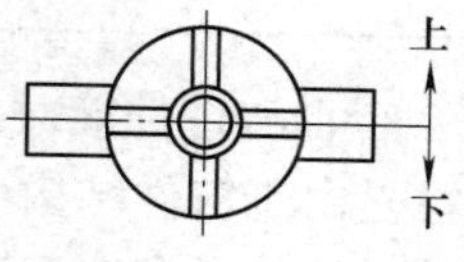
	铸件侧面的凹槽、凸台的设计应有利于起模,尽量避免不必要的型芯和活块	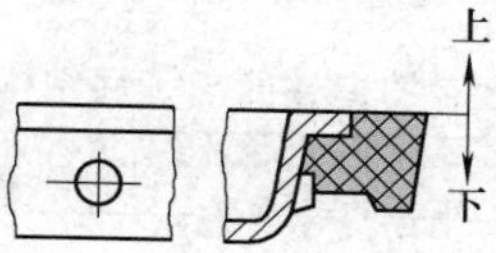	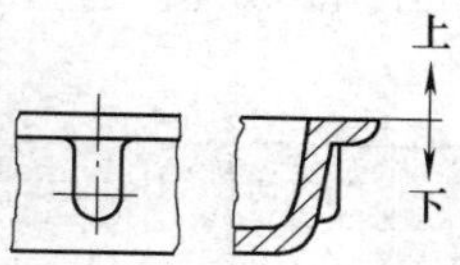
	铸件设计应注意避免不必要的曲线和圆角结构,否则会使制模、造型等工序复杂化	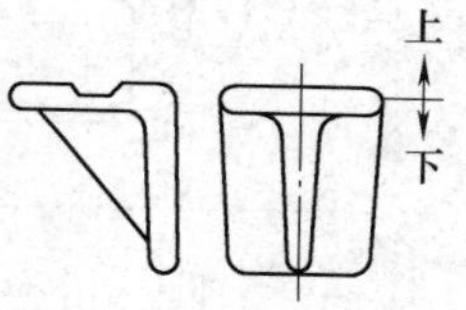	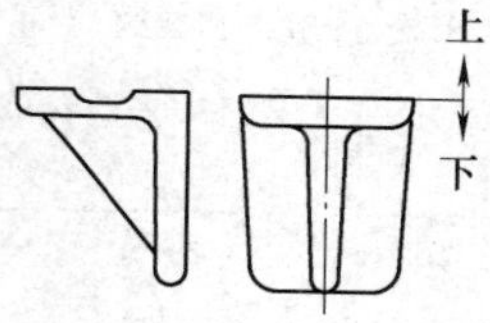
	凡沿着起模方向的不加工表面,应给出结构斜度,其设计参数见表 4-3	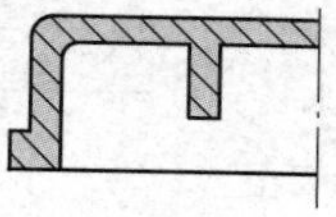	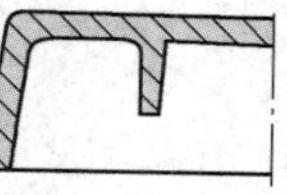
铸件的内腔必须力求简单、尽量少用型芯	尽量少用或不用型芯,用自带型芯做出内部空腔,节省装备费用	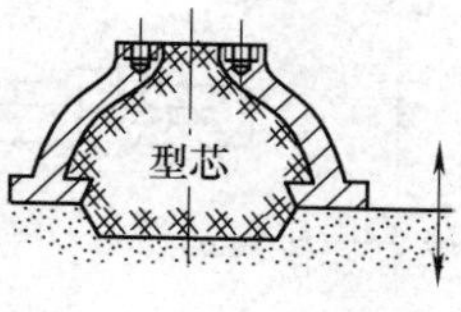	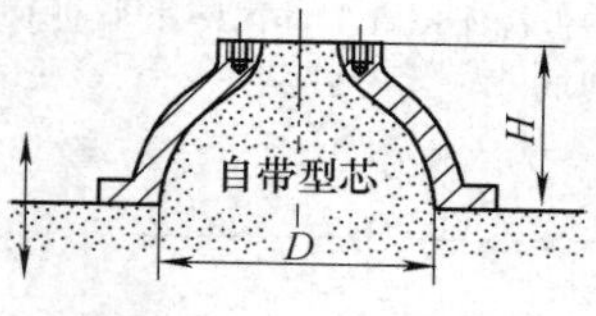
	型芯在铸型中必须支撑牢固并便于排气、定位和清理(图中 A 处需放置型芯撑)	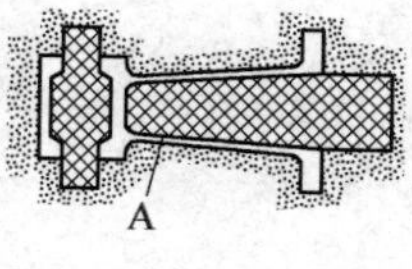	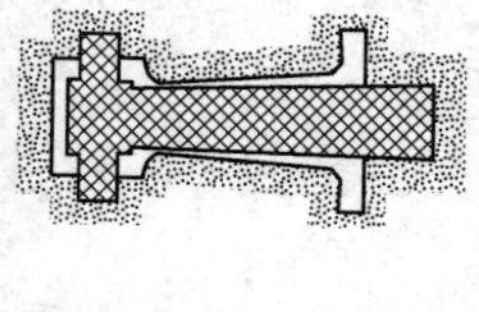
	为了固定型芯以及便于清理,应增加型芯头或工艺孔	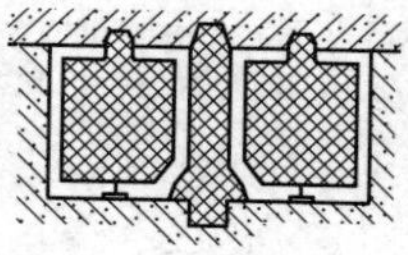	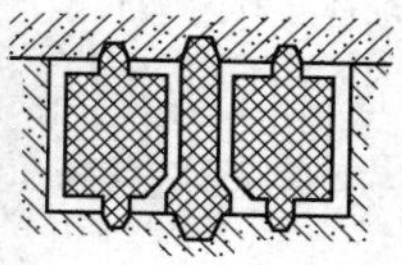

表 4-3 铸件的结构斜度

	斜度（a：h）	角度（β）	使用范围
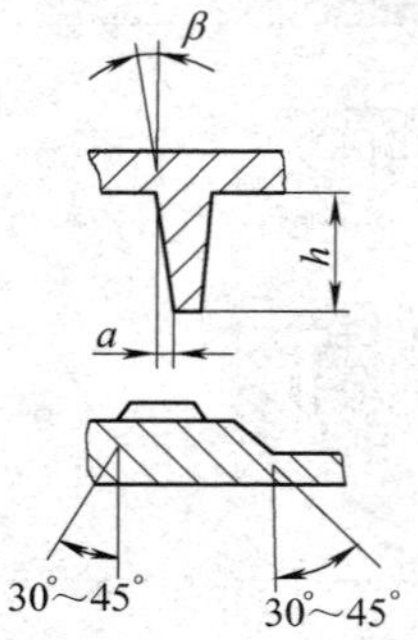	1：5	11°30′	$h<25mm$ 的铸钢和铸铁件
	1：10	5°30′	$h=25\sim500mm$ 的铸钢和铸铁件
	1：20	3°	$h=25\sim500mm$ 的铸钢和铸铁件
	1：50	1°	$h>500mm$ 的铸钢和铸铁件
	1：100	30′	非铁合金铸件

（2）合金铸造性能对铸件结构设计的要求 缩孔、裂纹、气孔和浇不足等铸件缺陷的产生，往往是由于铸件结构设计不够合理、未能充分考虑合金铸造性能的要求所致。因此，在结构设计时，除考虑造型工艺等方面的要求外，同时还必须满足合金铸造性能的要求，否则铸件质量不能保证。合金铸造性能与铸件结构之间的关系见表 4-4。

表 4-4 合金铸造性能与铸件结构之间的关系

对铸件结构的要求	不好的铸件结构	较好的铸件结构
铸件的壁厚应尽可能均匀，否则易在厚壁处产生缩孔、缩松、内应力和裂纹，严重影响铸件的内在质量	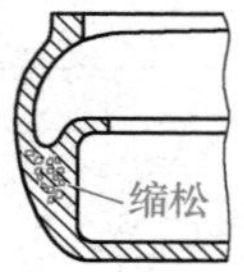	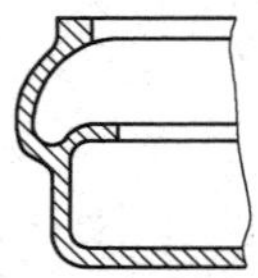
铸件内表面及外表面转角的连接处应为圆角，以免产生裂纹、缩孔、粘砂和掉砂缺陷。铸件内圆角半径 R 的尺寸见表 4-5	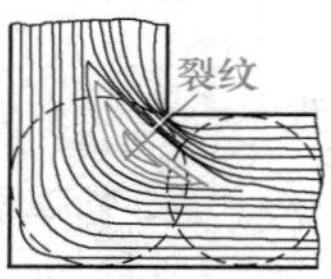	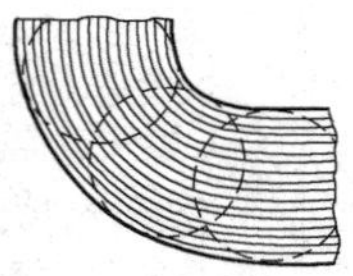
铸件浇注位置上部大的水平面最好设计成倾斜面，以免产生气孔、夹砂和积聚非金属夹杂物	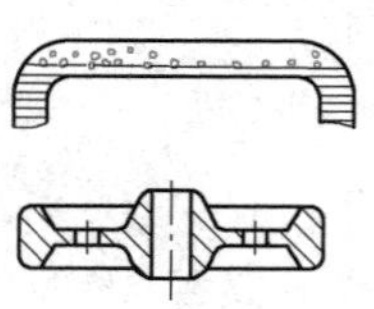	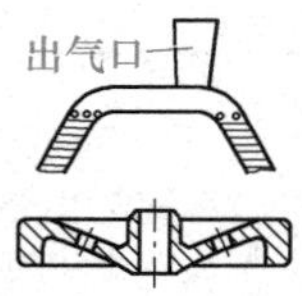
为了防止铸件产生裂纹，应尽可能采用能够自由收缩或减缓收缩受阻的结构，如轮辐设计成弯曲形状	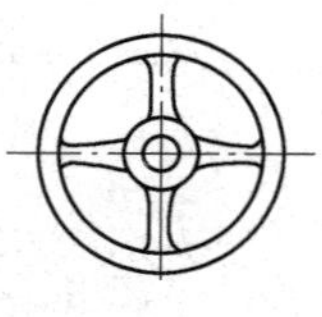	
在铸件的连接或转弯处，应尽量避免金属的积聚和内应力的产生，厚壁与薄壁相连接要逐步过渡，并不能采用锐角连接，以防止出现缩孔、缩松和裂纹。几种壁厚的过渡形式及尺寸见表 4-6	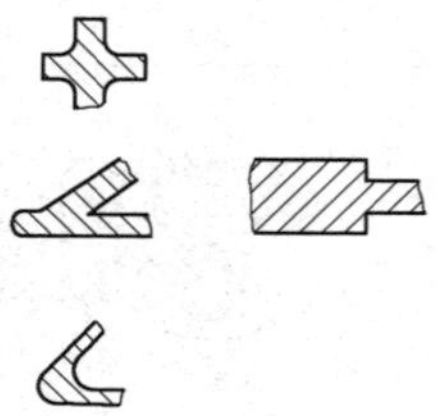	

（续）

对铸件结构的要求	不好的铸件结构	较好的铸件结构
对细长件或大而薄的平板件,为防止弯曲变形,应采用对称或加肋结构。灰铸铁件壁厚及肋厚的参考值见表4-7		

表 4-5　铸件的内圆角半径 R 值　　　　　　　（单位：mm）

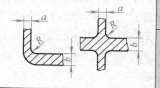

	$(a+b)/2$	<8	8~12	12~16	16~20	20~27	27~35	35~45	45~60
R	铸铁	4	6	6	8	10	12	16	20
	铸钢	6	6	8	10	12	16	20	25

表 4-6　几种壁厚的过渡形式及尺寸

图例	尺寸		
	$b\leqslant 2a$	铸铁	$R\geqslant(1/6\sim1/3)(a+b)/2$
		铸钢	$R\approx(a+b)/4$
	$b>2a$	铸铁	$L>4(b-a)$
		铸钢	$L>5(b-a)$
	$b>2a$	$R\geqslant(1/6\sim1/3)(a+b)/2;R_1\geqslant R+(a+b)/2;$ $c\approx3(b-a)^{1/2},h\geqslant(4\sim5)c$	

表 4-7　灰铸铁件壁厚及肋厚参考值

铸件质量/kg	铸件最大尺寸/mm	外壁厚度/mm	内壁厚度/mm	肋的厚度/mm	零件举例
5	300	7	6	5	盖、拨叉、轴套、端盖
6~10	500	8	7	5	挡板、支架、箱体、闷盖
11~60	750	10	8	6	箱体、电动机支架、溜板箱、托架
61~100	1250	12	10	8	箱体、液压缸体、溜板箱
101~500	1700	14	12	8	油盘、带轮、镗模架
501~800	2500	16	14	10	箱体、床身、盖、滑座
801~1200	3000	18	16	12	小立柱、床身、箱体、油盘

（3）砂型铸造铸件最小壁厚的设计　每种铸造合金都有其适宜的壁厚，如果选择适当，既能保证铸件的力学性能，又能防止某些铸造缺陷产生。

由于铸造合金的流动性各不相同，所以在相同的砂型铸造条件下，不同铸造合金所能浇注出铸件的"最小壁厚"也不相同。若所设计铸件的壁厚小于该"最小壁厚"，则铸件容易产生浇不足和冷隔等缺陷。铸件的"最小壁厚"主要取决于合金的种类和铸件的大小，见表4-8。

表 4-8 砂型铸造铸件最小壁厚的设计 （单位：mm）

铸件尺寸	铸钢	灰铸铁	球墨铸铁	可锻铸铁	铝合金	铜合金
<200×200	5~8	3~5	4~6	3~5	3~3.5	3~5
200×200~500×500	10~12	4~10	8~12	6~8	4~6	6~8
>500×500	15~20	10~15	12~20	—	—	—

4.2.2 特种铸造

砂型铸造因适应性广而应用最为普遍，但砂型铸件的精度偏低，表面较粗糙。薄壁非铁合金铸件、高尺寸精度铸件、管状铸件和高温合金飞机叶片等特殊零件，往往难以用砂型铸造来生产，或者生产效率低。为解决这类零件的制造问题，出现了用砂较少或不用砂、采用特殊工艺装备的铸造方法，如熔模铸造、金属型铸造、压力铸造、低压铸造、离心铸造、陶瓷型铸造和消失模铸造等，这些铸造方法统称为特种铸造。

1. 熔模铸造

熔模铸造也称失蜡铸造，因为熔模铸件具有较高的尺寸精度和较好的表面质量，又称为熔模精密铸造。

（1）熔模铸造工艺过程

1）制造蜡模。蜡模材料常用50%石蜡和50%硬脂酸（质量比）配制而成。首先将45~48℃的糊状蜡料压入用钢或黄铜制造的母模中，冷凝后取出，即为蜡模，如图4-5a所示。一般常把数个较小的蜡模熔焊在蜡棒上，成为蜡模组，如图4-5b所示。

对复杂蜡模或新产品试制，目前也可以用3D打印技术得到蜡模或蜡模组。

2）制造型壳。在蜡模组表面涂挂一层以水玻璃或硅溶胶和石英粉配制的涂料，然后在上面撒一层较细的硅砂，并放入饱和氯化铵水溶液中硬化。重复多次，蜡模组外面形成由4~10层耐火材料组成的坚硬型壳，其厚度一般为5~7mm，如图4-5c所示。

3）脱蜡。把带有蜡模组的型壳放在80~90℃的热水中，使蜡料熔化后从浇注系统中流出。

4）型壳的焙烧。把脱蜡后的型壳放入800~950℃的焙烧炉中焙烧，保温0.5~2h，烧去型壳内的残蜡和水分，并提高型壳强度。

5）浇注。将型壳从焙烧炉中取出，放入干砂中，趁热（600~700℃）浇入合金液，冷却凝固。

6）脱壳和清理。去掉型壳、切除浇冒口，清理后即可得铸件。

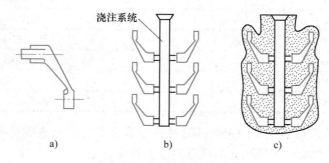

浇注系统

a) b) c)

图 4-5 熔模铸造工艺过程

a）蜡模 b）蜡模组 c）型壳

（2）熔模铸造的特点和应用　熔模铸造的特点是：

1）铸件尺寸精度高、表面质量好，是少、无切削加工工艺的重要方法，表面粗糙度为 $Ra12.5\sim1.6\mu m$。例如，熔模铸造的涡轮发动机叶片，铸件精度已达到无加工余量的要求。

2）可制造形状复杂的铸件，其最小壁厚可达 0.3mm，最小铸出孔径为 0.5mm。对由几个零件组合成的复杂部件，可用熔模铸造一次铸出。

3）铸造合金种类不受限制，用于生产高熔点和难切削合金铸件，更具显著优越性。

4）生产批量基本不受限制，既可成批、大批量生产，又可单件、小批量生产。

熔模铸造也有一定的局限性，工序繁杂，生产周期长，生产成本较高。另外，受蜡模与型壳强度、刚度的限制，铸件的重量一般限在 25kg 以下。

熔模铸造主要用于生产汽轮机及燃气轮机的叶片，泵的叶轮，切削刀具，以及飞机、汽车、拖拉机、风动工具和机床上的小型零件等。

2. 金属型铸造

金属型铸造是将液体金属在重力或外力作用下浇入金属铸型获得铸件的方法。

（1）金属型的结构与材料　根据分型面位置的不同，金属型分为垂直分型式、水平分型式和复合分型式三种结构，其中垂直分型式金属型开设浇注系统和取出铸件比较方便，易实现机械化，应用较广，如图 4-6 所示。

制造金属型的材料熔点一般应高于浇注合金的熔点。例如，浇注锡、锌、镁等低熔点合金，可用灰铸铁制造金属型；浇注铝、铜等合金，则要用合金铸铁或钢制金属型。金属型用的型芯有砂芯和金属芯两种。

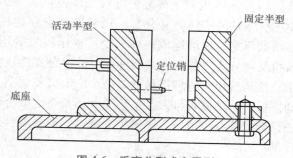

图 4-6　垂直分型式金属型

（2）金属型的铸造工艺特点　金属型导热速度快，没有退让性和透气性，为了确保获得优质铸件并延长金属型的使用寿命，金属型铸造有其特殊的工艺特点。

1）铸型排气。在金属型腔上设排气孔、通气塞（气体能通过，金属液不能通过），在分型面上开排气槽等。

2）铸型涂料。金属型与高温金属液直接接触的工作表面上应喷刷耐火涂料，以保护金属型，并可调节铸件各部分的冷却速度，提高铸件质量。涂料一般由耐火材料（石墨粉、氧化锌、石英粉等）、水玻璃粘结剂和水组成，涂料层厚度为 0.1~0.5mm。

3）铸型预热。为防止金属液冷却过快而造成浇不足、冷隔和气孔等缺陷，浇注前需把金属型预热到 200~350℃。

4）开型时间。因金属型无退让性，浇注后的铸件在铸型中停留时间过长，易引起过大的铸造应力而导致铸件开裂。因此，铸件冷凝后，应及时从铸型中取出。开型时间随铸造金属种类、铸件壁厚和结构而定，一般为 10~60s。

（3）金属型铸件的结构工艺性

1）由于金属型无法退让和溃散，铸件结构斜度应比砂型铸件大，以便顺利取出铸件。

2）铸件壁厚应均匀，防止出现缩松或裂纹。另外铸件的壁厚不能过薄，防止浇不足、冷隔等缺陷产生，如铝硅合金铸件的最小壁厚为 2~4mm，铝镁合金为 3~5mm，铸铁为 2.5~4mm。

3）铸件的铸孔不能过小、过深，便于金属型芯的安放和抽出。

（4）金属型铸造的特点及应用范围　金属型铸造的特点是：

1）有较高的尺寸精度（IT12~IT16）和较小的表面粗糙度值（$Ra12.5~6.3\mu m$），加工余量小。

2）金属型的导热性好，冷却速度快，因而铸件的晶粒细小，力学性能好。

3）实现一型多铸，提高了劳动生产率，节约造型材料，减轻环境污染，改善劳动条件。

金属型也有其局限性，由于金属型的特点和制造成本高，不宜生产大型、形状复杂和薄壁铸件，并且要求铸件有一定的批量；受金属型材料熔点的限制，高熔点合金铸件不适宜用金属型铸造；铸铁件表面易产生白口，切削加工困难。

金属型铸造主要用于铜合金、铝合金等非铁金属铸件的大批量生产，如活塞、连杆、气缸盖等。

3. 压力铸造

压力铸造（简称压铸）是将熔融合金在高压下高速充型，并在高压下凝固成形的精密铸造方法。压铸的压射比压为 30~70MPa，充型时间为 0.01~0.2s，高压和高速是压铸的重要特点。

压力铸造

（1）压铸机和压铸工艺过程　压铸机是压铸生产的基本设备，根据压室工作条件的不同，可分为冷压室压铸机和热压室压铸机两种。热压室压铸机的压室与坩埚连成一体，冷压室压铸机的压室与坩埚分开。冷压室压铸机又可分为立式和卧式两种，目前以卧式冷压室压铸机应用较多，其工作原理如图 4-7 所示。压铸所用的铸型都是金属型，由定型和动型两部分组成，分别固定在压铸机的定模板和动模板上，动模板可做水平移动。动型与定型合型后，将定量金属液浇入压室，柱塞向前推进，金属液经浇道压入压铸模型腔中，经冷凝后开型，由推杆将铸件推出。

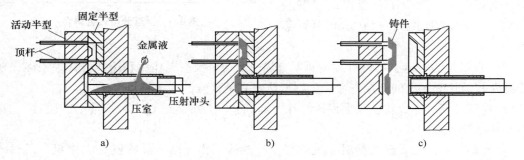

图 4-7　卧式冷压室压铸机工作原理

a）合型　b）压铸　c）开型

（2）压铸件的结构工艺性

1）压铸件不应有垂直于起模方向的内侧凹，以保证压铸件顺利取出。

2）壁厚应薄而均匀。压铸件适宜的壁厚与金属种类有关：锌合金为 1~4mm，铝合金为 1.5~5mm，铜合金为 2~5mm。因为压铸时金属充型速度和冷却速度快，厚壁处难以补缩而易形成缩孔、缩松缺陷。

3）可采用嵌铸法生产复杂而无法取芯的铸件或局部有特殊性能（如耐磨、导电、导磁和绝缘等）要求的铸件。

（3）压铸的特点及其应用　压铸特点如下：

1）压铸件尺寸精度高，表面质量好，表面粗糙度为 $Ra6.3~1.6\mu m$，可不经机械加工直接使用，而且互换性好。

2）可以压铸壁薄、形状复杂以及具有细小螺纹、孔、齿和文字的铸件，如锌合金的压铸件最小壁厚可达 0.8mm，最小铸出孔径可达 0.8mm，最小可铸螺距达 0.75mm。

3）压铸件的强度和表面硬度较高。由于压力下凝固和高的冷却速度，铸件表层晶粒细密，其抗拉强度比砂型铸件高 25%~40%。

4）生产率高，可实现自动化生产。

压铸也有一定的局限性。由于充型速度快，型腔中的气体难以排出，在压铸件皮下易产生气孔，故压铸件不能进行热处理，也不宜在高温下工作，否则气孔内空气膨胀产生压力，可使铸件开裂；金属液凝固快，厚壁处来不及补缩，易产生缩孔和缩松；设备投资大，铸型制造周期长、造价高，不宜小批量生产；压铸件的尺寸受设备能力的限制。

压铸广泛用于生产锌合金、铝合金、镁合金和铜合金等铸件。其中，铝合金压铸件最多，其产量占总压铸件产量的 30%~50%，其次为锌合金压铸件，铜合金和镁合金的压铸件产量很小。压铸件广泛应用于汽车、摩托车、仪表和电子仪器工业等领域。

4. 低压铸造

低压铸造是液体金属在压力作用下由下而上充填型腔形成铸件的生产方法。相对压铸的充型压力，这种铸造方法的充型压力低（0.02~0.06MPa），故称为低压铸造。

（1）低压铸造装置　低压铸造装置如图 4-8a 所示。其下部是一个密闭的保温坩埚炉，用于储存熔炼好的金属液。坩埚炉的顶部放置铸型（通常为金属型或砂型），垂直升液管使金属液与浇注系统相通。

（2）低压铸造的工艺过程　浇注前先向铸型型腔内喷刷涂料，并把铸型预热到工作温度。压铸时，向坩埚炉内通入干燥的压缩空气，金属液在气体压力的作用下由下而上沿升液管和浇注系统充满型腔，如图 4-8b 所示。充型完成后，增加气体压力，铸件在压力下结晶。铸件完全凝固后，释放充型压力，使坩埚炉与大气相通，升液管及浇注系统中尚未凝固的金属液因重力作用而流回坩埚中；开启铸型，取出铸件，如图 4-8c 所示。

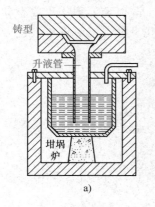
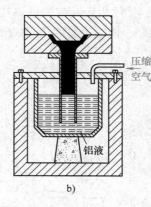
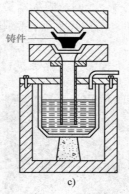

图 4-8　低压铸造过程示意图

a）合型　b）压铸　c）取出铸件

低压铸造

（3）低压铸造的特点及应用　低压铸造的特点是：

1）浇注时的压力和速度可以调节，故适用于各种不同铸型（如金属型、砂型等），可铸造大小不同的各类合金铸件。

2）采用底注式充型，金属液充型平稳，无飞溅现象，避免卷入气体及金属液体对型壁和型芯的冲刷，提高了铸件的合格率。

3）铸件在压力下结晶，铸件组织致密、轮廓清晰、表面粗糙度值小、力学性能较高，尤其利于生产大尺寸薄壁铸件。

4）省去补缩冒口，金属利用率提高到 90%~98%。

5）劳动强度低，劳动条件好，设备简易，易实现机械化和自动化生产。

低压铸造广泛应用于铝合金铸件的生产，如汽车发动机缸体、缸盖、活塞，叶轮和轮毂等，还可用于铸造各种铜合金铸件以及小型球墨铸铁曲轴等。

5. 消失模铸造

用聚苯乙烯发泡的塑料模代替木模，用干砂（或树脂砂、水玻璃砂等）代替普通型砂进行造型，并直接将高温液态金属浇到铸型中的塑料模上，使塑料模燃烧、气化、消失而形成铸件的方法称为消失模铸造。

（1）消失模铸造工艺过程 消失模模样制造→模样与浇冒口的粘合→消失模涂挂涂料并干燥→填干砂并震动紧实→浇注→落砂清理。

（2）消失模铸造分类 消失模铸造分两种：一种是用聚苯乙烯发泡板材分块制作，然后粘合成消失模样，采用水玻璃砂或树脂砂造型，主要适用于单件小批量、中大型铸件的生产，如汽车覆盖件模具、机床床身等；另一种是将聚苯乙烯颗粒在金属模具内加热膨胀发泡，形成消失模，并采用干砂造型（Expendable Casting Proces，简称 ECP 法），主要适用于大批量、中小型铸件的生产，如汽车、拖拉机铸件管接头、耐磨件等。

（3）消失模铸造的特点及应用

1）消失模是一种少、无切削余量，精确成形的工艺。由于采用了遇金属液即气化的泡沫塑料制作模样，无须起模，无分型面，无型芯，因而无飞边毛刺，减小了由型芯组合而引起的铸件尺寸误差。铸件的尺寸精度和表面粗糙度接近熔模铸造，但铸件的尺寸可大于熔模铸件。

2）为铸件结构设计提供了充分的自由度。各种形状复杂的铸件模样均可采用消失模粘合，成形为整体，减少了加工装配时间，铸件成本比普通砂型铸造可下降10%~30%。

3）消失模铸造工序比砂型铸造及熔模铸造大大简化。消失模在浇注过程中会对低碳钢产生增碳作用，使低碳钢的含碳量增加，因此不适合生产低碳钢铸件。消失模适用于铝、铸铁（灰铸铁和球墨铸铁）、铜及中高碳铸钢件的生产。铸件壁厚在 4mm 以上，形状只要有利于砂子将消失模紧实，结构几乎无特殊限制，重量范围从几千克到几十吨，可单件小批也可成批大量生产。

图 4-9 所示为消失模铸造产品、模样和铸型图。

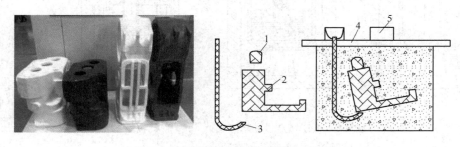

图 4-9 消失模铸造产品、模样和铸型图
1—球形冒口 2—模样 3—浇口 4—带孔盖板 5—压重

6. 离心铸造

离心铸造是将熔融金属浇入旋转的铸型中，在离心力作用下充填铸型并凝固成形的一种铸造方法。离心铸造具有以下特点。

1）不用型芯即可铸出中空的回转体铸件，无浇注系统和冒口，节约金属。

2）在离心力的作用下，改善了补缩条件，铸件组织致密。

3）便于制造双金属铸件，如钢套镶铸铜衬，外表强度高，内表耐磨，且节约贵重金属。

离心铸造是生产管类、套类铸件的主要方法，如铸铁管、气缸套、特殊钢的无缝管坯、双金属轧辊、造纸机滚筒等。

离心铸造原理及产品如图 4-10 所示。

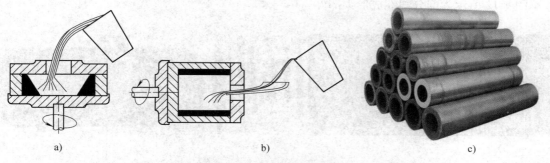

图 4-10　离心铸造原理及产品

a）立式离心铸造　b）卧式离心铸造　c）离心铸造产品

　塑性成形工艺

固体金属在外力作用下通过塑性变形，获得具有一定形状、尺寸、精度和力学性能的零件或毛坯的加工方法称为金属塑性成形。金属塑性成形可分为自由锻、模锻、板料冲压、挤压、轧制和拉拔等，成形方式如图 4-11 所示。

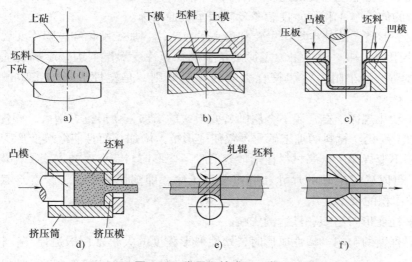

图 4-11　常用塑性成形工艺

a）自由锻　b）模锻　c）板料冲压　d）挤压　e）轧制　f）拉拔

塑性成形与其他成形方法相比具有以下特点：

1）改善金属组织、提高力学性能。金属材料经塑性成形后，其组织、性能都得到改善和提高。

2）提高材料的利用率。金属塑性成形改变形状，使其体积重新分配，而不需要切除金属，因而材料利用率高。

3）具有较高的生产率。塑性成形一般利用压力机和模具进行成形加工，生产效率高。

4）可获得精度较高的毛坯或零件。塑性成形时坯料经过塑性变形获得较高的精度，可实现少或无切削加工。

根据以上特点可知，重要的、对性能要求很高的零部件一般采用塑性成形方法来生产其毛坯。

由于各类钢和非铁合金都具有一定的塑性，它们可以在冷态或热态下进行塑性成形。图4-12所示为部分塑性成形零部件。

图4-12 部分塑性成形零部件
a）齿轮圈 b）光轴 c）宝剑 d）压力容器

4.3.1 金属塑性成形基础

1. 金属塑性变形的基本概念

材料的塑性越好，变形抗力越小，则材料的塑性成形性越好，越适合塑性成形。

材料的塑性好坏不仅与材料自身的性质有关，而且还与变形方式（应力、应变状态）和变形条件（例如变形温度、变形速度）有关。

常用材料的伸长率 A 和断面收缩率 Z 来表示塑性指标。

金属塑性变形遵循的基本规律主要有最小阻力定律、加工硬化和体积不变规律等。

（1）最小阻力定律 最小阻力定律是指金属在塑性变形过程中，金属各质点将向阻力最小的方向移动。最小阻力定律符合力学的一般原则，是塑性成形加工中最基本的规律之一。

（2）加工硬化规律 在常温下金属随着变形量的增加，变形抗力增大，塑性和韧性下降的现象称为加工硬化。材料的加工硬化不仅使变形抗力增加，而且使继续变形受到影响。

（3）体积不变规律 金属材料在塑性变形时，变形前与变形后的体积保持不变。根据体积不变规律，可以确定毛坯的尺寸和确定变形工序，即塑性变形时，只有形状和尺寸的改变，而不考虑体积的微小变化。

2. 金属塑性变形对组织和性能的影响

（1）变形程度的影响 塑性成形时，塑性变形程度的大小常用锻造比 $Y_锻$ 来表示，拔长时的锻造比 $Y_锻 = S_0/S$（S_0、S 分别表示拔长前后金属坯料的横截面积）；镦粗时的锻造比 $Y_锻 = H_0/H$（H_0、H 分别表示镦粗前后金属坯料的高度）。锻造比越大，毛坯的变形程度也越大。生产中以铸锭为坯料锻造时，碳素结构钢的锻造比在 2~3 范围选取，合金结构钢的锻造比在 3~4 范围选取。以钢材为坯料锻造时，因材料轧制时组织和力学性能已经得到改善，锻造比一般取 1.1~1.3 即可。

（2）冷变形与热变形 在再结晶温度（$T_再 = 0.4T_m$）以下的塑性变形称为冷变形，因冷变形有加工硬化现象产生，故每次的冷变形程度不宜过大，否则会使金属产生裂纹。冷变形加工的产品具有表面质量好、尺寸精度高、力学性能好等优点。常温下的冷镦、冷挤压、冷拔及冷冲压都属于冷变形加工。

热变形是在再结晶温度以上的塑性变形，热变形时加工硬化与再结晶同时存在，而加工硬化又几乎同时被再结晶消除。热变形可使金属保持较低的变形抗力和良好的塑性，可以用较小的力和能量产生较大的塑性变形而不会产生裂纹，同时还可获得具有较高力学性能的再结晶组织。但是，热变形是在高于再结晶温度下进行的，在加热过程中金属表面易产生氧化皮，精度和表面质量较低。自由锻、热模锻、热轧、热挤压等工艺都属于热变形加工。

3. 常用合金的塑性成形性能

各种钢材、大部分非铁金属都可以塑性成形。其中 Q195、Q235、10、15、20、35、45、50 钢等中低碳钢，20Cr、铜及铜合金、铝及铝合金等的塑性成形性能较好。

冷冲压是在常温下加工，对于分离工序，只要材料有一定的塑性就可以进行；对于变形工序，例如弯曲、拉深、挤压、胀形、翻边等，则要求材料具有良好的冲压成形性能，Q195、Q215、08、08F、10、15、20 等低碳钢，奥氏体不锈钢，铜、铝等都有良好的冷冲压成形性能。

4.3.2　常用塑性加工方法

1. 自由锻

自由锻是利用冲击力或压力，使金属在上、下砧铁之间，产生塑性变形而获得所需形状、尺寸以及内部质量锻件的一种加工方法。

自由锻分为手工锻造和机器锻造两种。手工锻造只能生产小型锻件，生产率也较低。机器锻造是自由锻的主要方法。

自由锻件的质量范围可由不及 1kg 到二三百吨，对于大型锻件，自由锻是唯一的加工方法，这使得自由锻在重型机械制造中具有特别重要的作用。例如，水轮机主轴、多拐曲轴、大型连杆、重要的齿轮等零件在工作时都承受很大的载荷，要求具有很高的力学性能，常采用自由锻工艺。

由于自由锻件的形状与尺寸主要靠人工操作来控制，所以锻件的精度较低，加工余量大，劳动强度大，生产率低。自由锻主要应用于单件小批量生产、修配以及大型锻件的生产和新产品的试制等。

自由锻工序可分为基本工序、辅助工序和修整工序三大类。

（1）基本工序　基本工序包括镦粗、拔长、弯曲、冲孔、切割、扭转和错移等。实际生产中最常用的是镦粗、拔长和冲孔三个工序。

1）镦粗。沿工件轴向进行锻打，使其长度减小、横截面积增大的操作过程。镦粗常用来锻造齿轮坯、圆盘等零件，也可用来作为锻造环、套筒等空心锻件冲孔前的预备工序。

镦粗时，坯料不能过长，高度与直径之比应小于 2.5，以免镦弯或出现细腰、夹层等现象。坯料镦粗的部位必须均匀加热，以防止出现不均匀变形。

2）拔长。拔长是沿垂直于工件的轴向进行锻打，使其截面积减小而长度增加的操作过程。拔长常用于锻造轴类和杆类零件。

拔长时工件要放平，锻打要准，力的方向要垂直，并且拔长过程中要不断翻转和送进工件。

3）冲孔。利用冲头在工件上冲出通孔或不通孔的操作过程。冲孔常用于锻造齿轮、套筒和圆环等空心锻件，对于直径小于 25mm 的孔一般不锻出，而是采用钻削的方法加工。

冲孔工艺如图 4-13 所示。

（2）辅助工序　为使基本工序操作方

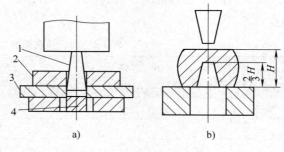

图 4-13　冲孔工艺

a）薄坯料冲孔　b）厚坯料冲孔

1—冲头　2—坯料　3—垫环　4—芯料

便而进行的预变形工序称为辅助工序。例如，为方便夹持工件而进行的压钳口、局部拔长时先进行的切肩等工序都属于辅助工序。

（3）修整工序　用以减少锻件表面缺陷而进行的工序，如校正、滚圆、平整等。修整工序的变形量一般很小，而且为了不影响锻件的内部质量，一般多在终锻温度或接近终锻温度下进行。

2. 模锻

使金属坯料在模膛内受压产生塑性变形，获得所需形状、尺寸以及内部质量锻件的加工方法称为模锻。由于模膛对金属坯料流动的限制，锻造终了时可获得与模膛形状相符的模锻件。

模锻具有如下优点：

1）生产效率较高。模锻时，金属变形在模膛内进行，故能较快获得所需形状。

2）能锻造形状复杂的锻件，并可使金属流线分布更为合理，从而进一步提高零件的使用寿命。

3）模锻件的尺寸较精确，表面质量较好，加工余量较小。

4）模锻件可减少切削加工工作量。在批量足够的条件下，能降低零件成本。

5）模锻操作简单，劳动强度低。

但模锻生产受模锻设备吨位限制，模锻件的质量一般在150kg以下。模锻设备投资较大，模具费用较高，工艺灵活性较差，生产准备周期较长。因此，模锻适合小型锻件的大批大量生产，不适合单件小批量生产以及中、大型锻件的生产。

模锻按所使用的设备不同，分为锤上模锻、压力机上模锻、胎模锻等。

（1）锤上模锻的工艺特点　锤上模锻是将上模固定在锤头上，下模紧固在模垫上，上模随锤头做上下往复运动，对置于下模中的金属坯料施以直接锻击，以此获取锻件的锻造方法。

锤上模锻在模锻生产中占据着重要的地位，其工艺特点是：

1）金属在模膛中以一定速度，经多次连续锤击而逐步成形。

2）锤头的行程、打击速度均可调节，能实现轻重缓急不同的打击。

3）由于惯性作用，金属在上模模膛中具有更好的充填效果。

4）锤上模锻的适应性广，可生产多种类型的锻件，可以单膛模锻，也可以多膛模锻。

（2）锤上模锻工艺规程的制订　锤上模锻工艺规程的制订主要包括绘制模锻件图、计算坯料质量与尺寸、确定模锻工序、选择锻造设备、确定锻造温度范围等。

1）绘制模锻件图。模锻件图是设计和制造锻模、计算坯料尺寸以及检验模锻件的依据。根据零件图绘制模锻件图时，应考虑以下几个问题：

① 恰当的分模面、预留加工余量和锻件公差。模锻时金属坯料是在模锻模膛中成形的，因此模锻件尺寸较为精确，其公差和余量比自由锻件小得多。模锻件内、外表面的加工余量见表4-9。

表4-9　内、外表面的加工余量 Z_1（单面）　　　　　　　　　　（单位：mm）

加工表面最大宽度或直径		加工表面的最大长度或最大高度					
		≤63	>63~160	>160~250	>250~400	>400~1000	>1000~2500
大于	至	加工余量 Z_1					
—	25	1.5	1.5	1.5	1.5	2.0	2.5
25	40	1.5	1.5	1.5	1.5	2.0	2.5
40	63	1.5	1.5	1.5	2.0	2.5	3.0
63	100	1.5	1.5	2.0	2.5	3.0	3.5

② 模锻斜度。为便于从模膛中取出锻件，模锻件上平行于锤击方向的表面必须具有斜度，称为模锻斜度。对于锤上模锻，模锻斜度一般为 5°~15°。模锻斜度还分为外壁斜度 α 与内壁斜度 β，如图 4-14 所示。内壁斜度值一般比外壁斜度大 2°~5°。生产中常用金属材料的模锻斜度范围见表 4-10。

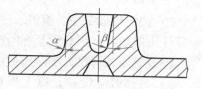

图 4-14　模锻斜度

表 4-10　各种金属锻件常用的模锻斜度

锻件材料	外壁斜度	内壁斜度
铝、镁合金	3°~5°	5°~7°
钢、钛、耐热合金	5°~7°	7°、10°、12°

③ 模锻圆角半径。模锻件上所有两平面转接处均需圆弧过渡，此过渡处称为锻件圆角，如图 4-15 所示。圆弧过渡有利于金属的流动，锻造时使金属易于充满模膛，提高锻件质量，并且可以避免锻模内角处由于应力集中而产生裂纹，减缓锻模外角处的磨损，提高锻模使用寿命。

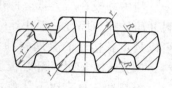

图 4-15　模锻圆角半径

圆角的大小，用圆角半径表示，它受到许多因素的影响，如肋高、锻造方法、锻件材料以及操作条件等。钢的模锻件外圆角半径（r）一般取 1.5~12mm，内圆角半径（R）比外圆角半径大 2~3 倍。模膛深度越深，圆角半径值越大。为了便于制模和锻件检测，圆角半径尺寸已经形成系列，其标准是 1、1.5、2、2.5、3、4、5、6、8、10、12、15、20、25 和 30 等，单位为 mm。

④ 冲孔连皮。对于具有通孔的锻件，由于锤上模锻时不能靠上、下模的凸起部分把金属完全排挤掉，因此不能锻出通孔，终锻后，孔内留有金属薄层，称为冲孔连皮，可利用压力机上的切边模将其去除。冲孔连皮可起到减轻锻模刚性接触的缓冲作用，避免锻模损坏，并使金属易于充型，减小打击力，因此冲孔连皮不能太薄。常用的连皮形式是平底连皮，如图 4-16 所示，连皮的厚度 s 通常在 4~8mm 范围内。

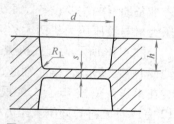

图 4-16　模锻件常用冲孔连皮

上述各参数确定后，便可绘制锻件图。图 4-17 所示为齿轮坯模锻件图。图中双点画线为零件轮廓外形，分模面选在锻件高度方向的中部。由于零件轮辐部分不加工，故不留加工余量。图中内孔中部的两条直线为冲孔连皮切掉后的痕迹。

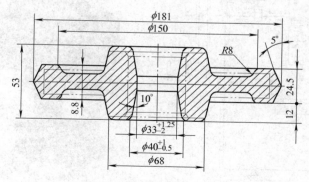

图 4-17　齿轮坯模锻件图

2）计算坯料质量与尺寸。模锻件坯料质量与尺寸的计算步骤与自由锻件类似。坯料质量包括锻件、飞边、连皮、钳口料头以及氧化皮等的质量。通常，氧化皮占锻件和飞边总质量的 2.5%~4%。

3）确定模锻工序。模锻工序主要根据锻件的形状与尺寸来确定。根据已确定的工序即可设计出制坯模、预锻模及终锻模。

锻造后期为修整工序，包括切边、冲孔、校正、热处理、清理及精压。

4）选择锻造设备。锤上模锻所用的设备有蒸汽-空气锤、无砧座锤、高速锤和压力机等。

模锻设备的选择应结合模锻件的大小、质量、形状复杂程度及所选择的基本工序等因素确定，并充分考虑工厂的实际情况。

5）确定锻造温度范围。模锻件的生产在一定温度范围内进行，碳钢上限为液相线以下200℃，下限为 800℃左右。

3. 板料冲压

利用冲模在压力机上使板料分离或变形，从而获得冲压件的加工方法称为板料冲压。板料冲压的坯料厚度一般小于 4mm，通常在常温下冲压，故又称为冷冲压。用于冲压的原材料可以是具有塑性的金属材料，如低碳钢、不锈钢、铜或铝及其合金等，也可以是非金属材料，如胶木、云母、纤维板、皮革等。

板料冲压具有以下特点：

1）冲压生产操作简单，生产率高，易于实现机械化和自动化。

2）冲压件尺寸精确，表面光洁，质量稳定，互换性好，可作为零件使用。

3）冲压塑性变形产生冷变形强化，使冲压件具有质量小、强度高和刚性好的优点。

4）冲模精度要求高，制造费用相对较高，故冲压适合在大批量生产条件下采用。

冲压生产常用的冲压设备主要有剪床和压力机两大类。剪床是完成剪切工序，为冲压生产准备原料的主要设备。压力机是进行冲压加工的主要设备，按其传动方式不同，有机械式压力机与液压压力机两大类。

图 4-18 所示为开式机械式压力机的工作原理及实例。电动机 10 通过带轮 9、离合器 8 带动偏心轴 7 转动，偏心轴通过偏心套 5 和连杆 4 带动滑块 3 上下往复运动，冲模的下模部分装在工作台垫板 13 上，冲模的上模部分装在滑块 3 上，操作者通过脚踏板 1 控制操作机构 12 完成对板料的冲压。压力机的主要技术参数以公称压力来表示，公称压力（kN）是以压力机滑块在下止点前工作位置所能承受的最大工作压力来表示的。我国常用开式压力机的规格为 63~2000kN，闭式压力机的规格为 1000~5000kN。

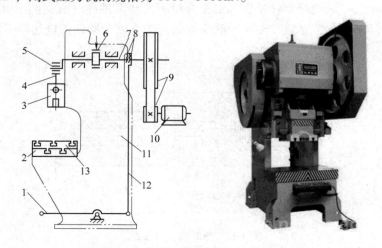

图 4-18　开式机械式压力机工作原理及实例

1—脚踏板　2—工作台　3—滑块　4—连杆　5—偏心套　6—制动器　7—偏心轴
8—离合器　9—带轮　10—电动机　11—床身　12—操作机构　13—垫板

冲压基本工序可分为分离和变形工序两大类。分离工序包括落料、冲孔、切断等；变形工序包括拉深、弯曲、翻边和胀形等。

（1）分离工序　分离工序是使板料的一部分与另一部分分离的加工工序。使板料按不闭轮廓线分离的工序叫切断；使板料沿封闭轮廓线分离的工序叫冲孔或落料，冲孔和落料又统称为冲裁。落料是从板料上冲出一定外形的零件或坯料，冲下部分是成品。冲孔是在板料上冲出孔，冲下部分是废料。冲裁既可直接冲出成品零件，也可为后续变形工序准备坯料，应用十分广泛。

1）冲裁变形过程。冲裁的刃口必须锋利，凸模和凹模之间留有间隙，板料的冲裁可分为弹性变形、塑性变形和剪裂分离三个阶段，图 4-19 所示为冲裁过程及冲压产品。

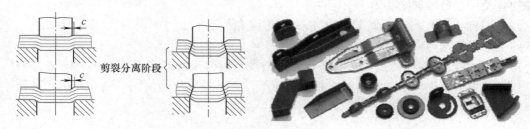

图 4-19　冲裁过程及冲压产品

如果冲裁间隙 c 过大，会使圆角带和毛刺加大，板料的翘曲也会加大；如果冲裁间隙过小，会使冲裁力加大，降低模具寿命，因此，选择合理的冲裁间隙对保证冲裁件质量、提高模具寿命、降低冲裁力都是十分重要的。

2）冲裁工艺设计。冲裁工艺设计包括冲裁件的结构工艺性分析、冲裁间隙的选择、冲裁模精度的确定及刃口尺寸计算、冲裁力计算和排样设计等。

① 冲裁间隙的选择。设计冲裁模时，可以按相关设计手册选用冲裁间隙或利用经验公式选择合理的间隙值。

$$Z = 2mt$$

式中，Z 为凸模与凹模间的双面间隙（$2c$）（mm）；m 为与材料厚度、性能有关的系数，见表 4-11；t 为板料厚度（mm）。

表 4-11　冲裁间隙系数 m 值

材料	板料厚度 t/mm		
	$t \leqslant 3$	$t > 3$	
软钢、纯铁	0.06 ~ 0.09	当断面质量无特别要求时，将 $t \leqslant 3$ 的相应 c 值放大 1.5 倍	
铜、铝合金	0.06 ~ 0.10		
硬钢	0.08 ~ 0.12		

② 冲裁力计算。冲裁力是板料冲裁时作用在凸模上的最大抗力，它是合理选择冲压设备的主要依据。平刃冲裁时，冲裁力计算公式为：

$$F = KLt\tau \quad 或 \quad F = LtR_{\mathrm{m}}$$

式中，F 为冲裁力（N）；L 为冲切刃口周长（mm）；t 为板料厚度（mm）；τ 为板料的抗剪强度（MPa）；R_{m} 为板料的抗拉强度（MPa）；K 为安全系数，常取 1.3。

③ 排样设计。冲裁件在条料上的布置方法称为排样。排样设计包括选择排样方法、确定搭边值、计算送料步距和条料宽度、画排样图等。

不同的排样方法材料的利用率不同，冲压件的精度也不相同，如图 4-20 所示。

3）冲裁件结构工艺性。冲裁件的结构工艺性是指冲裁件结构、形状、尺寸对冲裁工艺的适应性。其主要包括以下几方面：

① 冲裁件形状应力求简单、对称，有利于排样时合理利用材料，尽可能提高材料的利用率。

② 冲裁件转角处应尽量避免尖角，以圆角过渡。一般在转角处应有半径 $R \geqslant 0.25t$（t 为板料厚度）的圆角，以减小角部模具的磨损。

③ 由于受到凸、凹模强度及模具结构的限制，冲裁件应避免长槽和细长悬臂结构，对孔的最小尺寸及孔距间的最小距离等，也都有一定限制。对冲裁件的有关尺寸要求如图 4-21 所示。

（2）弯曲工序　将金属材料弯曲成一定角度和形状的工艺方法称为弯曲。

1）弯曲变形过程与特点。弯曲开始时，凸模与板料接触产生弹性变形，随着凸模的下行，板料产生程度逐渐加大的局部弯曲塑性变形，直到板料与凸模完全贴合，这一过程称为自由弯曲。弯曲变形过程如图 4-22 所示。

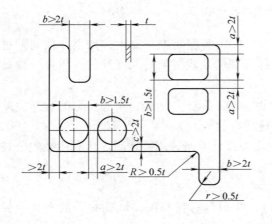

图 4-21　冲裁件的有关尺寸

弯曲

图 4-20　不同排样方法材料消耗对比

a）183mm²　b）117mm²

c）113mm²　d）98mm²

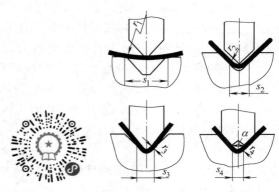

图 4-22　弯曲变形过程

2）弯曲工艺设计。弯曲工艺设计包括弯曲件的结构工艺性分析、弯曲件的毛坯展开尺寸计算、弯曲力的计算和弯曲件的工序安排等。

（3）拉深工序　拉深是使平面板料成形为中空形状零件的冲压工序。

1）拉深变形过程与质量控制。拉深变形过程及拉深件如图 4-23 所示，原始直径为 D 的板料，经过凸模压入到凹模孔口中，拉深后变成内径为 d、高度为 h 的筒形零件。

拉深

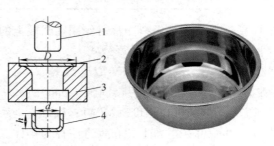

图 4-23　拉深变形过程及拉深件

1—凸模　2—毛坯　3—凹模　4—工件

拉深过程中的主要缺陷是起皱和拉裂，如图 4-24 所示。生产中常采用加压边圈的方法防止起皱。拉裂一般出现在直壁与底部的过渡圆角处，当拉应力超过材料的抗拉强度时，此处将被拉裂。为防止拉裂，应采取如下工艺措施：

① 拉深系数。拉深系数是衡量拉深变形程度大小的主要工艺参数，用拉深件直径 d 与毛坯直径 D 的比值 m 表示，即 $m=d/D$。拉深系数越小，表明变形程度越大，拉深应力越大，容易产生拉裂废品。能保证拉深正常进行的最小拉深系数，称为极限拉深系数。

② 凹凸模工作部分，必须加工成圆角。一般凹模圆角半径为 $R_凹=(5\sim10)t$，凸模圆角半径为 $R_凸=(0.7\sim1)t$（t 为板料厚度）。

③ 合理的凸凹模间隙。间隙过小，容易拉穿；间隙过大，容易起皱。一般凸凹模之间的单边间隙 $Z=(1.0\sim1.2)t_{max}$（t 为板料厚度）。

④ 减小拉深时的阻力。例如，压边力要合理，不应过大；凸、凹模工作表面要有较小的表面粗糙度值；在凹模表面涂润滑剂来减小摩擦。

2）拉深件毛坯尺寸计算。筒形拉深件毛坯尺寸根据面积不变和相似原则确定。为了补偿在变形时由于材料各向异性引起的变形不均匀，在计算毛坯时应加上修边余量 δ，如图 4-25 所示。筒形件的毛坯为圆形板料，直径 D 可按下式计算：

$$D=\sqrt{d^2+4dh-1.72dr-0.56r^2}$$

式中，D 为毛坯直径（mm）；d 为工件直径（mm）；h 为工件高度（mm）；r 为工件底部圆角半径（mm）。

当板料厚度 $t\geqslant1mm$ 时，工件直径 d 按拉深件的中线尺寸计算，工件高度 h 应包括修边余量 δ。

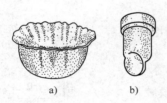

图 4-24　拉深件废品
a）起皱　b）拉裂

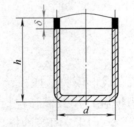

图 4-25　筒形件的修边余量

4.3.3　塑性成形模具

不同金属塑性成形需要不同的模具，重点介绍典型的锤上模锻和板料冲压模具。

1. 锤上模锻的锻模结构

如图 4-26 所示，锤上模锻用的锻模由带燕尾的上模 2 和下模 4 两部分组成，上下模通过燕尾和楔铁分别紧固在锤头和模垫上，上、下模合在一起在内部形成完整的模膛。

模锻模膛按其作用不同可分为制坯模膛和模锻模膛。

（1）制坯模膛　对于形状复杂的模锻件，为了使坯料基本接近模锻件的形状，以便模锻时能使金属合理分布，并很好地充满模膛，必须预先在制坯模膛内制坯。制坯模膛有以下几种：

1）拔长模膛。其作用是用来减小坯料某部分的横截面积，以增加其长度。拔长模膛分为开式和闭式两种，如图 4-27 所示。

2）滚挤模膛。用它来减小坯料某部分的横截面积，以增大另一部分的横截面积。滚挤模腔如图 4-28 所示。

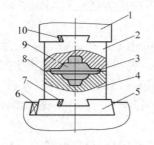

图 4-26 锤上锻模　　模锻

1—锤头　2—上模　3—飞边槽　4—下模　5—模垫
6、7、10—紧固楔铁　8—分模面　9—模腔

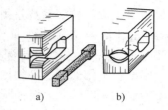

图 4-27 拔长模膛
a）开式　b）闭式

3）弯曲模膛。用它来使坯料弯曲，如图 4-29 所示。其适用于有弯曲的杆类模锻件等。坯料可直接或先经其他制坯工步后进行弯曲变形。

4）切断模膛。在上模与下模的角部组成一对刃口，用来切断金属，如图 4-30 所示。其可用于从坯料上切下锻件或从锻件上切钳口，也可用于多件锻造后分离成单个锻件。

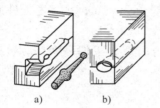

图 4-28 滚挤模膛
a）开式　b）闭式

图 4-29 弯曲模膛

图 4-30 切断模膛

此外，还有成形模膛、镦粗台及击扁面等制坯模膛。

（2）模锻模膛　模锻模膛包括预锻模膛和终锻模膛。

1）预锻模膛。用于预锻的模膛称为预锻模膛。对于外形较为复杂的锻件，在制坯的基础上，常采用预锻工步，使坯料先变形到接近锻件的外形与尺寸，以便合理分配坯料各部分的体积，有利于金属的流动，易于充满模膛，同时可减小终锻模膛的磨损，延长锻模寿命。

根据模锻件的复杂程度，可将锻模设计成单膛锻模或多膛锻模。单膛锻模是在一副锻模上只有一个模膛，如齿轮坯模锻件就可将截下的圆柱形坯料直接放入单膛锻模中成形。多膛锻模是在一副锻模上安排两个及以上的模膛，常用于形状复杂的锻件。弯曲连杆模锻件所用多膛锻模如图 4-31 所示。

2）终锻模膛。其作用是使金属坯料最终变形到所要求的形状与尺寸，因此，它与终锻件的形状、尺寸相同。由于模锻需要加热后进行，锻件冷却后尺寸会有所缩减，所以终锻模膛的尺寸应比实际锻件尺寸放大一个收缩量，对于钢锻件收缩量可取 1.5%。

模膛分模面周围通常设有飞边槽（图 4-26），用于增

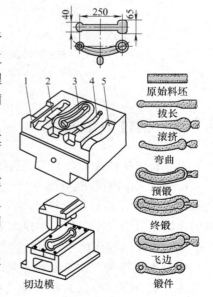

图 4-31 弯曲连杆锻模（下模）
与模锻工序图

1—拔长模膛　2—滚挤模膛　3—终锻模膛
4—预锻模膛　5—弯曲模膛

加金属从模腔中流出的阻力，促使金属首先充满整个模腔，之后容纳多余的金属，还可以起到缓冲作用，减弱对上下模的打击，防止锻模开裂。

2. 板料冲压模具

冲模是实现冲压工艺的专用工艺装备，其结构是否合理，对冲压件的质量、冲压生产效率、生产成本和模具寿命等都有很大影响。常用的冲模按工序组合可分为简单冲模、连续冲模和复合冲模三类。

（1）简单冲模　一个冲压行程只完成一道工序的冲模，如图 4-32 所示。

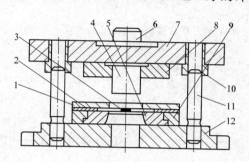

图 4-32　简单冲模

简单冲模

1—固定卸料板　2—导料板　3—挡料销　4—凸模

5—凹模　6—模柄　7—上模座　8—凸模固定板

9—凹模固定板　10—导套　11—导柱　12—下模座

（2）连续冲模　一副模具上有多个工位，在一个冲压行程同时完成多道工序的冲模，如图 4-33 所示。

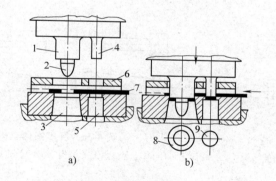

图 4-33　连续冲模

连续冲模

a）起始位置　b）落料冲孔

1—落料凸模　2—定位销　3—落料凹模　4—冲孔凸模

5—冲孔凹模　6—卸料板　7—坯料　8—成品　9—废料

（3）复合冲模　一副模具上只有一个工位，在一个冲压行程同时完成多道冲压工序的冲模，图 4-34 所示为复合冲模示意图和模具实例。

4.3.4　塑性成形件结构工艺性

任何一种成形方法都有其局限性，也称之为结构工艺性。

1. 自由锻件的结构工艺性

设计自由锻零件时，除满足使用性能要求之外，还必须考虑自由锻设备和工艺的特点，以保证锻件质量，提高生产率。自由锻件的设计原则是：在满足使用性能的前提下，锻件的

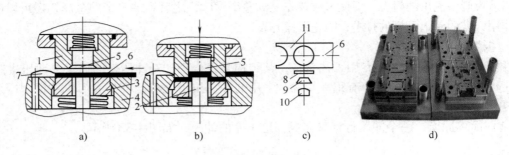

图 4-34　复合冲模

a）起始位置　b）落料拉深　c）落料拉深件　d）模具实例

1—凸凹模　2—拉深凸模　3—压板（卸料器）　4—落料凹模

5—顶件板　6—条料　7—挡料销　8—坯料　9—拉深件　10—零件　11—切余材料

形状应尽量简单，易于锻造。

（1）尽量避免锥体或斜面结构　自由锻不适合锻造具有锥体或斜面结构的锻件，应尽量避免，如图 4-35 所示。

（2）避免几何体的交接处形成空间曲线　如图 4-36a 所示的圆柱面与圆柱面相交，锻件成形十分困难。改成如图 4-36b 所示的平面相交，消除了空间曲线，使锻造成形容易。

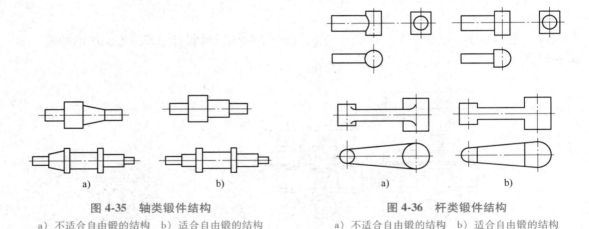

图 4-35　轴类锻件结构

a）不适合自由锻的结构　b）适合自由锻的结构

图 4-36　杆类锻件结构

a）不适合自由锻的结构　b）适合自由锻的结构

（3）避免加强肋、凸台，工字形、椭圆形或其他非规则截面及外形　如图 4-37a 所示的锻件结构，难以用自由锻的方法获得，改进后的结构如图 4-37b 所示。

（4）合理采用组合结构　锻件的横截面积有急剧变化或形状较复杂时，可设计成由数个简单件构成的组合体，如图 4-38 所示。每个简单件锻造成形后，再用焊接或机械连接方式构成整体零件。

2. 锤上模锻件的结构工艺性

设计模锻零件时，应根据模锻特点和工艺要求，使其结构符合下列原则，以便于生产并降低成本。

1）模锻零件应具有合理的分模面，使金属易于充满模膛，模锻件易于从锻模中取出，且敷料最少，锻模容易制造。

2）模锻零件上，除与其他零件配合的表面外，均应设计为非加工表面。模锻件的非加工表面之间形成的角应设计为模锻圆角，与分模面垂直的非加工表面，应设计出模锻斜度。

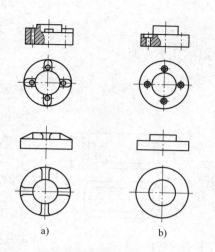

图 4-37 盘类锻件结构
a）不适合自由锻的结构
b）适合自由锻的结构

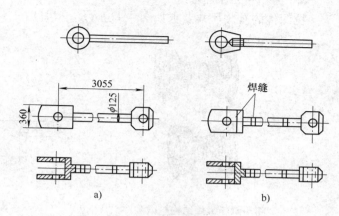

图 4-38 复杂件结构
a）不适合自由锻的结构 b）适合自由锻的结构

3）零件的外形应力求简单、平直、对称，避免零件截面间差别过大，避免具有薄壁、高肋等不良结构。图 4-39a 所示零件的凸缘太薄、太高，中间下凹太深，金属不易充型；图 4-39b 所示零件过于扁薄，薄壁部分金属模锻时容易冷却，不易锻出，对保护设备和锻模也不利；图 4-39c 所示零件有一个高而薄的凸缘，使锻模的制造和锻件的取出都很困难，改成如图 4-39d 所示形状则较易锻造成形。

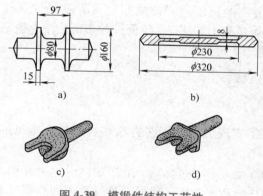

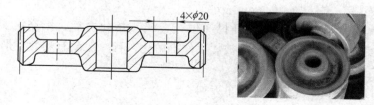

图 4-39 模锻件结构工艺性

4）孔径小于 30mm 或孔深大于直径两倍时，锻造困难。如图 4-40 所示齿轮零件，为保证纤维组织的连贯性以及更好的力学性能，常采用模锻方法生产，但齿轮上四个 $\phi20$mm 的孔不方便锻造，只能采用机加工成形。

图 4-40 模锻齿轮零件

5）对复杂锻件，为减少敷料，简化模锻工艺，在可能的条件下，应采用锻造-焊接或锻造-机械连接组合工艺，如图 4-41 所示。

3. 拉深件的结构工艺性

拉深件的有关尺寸要求如图 4-42 所示，设计时主要考虑以下几个方面：

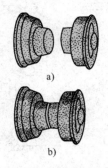

图 4-41 锻焊结构模锻零件
a) 模锻件 b) 焊合件

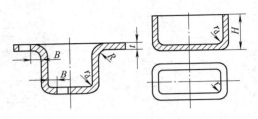

图 4-42 拉深件的尺寸要求

1）拉深件的形状应力求简单、对称。拉深件的形状以回转体形为主，尤其是直径不变的杯形件最易拉深，模具制造也方便。

2）尽量避免直径小而深度过大的拉深件，否则不仅需要多副模具进行多次拉深，而且容易出现废品。

3）拉深件的底部与侧壁，凸缘与侧壁应有足够的圆角，一般应满足 $R>r_d$，$r_d \geq 2t$，$R \geq (2\sim4)t$，方形件 $r \geq 3t$。拉深件底部或凸缘上的孔边到侧壁的距离，应满足 $B \geq r_d+0.5t$ 或 $B \geq R+0.5t$（t 为板厚）。

4）不对拉深件提出过高的精度或表面质量要求。拉深件直径方向的经济精度一般为 IT9~IT10，经整形后精度可达到 IT6~IT7。拉深件的表面质量一般不超过原材料的表面质量。

4.4 连接成形

在工业生产中通过连接实现成形的工艺方法多种多样，常见的连接成形工艺主要有焊接、胶接和机械连接等。

焊接通常是指金属的焊接，是通过加热、加压或两者同时并用，使两个分离的物体产生原子间结合力而连接成一体的成形方法。根据焊接过程中加热程度和工艺特点的不同，焊接方法可以分为三大类。

（1）熔焊 将工件焊接处局部加热到熔化状态形成熔池（通常还加入填充金属），冷却结晶后形成焊缝，被焊工件结合为不可分离的整体。

（2）压焊 在焊接过程中无论加热与否，均需要对工件施加压力，使工件在固态或半固态的状态下实现连接。

（3）钎焊 熔点低于被焊金属的钎料（填充金属）熔化之后，填充接头间隙，并与被焊金属相互扩散实现连接。钎焊过程中被焊工件不熔化，且一般没有塑性变形。

常见焊接方法的分类如图 4-43 所示。

焊接生产的特点主要表现在以下几个方面：

1）节省金属材料，结构重量轻。

2）能以小拼大，化大为小，制造重型、复杂的机器零部件，简化铸造、锻造及切削加工工艺，获得最佳技术经济效果。

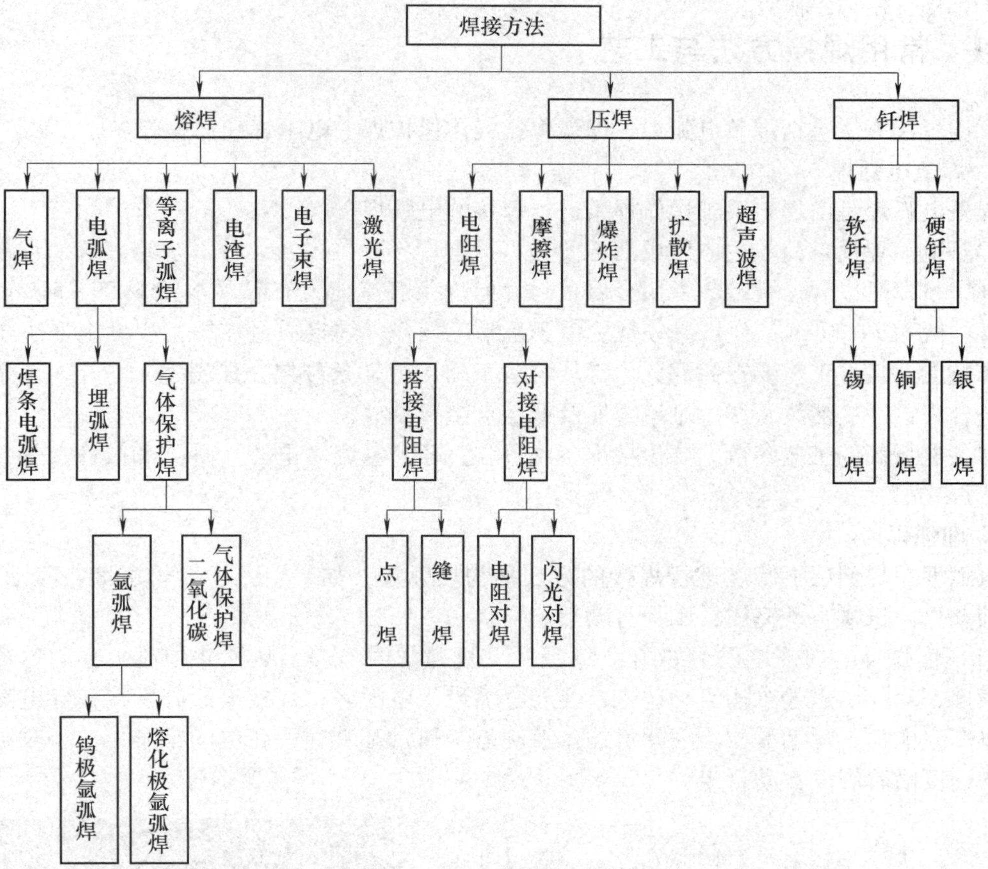

```
                                    焊接方法
                                        │
            ┌───────────────────────────┼───────────────────────────┐
          熔焊                          压焊                         钎焊
            │                            │                            │
  ┌────┬────┬────┬────┬────┐    ┌────┬────┬────┬────┐       ┌────┬────┐
 气焊 电弧焊 等离 电渣焊 电子 激光焊  电阻焊 摩擦焊 爆炸焊 扩散焊 超声     软钎焊  硬钎焊
         │   子弧焊      束焊              │                 波焊     │    │
  ┌──────┼──────┐              ┌──────────┴──────┐               锡焊  铜焊 银焊
 焊条  埋弧焊  气体                搭接           对接
 电弧焊        保护焊              电阻焊          电阻焊
              │                    │              │
        ┌─────┴─────┐          ┌───┴───┐      ┌───┴───┐
      氩弧焊    二氧化碳       点焊   缝焊    电阻对焊 闪光对焊
              气体保护焊
        │
   ┌────┴────┐
 钨极氩弧焊 熔化极氩弧焊
```

图 4-43　常见焊接方法的分类

3）焊接接头不仅具有良好的力学性能，还具有良好的密封性。

4）能够制造双金属结构，使材料的性能得到充分利用。

目前，焊接技术在国民经济各部门中的应用十分广泛，机器制造、造船、建筑工程、电力设备生产、航空及航天工业等都离不开焊接技术。

图 4-44 为焊接钢结构实例。

a)　　　　　　　　　　b)
c)　　　　　　　　　　d)

图 4-44　焊接钢结构实例

a）建造中的奥林匹克运动场（鸟巢）　b）芜湖长江大桥　c）弧形闸门　d）钢结构厂房

4.4.1　常用焊接方法与工艺

常用焊接方法包括焊条电弧焊、埋弧焊、气体保护焊、电阻焊和钎焊等。

1. 焊条电弧焊

焊条电弧焊是由焊工手工操作焊条进行焊接的电弧焊。

焊条电弧焊设备简单，应用灵活方便，可以进行各种位置及各种不规则焊缝的焊接；焊条系列完整，可以焊接大多数常用金属材料。但焊条载流能力有限（电流为 20～500A），焊接厚度一般为 3～20mm，生产率较低。由于是手工操作，焊接质量在很大程度上取决于焊工的操作技能，且焊工需要在高温、尘雾环境下工作，劳动条件差，强度大。另外，焊条电弧焊不适合焊接一些活泼金属、难熔金属及低熔点金属。

焊条电弧焊的工艺参数主要包括焊条牌号和直径、电流（电源）种类和极性、焊接电流大小、焊接层（道）次等。

2. 埋弧焊

电弧埋在焊剂层下燃烧进行焊接的方法称为埋弧焊，如果引弧、焊丝送进、移动电弧、收弧等动作由机械自动完成，则为自动焊。

（1）埋弧焊的焊接过程　如图 4-45 所示，埋弧焊时，焊剂从漏斗中流出，均匀堆敷在焊件表面，焊丝由送丝机构自动送进，经导电嘴进入电弧区，焊接电源分别接在导电嘴和焊件上以产生电弧，焊剂漏斗、送丝机构及控制盘等通常都装在一台电动小车上，小车可以按指定的速度沿着焊缝自动行走。

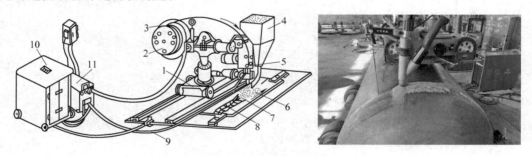

图 4-45　埋弧焊示意图及实例
1—焊接小车　2—控制盘　3—焊丝盘　4—焊剂漏斗　5—焊接机头　6—焊剂
7—渣壳　8—焊缝　9—焊接电缆　10—焊接电源　11—控制箱

电弧在颗粒状的焊剂层下燃烧，电弧周围的焊剂熔化形成熔渣，工件金属与焊丝熔化成较大体积的熔池，熔池被熔渣覆盖，熔渣既能起到隔绝空气保护熔池的作用，又阻挡了弧光的对外辐射和金属飞溅。焊机带着焊丝均匀向前移动，熔池金属被电弧气体排挤向后堆积形成焊缝。

（2）埋弧焊的特点　与焊条电弧焊相比，埋弧焊有以下优点：

1）生产率高。埋弧焊时，焊接电流可以高达 1000A，一次熔深大，焊接速度快，且焊接过程可连续进行，无须频繁更换焊条，因此生产率比焊条电弧焊高 5～20 倍。

2）焊接质量好。熔渣对熔化金属的保护严密，冶金反应较彻底，且焊接工艺参数稳定，焊缝成形美观，焊接质量稳定。

3）劳动条件好。埋弧焊时没有明弧，焊接烟尘小，焊接过程自动进行。

埋弧焊一般只适用于水平位置的长直焊缝和直径在 250mm 以上大的环形焊缝，焊接的钢板厚度一般在 6～60mm，适焊材料局限于钢、镍基合金、铜合金等，不能焊接铝、钛等活泼金属及其合金。

（3）埋弧焊的焊接材料　埋弧焊使用的焊接材料包括焊剂和焊丝。

埋弧焊焊剂有熔炼焊剂和非熔炼焊剂两大类。熔炼焊剂主要起保护作用，非熔炼焊剂除了保护作用外，还可以起脱氧、去硫、渗合金等冶金处理作用。我国目前使用的绝大多数焊剂是熔炼焊剂。焊剂牌号用"焊剂"或大写拼音"HJ"和三个数字表示，如"焊剂430"或"HJ430"。

埋弧焊的焊丝是直径 1.6~6mm 的实芯焊丝，它除了作为电极和填充金属外，还可以起脱氧、去硫、渗合金等冶金处理作用。

（4）埋弧焊工艺　埋弧焊的焊前准备要求保证坡口间隙均匀一致，高低平整。对于厚度在 14mm 以下的板材，可以不开坡口一次焊成；双面焊时，不开坡口的可焊厚度达 28mm；当厚度较大时，为保证焊透，最常采用的坡口形式为 V 形、双 V 形。

埋弧焊的工艺规范参数包括焊接材料的牌号、直径，焊接电流和焊接速度等，只有正确选择焊接工艺规范参数，才能保证电弧稳定，焊缝成形好，内部无缺陷，并在保证质量的前提下，以较少的能源和材料消耗，获得较高的生产率。

3. 气体保护焊

气体保护焊是用气体将电弧、熔化金属与周围的空气隔离，防止空气与熔化金属发生冶金反应，以保证焊接质量。保护气体主要有 Ar、He、CO_2、N_2 等。与埋弧焊相比，气体保护焊具有以下特点：

1）采用明弧焊，熔池可见性好，适用于全位置焊接，有利于焊接过程的机械化、自动化。

2）电弧热量集中，熔池小，热影响区窄，焊件变形小，尤其适用于薄板焊接。

3）可焊材料广泛，可用于各种黑色金属和非铁合金的焊接。

按电极材料的不同，气体保护焊可分为两大类：一类是非熔化极气体保护焊，通常用钨棒或钨合金棒作电极，以氩气或氦气等惰性气体作保护气体，焊缝填充金属（即焊丝）根据情况另外添加，其中应用较广的是以氩气为保护气的钨极氩弧焊；另一类是熔化极气体保护焊，以焊丝作为电极，根据采用的保护气不同，可分为熔化极惰性气体保护焊、熔化极活性气体保护焊和 CO_2 气体保护焊。

钨极氩弧焊的焊接过程及实例如图 4-46 所示。

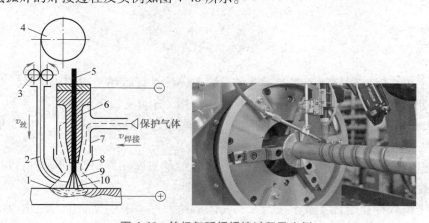

图 4-46　钨极氩弧焊焊接过程及实例
1—熔池　2—焊丝　3—送丝滚轮　4—焊丝盘
5—钨极　6—导电嘴　7—焊炬　8—喷嘴
9—保护气体　10—电弧

钨极氩弧焊的优点是：

① 采用纯氩气保护，焊缝金属纯净，特别适合于非铁合金、不锈钢等材料的焊接。

② 焊接过程稳定，所有焊接参数都能精确控制，明弧操作，易实现机械化、自动化。

③ 焊缝成形好，特别适合3mm以下的薄板焊接、全位置焊接和不用衬垫的单面焊双面成形。

在焊接钢、钛合金和铜合金时，焊件应接直流焊机的正极，这样可以使钨极处在温度较低的负极，减少其熔化烧损，同时也有利于焊件的熔化；在焊接铝镁合金时，通常采用交流电源，这主要是因为只有在焊件接负极时，焊件表面接受正离子撞击，使焊件表面的 Al_2O_3、MgO 等氧化膜被击碎，从而保证焊件的焊合，但这样会使钨极烧损严重，而交流电的正半周则可使钨极得到一定的冷却，从而减少其烧损。由于钨极的载流能力有限，为了减少钨极的烧损，焊接电流不宜过大，所以钨极氩弧焊通常只适用于 0.5~6mm 的薄板焊接。

钨极氩弧焊的焊接参数主要包括钨极直径、焊接电流、电源种类和极性、喷嘴直径和氩气流量、焊丝直径等。

4. 等离子弧焊接与切割

等离子弧是一种压缩的、能量更为集中的电弧，其发生装置如图4-47所示，它是借助于水冷喷嘴、保护气流等外部拘束条件，使弧柱受到压缩，弧柱气体完全电离而得到的电弧，其温度可达到30000K。由于等离子弧具有热量集中、温度高、电弧挺度好等特点，广泛应用于焊接、切割等领域中。

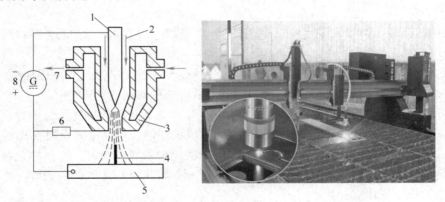

图 4-47　等离子弧发生装置原理图及等离子切割
1—钨极　2—工作气体　3—水冷喷嘴
4—等离子弧　5—工件　6—电阻
7—冷却水　8—直流电源

等离子弧焊接时工作气体为氩气，电极一般用钨极，有时还需要填充焊丝，与钨极氩弧焊有相似之处，它除了具有钨极氩弧焊的一些特点外，还具有以下特点：

1）等离子弧能量密度大，弧柱温度高，一次熔深大，热影响区小，焊接变形小，焊接质量高。

2）电流可小到0.1A仍能稳定燃烧，并保持良好的挺度和方向性，因而可以焊接金属薄片，最小厚度可达0.025mm。

但等离子弧焊存在设备复杂、投资高、气体消耗大等局限，目前生产上主要应用于国防工业及尖端技术中，焊接一些难熔、易氧化、热敏感性强的材料，如 Mo、W、Cr、Ti 及其合金、不锈钢等，也用于焊接质量要求较高的一般钢铁材料和非铁合金。

5. 电阻焊

电阻焊是利用电流通过焊件及其接触处产生的电阻热，将连接处加热到塑性状态或局部熔化状态，再施加压力形成接头的焊接方法。电阻焊分为点焊、缝焊和对焊三种，对焊根据焊接过程的不同，又分为电阻对焊和闪光对焊，如图4-48所示。

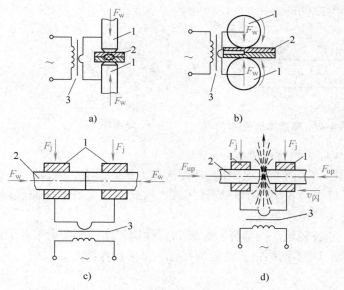

图 4-48　电阻焊示意图

a）点焊　b）缝焊　c）电阻对焊　d）闪光对焊

1—电极　2—焊件　3—变压器

钢轨的闪光对焊

（1）点焊　如图 4-48a 所示，工件搭接后放在柱状电极间，通电加压，由于两工件接触面处电阻较大，通电后迅速加热并局部熔化形成熔核，熔核周围为塑性状态，然后在压力的作用下熔核结晶形成焊点。点焊循环包括预压—通电—断电维持。

点焊的基本工艺参数是焊接电流、焊接时间、焊接压力和电极头端面尺寸。点焊属搭接电阻焊，主要用于 4mm 以下的薄板冲压壳体结构及钢筋结构的焊接，尤其是在汽车、飞机制造及日用产品中使用较多。

（2）缝焊　如图 4-48b 所示，缝焊也属搭接电阻焊，它采用滚盘作为电极，边滚边焊，形成密封的连续焊缝。

缝焊所需的焊接电流较大，适用于 3mm 以下有气密性要求的薄板结构，如汽车油箱、管道等。

（3）对焊　属对接电阻焊，根据焊接过程不同，对焊可分为电阻对焊（图 4-48c）和闪光对焊（图 4-48d）。

1）电阻对焊。先加预压，使两焊件的端面紧密接触，再通电加热，接触处升温至塑性状态，断电同时施加顶锻力，使接触处产生塑性变形而焊合。

2）闪光对焊。先接通电源，再使焊件靠拢接触，由于接触端面凹凸不平，所以开始接触时为点接触，电流通过接触点产生很大的电阻热，使接触点迅速熔化，并在电磁力作用下爆破飞出，产生闪光，这一过程进行一定时间后，端面达到均匀半熔化状态，并在一定范围内形成塑性层，而且多次闪光将端面的氧化物清除干净，之后断电并加压顶锻，挤出熔化层，并产生大量塑性变形而使焊件焊合。

6. 摩擦焊

摩擦焊是利用焊件接触端面相互摩擦所产生的热，使端面达到热塑性状态，然后迅速施加顶锻力，以实现焊接的一种压焊方法，如图 4-49 所示。

摩擦焊具有以下优点：

1）焊接质量稳定，焊件尺寸精度高，特别适合圆形截面工件的对接。

2）焊接生产率高，比闪光对焊高 5~6 倍。

3）适用于焊接异种金属，如碳素钢、低合金钢与不锈钢、高速工具钢之间的连接，铜-

不锈钢、铜-铝、铝-钢、钢-锆等之间的连接。

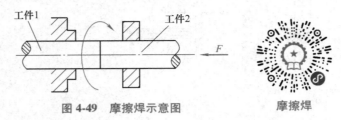

图 4-49 摩擦焊示意图　　　　摩擦焊

4）省电，加工费用低，焊件无须特殊清理。

5）易实现机械化和自动化，操作简单，工作场地无火花、弧光及有害气体。

但摩擦焊也有其局限性。摩擦焊主要靠工件旋转实现，因此，焊接非圆截面较困难。盘状工件及薄壁管件，由于不易夹持也很难焊接。

摩擦焊的应用现已遍及工业各领域。一些异种金属和异种钢产品，如电力工业中的铜-铝过渡接头，金属切削用的高速工具钢-结构钢刀具的焊接等，多采用摩擦焊。

7. 钎焊

（1）钎焊的特点及应用　钎焊采用熔点低于母材的合金作钎料，加热时钎料熔化，并靠润湿作用和毛细作用填满接头间隙内，而母材处于固态，依靠液态钎料和固态母材间的相互扩散形成钎焊接头。

钎焊较典型的应用有硬质合金刀具、钻探钻头、自行车车架、换热器、导管及各类容器等；在电子管和电子真空器件的制造中，钎焊甚至是唯一可行的连接方法。

（2）钎料和钎剂　钎料是形成钎焊接头的填充金属，钎焊接头的质量在很大程度上取决于钎料。钎料应该具有合适的熔点、良好的润湿性和填缝能力，能与母材相互扩散，还应具有一定的力学性能和物理化学性能，以满足接头的使用性能要求。按钎料熔点的不同，钎焊分为软钎焊与硬钎焊。

1）软钎焊。钎料熔点小于450℃的钎焊称为软钎焊，常用钎料是锡铅钎料，它具有良好的润湿性和导电性，广泛用于电子产品、电机电器和汽车配件。软钎焊的接头强度一般为60~140MPa。

2）硬钎焊。钎料熔点大于450℃的钎焊称为硬钎焊，常用钎料是黄铜钎料和银基钎料。应用银基钎料的接头具有较高的强度、导电性和耐蚀性，钎料熔点较低、工艺性良好，但价格较高，多用于要求较高的焊件，一般焊件多采用黄铜钎料。硬钎焊多用于受力较大的钢和铜合金工件，以及工具的钎焊。硬钎焊的接头强度为200~490MPa。

钎焊时要求两母材的接触面很干净，因此要用钎剂。钎剂的作用是去除母材和钎料表面的氧化物和油污杂质，保护钎料和母材接触面不被氧化，增加钎料的润湿性和毛细流动性。钎剂的熔点应低于钎料，钎剂残渣对母材和接头的腐蚀性应较小。软钎焊常用的钎剂是松香或氯化锌溶液，硬钎焊常用的钎剂是硼砂、硼酸和碱性氟化物的混合物。

（3）钎焊加热方法　几乎所有的加热热源都可以用作钎焊热源，常用火焰钎焊、感应钎焊、浸渍钎焊、炉中钎焊、烙铁钎焊、电阻钎焊和扩散钎焊等。

8. 焊接缺陷与检验

（1）焊接缺陷　焊接过程中会产生各种焊接缺陷，既影响焊缝的美观，还可能减小焊缝的有效承载面积，造成应力集中引起断裂，直接影响焊接结构使用的可靠性。常见焊接缺陷包括气孔、裂纹、夹渣、咬边、焊瘤和未焊透等。

（2）焊接质量检验　在焊接之前和焊接过程中，应对影响焊接质量的因素进行认真检查，以防止和减少焊接缺陷的产生；焊后应根据产品的技术要求，对焊接接头进行成品检验，以确保使用安全。

成品检验可分为破坏性检验和非破坏性检验两类。破坏性检验主要包括焊缝的化学成分分析、金相组织分析和力学性能试验，主要用于科研和新产品试生产；常用的非破坏性检验方法有外观检验、致密性检验、磁粉检验、渗透探伤、超声波探伤、射线探伤等。

4.4.2　常用金属材料的焊接

1. 金属材料的焊接性

（1）**焊接性概念**　金属材料的焊接性指其在采用一定焊接方法、焊接材料、工艺参数及结构形式的条件下，获得优质焊接接头的难易程度。焊接性一般包括接合性能和使用性能，是进行焊接结构设计、确定焊接方法、制订焊接工艺的重要依据。

（2）**钢的焊接性评定方法**　通常将影响最大的碳作为基础元素，把其他合金元素的质量分数对焊接性的影响折合成碳的相当质量分数，碳的质量分数和其他合金元素的相当质量分数之和称为碳当量，用符号 w_{CE} 表示，它是评定钢的焊接性的参考指标。国际焊接学会推荐的碳钢和低合金结构钢的碳当量计算公式为：

$$w_{CE} = \left(w_C + \frac{w_{Mn}}{6} + \frac{w_{Cr} + w_{Mo} + w_V}{5} + \frac{w_{Ni} + w_{Cu}}{15} \right) \times 100\%$$

式中，各元素的质量分数都取其成分范围的上限。

经验表明，碳当量越高，裂纹倾向越大，钢的焊接性越差。一般认为：①$w_{CE} < 0.4\%$ 时，钢的淬硬和冷裂倾向不大，焊接性良好；②$w_{CE} = 0.4\% \sim 0.6\%$ 时，钢的淬硬和冷裂倾向逐渐增加，焊接性较差，焊接时需要采取预热、缓冷等工艺措施，以防止工件产生裂纹；③$w_{CE} > 0.6\%$ 时，钢的淬硬和冷裂倾向严重，焊接性很差，一般不用于生产焊接结构。

2. 碳素钢和低合金结构钢的焊接

（1）碳素钢的焊接

1）低碳钢的焊接。Q235、10、15、20 等低碳钢由于其碳的质量分数低于 0.25%，塑性很好，淬硬倾向小，不易产生裂纹，所以焊接性很好。焊接时，采用任何焊接方法和最普通的焊接工艺即可获得优质的焊接接头。

低碳钢的焊接方法几乎没有限制，应用最多的是焊条电弧焊、埋弧焊、气体保护焊和电阻焊。采用电弧焊时，焊接材料的选择见表 4-12。

表 4-12　低碳钢焊接材料的选择

焊接方法	焊接材料	应用情况
焊条电弧焊	J421、J422、J423 等	焊接一般结构
	J426、J427、J506、J507 等	焊接承受动载荷、结构复杂或厚板重要结构
埋弧焊	H08 配 HJ430、H08A 配 HJ431	焊接一般结构
	H08MnA 配 HJ431	焊接重要结构
CO_2 气体保护焊	H08Mn2SiA	焊接一般结构

2）中碳钢的焊接。中碳钢的焊接接头容易产生低塑性的淬硬组织和冷裂纹，焊接性较差。中碳钢的焊接结构多为锻件和铸钢件，常用的焊接方法是焊条电弧焊。应选用抗裂性好的低氢型焊条（如 J426、J427、J506、J507 等），焊缝有等强度要求时，选择相当强度级别的焊条。对于补焊或不要求等强度的接头，可选用强度级别低、塑性好的焊条，以防止裂纹的产生。焊接时，应采取焊前预热、焊后缓冷等措施以减小淬硬倾向，减小焊接

应力。

3）高碳钢的焊接。高碳钢的碳的质量分数大于 0.60%，其焊接特点与中碳钢基本相同，但淬硬和裂纹倾向更大，焊接性更差。一般这类钢不用于制造焊接结构，大多是用焊条电弧焊或气焊来补焊修理一些损坏件。焊接时，应注意焊前预热和焊后缓冷。

（2）低合金结构钢的焊接　低合金结构钢按其屈服强度可以分为九级：300MPa、350MPa、400MPa、450MPa、500MPa、550MPa、600MPa、700MPa、800MPa。

强度级别≤400MPa 的低合金结构钢，$w_{CE}<0.4\%$，焊接性良好，其焊接工艺和焊接材料的选择与低碳钢基本相同，一般无须采取特殊的工艺措施。在焊件较厚、结构刚度较大和环境温度较低时，需进行焊前预热，以免产生裂纹。

强度级别≥450MPa 的低合金结构钢，$w_{CE}>0.4\%$，存在淬硬和冷裂问题，其焊接性与中碳钢相当，焊接时需要进行焊前预热（预热温度 150℃左右），可以降低冷却速度，避免出现淬硬组织；适当调节焊接工艺参数，可以控制热影响区的冷却速度，保证焊接接头获得优良性能；焊后热处理能消除残余应力，避免冷裂。

3. 非铁金属的焊接

（1）铜及铜合金的焊接　铜及铜合金的焊接性较差，焊接时存在的主要问题是：

1）难熔合。铜的热导率大，焊接时散热快，要求焊接热源集中，且焊前必须预热，否则易产生未焊透或未熔合等缺陷。

2）裂纹倾向大。铜在高温下易氧化，形成的氧化亚铜（Cu_2O）与铜形成低熔点共晶体（Cu_2O+Cu）分布在晶界上，容易产生热裂纹。

3）焊接应力和变形较大。因为铜的线胀系数大，收缩率也大，且焊接热影响区宽，所以应力和变形较大。

4）容易产生气孔。气孔主要由氢气引起，液态铜能够溶解大量的氢，冷却凝固时，来不及逸出的氢气即在焊缝中形成氢气孔。

铜及铜合金的焊接采用的主要方法是氩弧焊、气焊和焊条电弧焊，其中氩弧焊是焊接纯铜和青铜最理想的方法。

为保证焊接质量，在焊接铜及铜合金时还应采取以下措施：

1）在焊接材料中加入脱氧剂防止 Cu_2O 的产生，如采用磷青铜焊丝，利用磷进行脱氧。

2）清除焊件、焊丝上的油、锈、水分，减少氢的来源，避免气孔的形成。

3）厚板焊接时应以焊前预热来弥补热量的损失，改善应力分布。焊后锤击焊缝，减小残余应力。焊后进行再结晶退火，以细化晶粒。

（2）铝及铝合金的焊接　铝具有密度小、耐蚀性好、很高的塑性和优良的导电导热性以及良好的焊接性等优点，因而铝及铝合金在航空、汽车、机械制造、电工及化学工业中得到了广泛应用。焊接时的主要问题是：

1）工件表面极易生成一层致密的氧化膜（Al_2O_3），其熔点（2050℃）远高于纯铝的熔点（657℃），在焊接时阻碍金属的熔合，且由于密度大，容易形成夹杂。

2）液态铝可以大量溶解氢，铝的高导热性又使金属迅速凝固，因此液态时吸收的氢气来不及逸出，极易在焊缝中形成气孔。

3）线胀系数和结晶收缩率很大，焊接应力很大，对于厚度大或刚性较大的结构，焊接接头容易产生裂纹。

4）高温时强度和塑性极低，很容易产生变形，且高温液态无显著的颜色变化，操作时难以掌握加热温度，容易出现烧穿、焊瘤等缺陷。

焊接铝及铝合金常用的方法有氩弧焊、电阻焊、气焊，其中氩弧焊应用最广。

为保证焊接质量，铝及铝合金在焊接时应采取以下工艺措施：

1）焊前清理，去除焊件表面氧化膜、油污、水分，便于焊接时的熔合，防止气孔、夹渣等缺陷的产生。清理方法有化学清理（酸洗或碱洗）、机械清理（用钢丝刷或刮刀清除表面氧化膜及油污）。

2）对厚度超过 8mm 的焊件，预热至 100~300℃，以减小焊接应力，避免裂纹，且利于氢的逸出，防止气孔的产生。

3）焊后清理残留在接头处的焊剂和焊渣，防止其与空气、水分作用腐蚀焊件。可用 10% 的硝酸溶液浸洗，然后用清水冲洗、烘干。

4.4.3　焊接结构工艺性

焊接结构工艺性主要表现在焊缝布置、焊接接头和坡口形式等方面。

1. 焊缝布置

在布置焊缝时，应考虑以下几个方面的问题：

（1）焊缝位置应便于施焊，有利于保证焊缝质量　如图 4-50 所示，其中施焊操作最方便、焊接质量最容易保证的是平焊缝，因此在布置焊缝时应尽量使焊缝能在水平位置进行焊接。

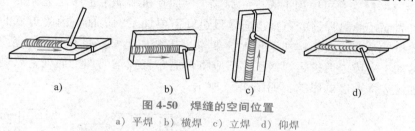

图 4-50　焊缝的空间位置
a）平焊　b）横焊　c）立焊　d）仰焊

图 4-51 所示为考虑焊条电弧焊施焊空间时，对焊缝的布置要求。

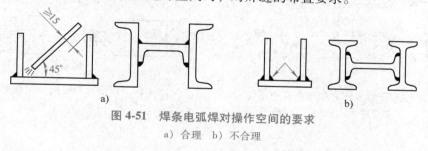

图 4-51　焊条电弧焊对操作空间的要求
a）合理　b）不合理

（2）焊缝布置应利于减小焊接应力和变形　通过合理布置焊缝来减小焊接应力和变形，主要有以下途径：

1）尽量减少焊缝数量。通过采用型材、冲压件、锻件和铸钢件等作为被焊材料来实现。这样不仅能减小焊接应力和变形，还能减少焊接材料消耗，提高生产率。图 4-52 所示箱体构件，如采用型材或冲压件（图 4-52b）焊接，可比板材（图 4-52a）减少两条焊缝。

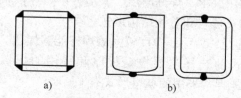

图 4-52　减少焊缝数量

2）尽可能分散布置焊缝。如图 4-53 所示，焊缝集中分布容易使接头处过热，材料的力学性能降低。两条焊缝的间距要求为 3 倍至 5 倍板厚。

3）尽可能对称分布焊缝。如图 4-54 所示，焊缝的对称布置可以使各条焊缝的焊接变形抵消，对减小梁柱结构的焊接变形有明显效果。

（3）焊缝应尽量避开最大应力和应力集中部位 如图 4-55 所示，应防止焊接应力与外加应力相互叠加，造成过大的应力而开裂。不可避免时，应附加刚性支承，以减小焊缝承受的应力。

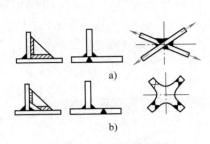

图 4-53 分散布置焊缝
a）不合理 b）合理

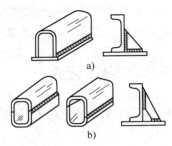

图 4-54 对称分布焊缝
a）不合理 b）合理

（4）焊缝应尽量避开机械加工表面 焊接工序应在机械加工工序之前完成，以防止焊接损坏机械加工表面。此时焊缝的布置也应尽量避开需要加工的表面，因为焊缝的机械加工性能不好，且焊接残余应力会影响加工精度。如果焊接结构上某一部位的加工精度要求较高，又必须在机械加工完成之后进行焊接工序，应将焊缝布置在远离加工面处，以避免焊接应力和变形对已加工表面精度的影响，如图 4-56 所示。

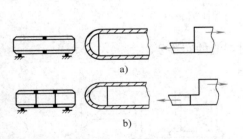

图 4-55 焊缝避开最大应力和应力集中部位
a）不合理 b）合理

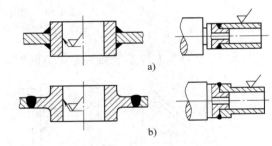

图 4-56 焊缝远离机械加工表面
a）不合理 b）合理

2. 焊接接头和坡口形式的选择

（1）焊接接头形式的选择 根据 GB/T 3375—1994 规定，焊条电弧焊焊接碳钢和低合金钢的基本焊接接头形式有对接接头、角接接头、T 形接头和搭接接头四种，如图 4-57 所示。

焊接接头形式的选择，首先取决于焊缝位置之间的对应关系，一旦结构设计已定，它所需的接头形式也就基本确定了，因而接头形式是不能任意选用的。但是在结构设计时，设计者应综合考虑结构形状、使用要求、焊件厚度、变形大小、焊接材料的消耗量、坡口加工的难易程度等因素，以确定接头形式和总体结构形式。

（2）焊接坡口形式的选择 为保证厚度较大的焊件能够焊透，常将焊件接头边缘加工成一定形状的坡口。坡口形式的选择主要根据板厚和采用的焊接方法来确定。根据 GB/T 985.1—2008 规定，焊条电弧焊常采用的坡口形式有 I 形坡口、V 形坡口、U 形坡口、U-V 形组合坡口、双 V 形坡口等（图 4-57）。

焊条电弧焊板厚 6mm 以上对接时，一般要开设坡口，对于重要结构，板厚超过 3mm 就要开设坡口。表 4-13 为对接焊缝符号标注举例。

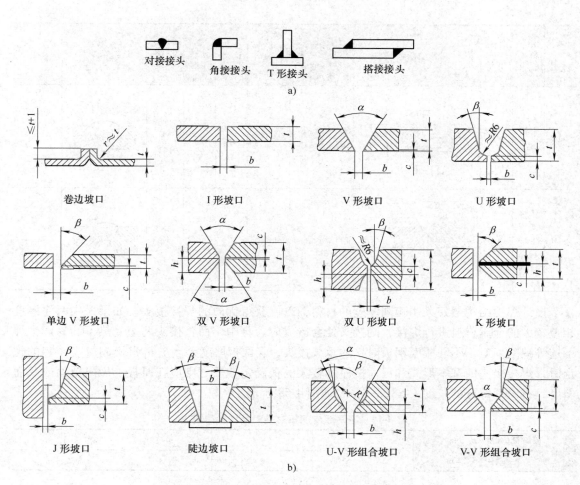

图 4-57 焊条电弧焊接头及坡口形式
a）接头形式 b）坡口形式

表 4-13 对接焊缝符号标注举例（摘自 GB/T 985.1—2008）

母材厚度/mm	坡口/接头种类	基本符号	横截面示意图	坡口角 α 或坡口面角 β/(°)	间隙 b/mm	钝边 c/mm	坡口深度 h/mm	适用的焊接方法	焊缝示意图	备注
3≤t ≤8	I 形坡口	‖		—	3≤b≤8			13		必要时加衬垫
					≈t	—	—	141		
≤15					0			52		—
5≤t ≤40	V 形坡口（带钝边）	Y		α≈60°	1≤b ≤4	2≤c ≤4	—	111 13 141		—
>12	U 形坡口			8°≤β≤12°	≤4	≤3		111 13 141		—
					1≤b≤3	≈5		111 13		封底

（续）

母材厚度/mm	坡口/接头种类	基本符号	横截面示意图	坡口角α或坡口面角β/(°)	间隙b/mm	钝边c/mm	坡口深度h/mm	适用的焊接方法	焊缝示意图	备注
>12	V-V形组合坡口	⋁⋁		60°≤α≤90° 10°≤β≤15°	2≤b≤4	>2	—	111 13 141		—
>10	双V形坡口	✕		40°≤α≤60°	1≤b≤3	≤2	≈t/2	13		—

设计焊接结构最好采用相同厚度的材料，以便获得优质的焊接接头。如果采用两块厚度相差较大的金属材料进行焊接，则接头处会造成应力集中，而且接头两边受热不均易产生焊不透等缺陷。对于不同厚度钢板对接的承载接头，当两板厚度差（$\delta-\delta_1$）不超过表4-14的规定时，焊接接头的基本形式和尺寸按厚度较大的板确定，反之则应在厚板上做出单面或双面斜度，有斜度部分的长度 $L\geqslant3(\delta-\delta_1)$，如图4-58所示。

表4-14 不同厚度钢板对接时允许的厚度差

较薄板的厚度 δ_1/mm	2~5	5~9	9~12	12
允许厚度差($\delta-\delta_1$)/mm	1	2	3	4

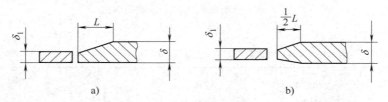

图4-58 不同厚度钢板的对接

3. 焊接结构工艺图

焊接结构工艺图是使用国家标准规定的有关焊缝的图形符号、画法、标注等表达设计人员关于焊缝的设计思想，并能被他人正确理解的焊接结构图样。它与一般机器零件工艺图的主要区别在于，它必须要表达出对焊缝的工艺要求。

（1）焊缝的图示法和符号表示

1）焊缝的图示法。焊缝正面用细实线短画表示（图4-59a），或用比轮廓线粗2~3倍的粗实线表示（图4-59b），在同一图样中，上述两种方法只能用一种。焊缝端面用粗实线画出焊缝的轮廓，必要时用细实线画出坡口形状（图4-59c）。剖面图上焊缝区应涂黑（图4-59d）。用图示法表示的焊缝还应该有相应的标注或另有说明（图4-59e）。

图4-59e中，5表示焊缝直角边长度为5mm，4表示四段焊缝，50表示每段焊缝的长度为50mm，30表示焊缝之间的间距为30mm。

2）焊缝的符号表示。为了使焊接结构图样清晰，并减轻绘图工作量，一般不按图示法画出焊缝，而是采用一些符号对焊缝进行标注。GB/T 324—2008、GB/T 12212—2012、

GB/T 5185—2005 分别对焊缝符号和标注方法做了规定。

焊缝符号共有三组：①基本符号，用以表明焊缝横截面的形状；②辅助符号，用以表明焊缝表面形状特征，如焊缝表面是否齐平等；③补充符号，用以补充说明焊缝的某些特征，如是否带有垫板等。

焊缝符号通过指引线标注在图样的焊缝位置，如图 4-60 所示。指引线一般由箭头线和两条基准线（一条为实线、另一条为虚线）组成，箭头指在焊缝处。标注对称焊缝或双面焊缝时，可免去基准线中的虚线。必要时，焊缝符号可附带有尺寸符号和数据（如焊缝截面、长度、数量、坡口等）。还可以画焊缝的局部放大图，并标注有关尺寸。

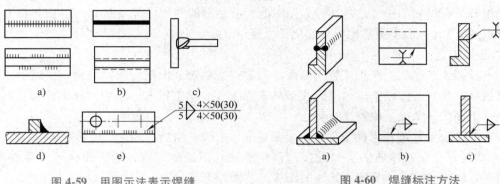

图 4-59　用图示法表示焊缝　　　　　图 4-60　焊缝标注方法
　　　　　　　　　　　　　　　　　　　a）焊缝　b）焊缝正面标注方法
　　　　　　　　　　　　　　　　　　　　　　c）焊缝剖面标注方法

（2）焊接结构工艺图　焊接结构工艺图实际上是装配图，对于简单的焊接构件，一般不单画各构成件的零件图，而是在结构图上标出各构成件的全部尺寸。对于复杂的焊接构件，应单独画出主要构成件的零件图，个别小构成件仍附于结构总图上。由板料弯曲成形的，可附有展开图。总之，在焊接结构工艺图上，应表达出以下内容：

1）构成件的形状及各有关构成件之间的相互关系。

2）各构成件的装配尺寸及有关板厚、型材规格等。

3）焊缝的图形符号和尺寸。

4）焊接工艺要求。

4.4.4　胶接技术

1. 胶接的特点与应用

胶接，也称粘接，是利用化学反应或物理凝固等作用，使一层非金属的胶体材料具有一定的内聚力，并对与其界面接触的材料产生粘附力，从而由这些胶体材料将两个物体紧密连接在一起的工艺方法。胶接的主要特点是：

1）能连接材质、形状、厚度、大小等相同或不同的材料，特别适用于连接异形、异质、薄壁、复杂、微小、硬脆或热敏的制件。

2）接头应力分布均匀，避免因焊接热影响区相变、焊接残余应力和变形等对接头的不良影响。

3）可以获得刚度好、重量轻的结构，且表面光滑，外表美观。

4）具有连接、密封、绝缘、防腐、防潮、减振、隔热、衰减消声等多重功能，连接不同金属时，不产生电化学腐蚀。

5）工艺性好，成本低，节约能源。

胶接存在的主要问题是胶接接头的强度不够高，大多数胶粘剂耐热性不高，易老化。

胶接在航空航天工业中是非常重要的连接方法，主要用于铝合金钣金及蜂窝结构的连接。除此以外，在机械制造、汽车制造、建筑装潢、电子工业、轻纺、新材料、医疗、日常生活中，胶接的应用也非常广泛。

2. 胶粘剂

胶粘剂根据其来源不同，有天然胶粘剂和合成胶粘剂两大类。其中天然胶粘剂组成较简单，多为单一组分；合成胶粘剂则较为复杂，是由多种组分配制而成的。目前应用较多的是合成胶粘剂，其主要组分有：①粘料，是起胶合作用的主要组分，主要是一些高分子化合物、有机化合物或无机化合物；②固化剂，其作用是参与化学反应使胶粘剂固化；③增塑剂，用以降低胶粘剂的脆性；④填料，用以改善胶粘剂的使用性能（如强度、耐热性、耐蚀性、导电性等），一般不与其他组分起化学反应。

3. 胶接工艺

（1）**胶接工艺过程** 在正式胶接之前，先要对被粘物表面进行表面处理，以保证胶接质量。然后将准备好的胶粘剂均匀涂敷在被粘表面上，胶粘剂扩散、流变、渗透、合拢后，在一定条件下固化，从而完成胶接过程。

胶接的一般工艺过程为确定部位、表面处理、配胶、涂胶、固化、检验等。

1）确定部位。胶接前需要对胶接的部位有比较清楚的了解，如表面状态、清洁程度、破坏情况、胶接位置等，为实施具体的胶接工艺做好准备。

2）表面处理。表面处理有助于形成足够的粘附力，提高胶接强度和使用寿命。主要解决下列问题：去除被粘表面的氧化物、油污等污物层、吸附的水膜和气体，清洁表面；使表面获得适当的粗糙度等。表面处理的具体方法有表面清理、脱脂去油、除锈、粗化、清洁、干燥、化学处理、保护处理等，依据被粘表面的状态、胶粘剂的品种、强度要求、使用环境等进行选用。

3）配胶。单组分胶粘剂一般可以直接使用，但如果有沉淀或分层，则在使用之前必须搅拌混合均匀。多组分胶粘剂必须在使用前按规定比例调配混合均匀，根据胶粘剂的适用期、环境温度、实际用量来决定每次配制量的大小，随配随用。

4）涂胶。涂胶就是以适当的方法和工具将胶粘剂涂布在被粘表面，涂胶操作正确与否，对胶接质量有很大影响。涂胶方法与胶粘剂的形态有关，可采用刷涂、喷涂、浸涂、注入、滚涂、刮涂等方法，要求涂胶均匀一致，避免空气混入，达到无漏涂、不缺胶、无气泡、不堆积，胶层厚度控制在 0.08~0.15mm 范围。

5）固化。固化是胶粘剂通过溶剂挥发、乳液凝聚的物理作用或缩聚、加聚的化学作用，变为固体并具有一定强度的过程，是获得良好胶粘性能的关键过程。胶层固化应控制温度、时间、压力三个参数。固化温度是固化条件中最为重要的因素，适当提高固化温度可以加速固化过程，并能提高胶接强度和其他性能。加热固化时要求加热均匀，严格控制温度，缓慢冷却。适当的固化压力可以提高胶粘剂的流动性、润湿性、渗透和扩散能力，防止气孔、空洞和分离，使胶层厚度更为均匀。固化时间与温度、压力密切相关，升高温度可以缩短固化时间，降低温度则要适当延长固化时间。

6）检验。对胶接接头的检验方法主要有目测、敲击、溶剂检验、试压、测量、超声波检验、X 射线检验等。

（2）**胶接接头** 胶接接头的受力情况比较复杂，其中最主要的是机械力的作用。作用在胶接接头上的机械力主要有四种类型：剪切、拉伸、剥离和不均匀扯离。在选择胶接接头形式时，应考虑以下原则：

1）尽量使胶层承受剪切力和拉伸力，避免剥离和不均匀扯离。

2）在可能和允许的条件下适当增加胶接面积。

3）采用混合连接方式，如胶接加点焊、铆接、螺栓连接、穿销等，可以取长补短，增加胶接接头的牢固耐久性。

4）注意不同材料的合理配置，如材料线胀系数相差很大的圆管套接时，应将线胀系数小的套在外面，线胀系数大的套在里面，以防止加热引起的热应力造成胶层开裂。

5）接头结构应便于加工、装配、胶接操作和以后的维修。

胶接接头的基本形式是搭接，常见的胶接接头形式如图 4-61 所示。

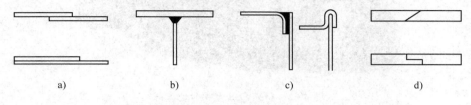

图 4-61 胶接接头形式

4.5 金属材料在产品设计中的应用

金属材料及其成形工艺在产品设计中的应用非常广泛，而最终体现产品价值的不单是材料本身，产品价值体现在材料、成形工艺及色彩等方面，因此在产品设计领域提出了基于 CMF 的产品设计。

CMF 由色彩（Color）、材质（Material）、处理工艺（Finishing）三大要素组成，是指针对产品设计中的色彩、材料和加工工艺进行专业化设计的知识体系和设计方法，是色彩、材质和表面处理工艺三者之间的关系对最终呈现效果的优化，也是一种提升产品视觉品质竞争力的手段。通过对色彩、材料、工艺的整合和优化，使设计对象获得最佳的外观、功能和品质。

4.5.1 金属材料在汽车车身中的应用

伴随我国汽车工业的发展，能源问题日益突出。为了实现节能减排目标，汽车轻量化显得尤为重要。《节能与新能源汽车技术路线图 2.0》预计，到 2035 年，燃油乘用车整车轻量化系数降低 25%，纯电动乘用车整车轻量化系数降低 35%，提出应大力推进高强度钢、铝合金、镁合金、工程塑料、复合材料等在汽车上的应用。

研究表明，汽车燃油消耗与汽车的自身质量成正比，汽车质量每减轻 1%，燃油消耗降低 0.6%~1.0%，燃油消耗的下降也会带来排放的减少。

1. 汽车车身材料的选择

目前汽车车身轻量化的首选材料是铝合金，主要基于以下原因：

1）铝合金重量轻、耐蚀性好、耐磨性好、比强度高及可回收。

2）轻量化对减少碳排放成效明显。相关研究数据显示，在轿车中每使用 1kg 铝，可在其使用寿命期内减少 20kg 的尾气排放量。

3）铝合金车身比钢制车身具有更明显的弹性优势。在碰撞时，能够更好地吸收冲击力，保护车内人员的安全。

铝合金因其轻量化效果明显，日益受到各汽车厂家的重视。国内外各知名车企都在研究采用铝合金汽车车身，部分高端品牌车身铝合金的应用比例已经达到较高水平，如奥迪 A8 白车身铝合金比例达到 65.3%，特斯拉 S 系列铝合金比例达到 97%，这也是目前车身铝合金比例最高的车型。我国自主品牌汽车起步较晚，除蔚来汽车 ES8、ES6 系列产品白车身铝合金比例达到 96.4%外，其他汽车车身铝合金使用才刚刚开始，并仅仅用于一些结构简单的零件。

图 4-62 所示为蔚来 ES8 全铝合金车身。

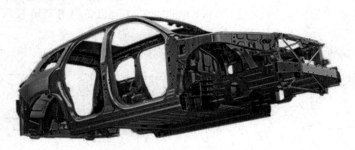

图 4-62　蔚来 ES8 全铝合金车身

2. 汽车车身表面处理工艺

铝合金可以进行多种类型的表面处理，其中包括阳极氧化、电泳涂装、粉末静电喷涂以及金属镀膜等表面处理方式。

其中铝合金阳极氧化并进行电泳涂装是最常用的一种，铝和铝合金的表面在空气中会自动生成一层氧化铝膜，其具有耐磨、耐蚀的作用。自然氧化形成的氧化铝膜非常薄，厚度一般不超过几纳米，通过阳极氧化处理，可以增加氧化膜的厚度，提高铝合金零件的耐磨损、耐腐蚀和耐气候性能。

铝合金阳极氧化膜由于多孔而疏松，并不直接满足防腐要求，而是需要后续进一步处理，常用的方法是电泳涂装。

阳极氧化和电泳涂装工艺流程如图 4-63 所示。

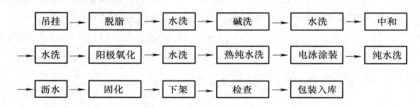

图 4-63　阳极氧化和电泳涂装工艺流程

3. 车身表面色彩选择

汽车购买者通常都会考虑很多因素，如发动机及整车的性能和内饰设计的风格等。选择具体车型时首先看到的是汽车的外观，一般线条和油漆的光泽在很大程度上影响人们对汽车的第一印象。外观颜色是汽车带给消费者的第一种感官刺激，它可以在视觉上改变消费者的感知并激发不同的情感。汽车颜色的选择除了与个人喜好有关外，还与车内温度、销量、保值率以及行车安全等有着密不可分的联系。

（1）车身颜色与安全性　有试验结果证实，黑、绿、蓝、银灰、白五种颜色的汽车中，黑色汽车在清晨及傍晚时段光线不好的情况下，最难被人眼识别，所以黑色汽车的安全性比白色及银灰色汽车差一些，绿色及蓝色汽车的安全性居中间。

统计结果表明，撞车等交通事故的发生与汽车颜色有着一定的联系。黑色汽车最容易发生事故，白天，黑色汽车发生事故的概率比白色汽车高 12%左右，在傍晚和凌晨，这一数字则高达 47%。灰色和银色汽车的危险性仅次于黑色汽车，然后是红色、蓝色和绿色汽车，再次是黄色汽车，而白色汽车最为安全。

各国的校车几乎都是黄色，除了黄色醒目和具有警示的通用性以外，同时也考虑到了汽车的安全性。

（2）车身颜色影响销量　虽然卡尔·弗里德里奇·本茨（Karl Friedrich Benz）发明了汽车，但真正将汽车推向市场面向大众的是亨利·福特（Henry Ford）。福特力推黑色汽车，流水线生产汽车之初受技术所限，当时的汽车油漆发展尚处于初级阶段，喷漆之后需要靠自然晾干，而黑色油漆由于吸热能力更强而干得最快，福特汽车的生产效率得到进一步提高。

相关数据报告显示，目前全球生产的汽车中超过 75% 为白色、黑色、灰色或银色。而在这几种颜色当中，白色依然是全世界最流行的颜色，黑色、银色和灰色分列第二、三、四位。

一般认为，白色汽车比其他颜色的汽车看起来更新、线条更好，同时白色汽车更加耐脏。尤其是汽车发生碰撞和摩擦后，如果深颜色掉漆或出现划痕，视觉上会非常明显，但如果汽车是白色的，若是轻微掉漆看起来不会十分明显。

艾仕得涂料系统（Axalta Coating Systems）发布的 2021 年全球汽车颜色流行报告显示，当今大多数汽车是白色（35%），其次是黑色（19%）和灰色（19%），白色汽车的受欢迎程度在 2017 年达到了 39% 的长期高点。

（3）车身颜色影响车内温度　从色谱上来说，颜色越浅越不易吸热，颜色越深越容易吸热。夏天汽车经历长时间暴晒，车内温度会明显升高。将几辆不同颜色的同一车型放在阳光下暴晒 1h 后，用温度计测量这几辆车头盖位置的温度，结果显示，绿色车身为 60.2℃，纯白色车身温度为 61.7℃，银色车身为 66.7℃，红色车身为 75.6℃，黑色车身最高温度则达到了 88.8℃。其主要原因是白色车身可以反射大部分光线，吸热较少使车内温度较低，而黑色车身吸收大部分光线，车内温度较高。

4.5.2　金属材料在保温杯中的应用

1. 保温杯材料的选择

保温杯的常用材质有塑料、玻璃、陶瓷、不锈钢等，其中 SUS304 不锈钢由于健康、时尚、环保和便于携带等特点，更受消费者的喜爱。

不锈钢保温杯能够长时间保持容器内水和食物的温度，在使用过程中不会产生有害物质和异味，有利于改善人们的生活质量。

随着消费者审美品位的不断变化和产品制造工艺的不断进步，不锈钢保温杯厂家将各种时尚流行元素融入产品的外观设计中，产品款式日趋多样和精美，满足了消费者对时尚的要求。

不锈钢保温杯的使用，能够有效减少一次性塑料容器和纸杯的使用，减少生产塑料容器和纸杯对石油、木材、水等自然资源的消耗；不锈钢保温杯具有强韧性好及易于成形的特点，因此不像陶瓷、玻璃等保温杯容易损坏。

2. 保温杯的表面处理工艺

不同的表面处理工艺，能够让同样的材质凸显不同的视觉效果及触感。

（1）喷丸处理　喷射束将石英砂、金刚砂、铁砂等喷料高速喷射到保温杯表面，使其外表或形状发生变化，可去除保温杯拉深加工后的边缘毛刺，获得表面亚光的效果，打造出产品低调、耐用的特征。

（2）化学处理　化学处理是采用化学或电化学处理使不锈钢表面生成一层稳定化合物方法的统称。电镀、磷酸盐处理、铬酸盐处理、发黑、阳极氧化等使保温杯表面生成一层保护膜，这种方法能够产生复杂的花纹效果，满足复古或现代设计的需求。

（3）镜面处理　可以对保温杯表面进行物理或化学抛光，也可以在保温杯表面进行局部抛光，得到的镜面效果给人以高档简约、时尚未来的感觉。

（4）表面着色　表面着色不仅能赋予保温杯各种颜色，增加其花色品种，而且可以提高保温杯的耐磨性和耐蚀性。

（5）表面拉丝处理 拉丝是不锈钢产品表面处理常用的一种方法，可根据装饰需要制成直纹、乱纹、螺纹、波纹和旋纹等。保温杯表面拉丝给人超好的手感、细腻的光泽、耐磨的表面以及个性的纹理效果。

（6）喷涂 根据材料的不同，有些喷涂可能会破坏不锈钢表面的氧化层，但喷涂可以用简单的工艺打造不同的色彩，也可以运用不同的喷涂来改变不锈钢的手感。

通过表面处理可以提升产品外观、质感、功能等多个方面的性能，增强产品的耐磨性、耐蚀性，延长使用寿命。设计师通过合理、准确的表面处理工艺，可以将材料加工出不同的图案、色彩、肌理，使产品整体更光亮、平滑、精致，富有艺术感染力。

3. 保温杯的色彩分析

不锈钢保温杯外观色彩不同会展示不同的产品特性，选用纯色设计让色彩和性格表达更加纯粹；朱红色活力四射、热情奔放，让勇敢无畏的性格更有力量；芥绿色清新淡雅、充满希望，让大自然的味道更加浓郁；莓粉色浪漫甜蜜、充满幻想，让爱情变得更加温馨美妙；雀蓝色浩瀚无边、充满未知，让未来的路程充满乐趣。

图 4-64 所示为常见的不锈钢保温杯。

图 4-64 常见的不锈钢保温杯

4.5.3 金属材料在门拉手中的应用

1. 门拉手材质的选择

芬兰建筑设计师尤哈尼·帕拉斯玛（Juhani Pallasmaa）将门拉手比作"与房屋的握手"，其结合了功能性与装饰性，并且在室内及家具的设计过程中起着画龙点睛的作用，消费者对其材质与工艺的需求也逐渐加强。钛合金作为门拉手用料，具有较高的防腐性和稳定性，经过长时间多次接触也不会改变其性质，不容易使皮肤产生过敏反应，是"亲生物金属"。当采用表面阳极氧化及着色处理工艺技术后，可以提高门拉手的外观品质，满足高端消费人群的需求。

从性能、成本和加工工艺等方面考虑，门拉手一般选择 Ti-48Al-2Cr-2Nb 钛合金。该合金成本相对较低，且熔化时的流动性好，可以铸造出复杂的造型。

高档门拉手需要的材料使用性能主要是抗拉强度、耐磨损性和耐蚀性等，Ti-48Al-2Cr-2Nb 钛合金综合性能均优于铜镍锌合金，其硬度更是比铜镍锌合金高出四倍以上。金属钛具有强烈的钝化倾向，在空气中能迅速生成一层氧化物保护膜，即使膜遭受到了某些因素的破坏，也能迅速自动恢复，因此钛合金的耐蚀性在各种条件下均优于不锈钢。由此可见，Ti-48Al-2Cr-2Nb 钛合金符合高档门拉手的选材要求。

2. 门拉手表面处理

钛合金在空气中能自然形成一层 TiO_2 氧化膜，该层氧化膜可有效保护钛基体在中性和弱酸性溶液中不被进一步腐蚀，从而对基体材料起到一定的防护作用。但是在应用环境较苛刻的条件下，在空气中自然形成的氧化膜就不足以真正保护钛及其合金基体，而且钛合金本身是一种黏性材料，耐磨性相对较差。

为了增加钛合金氧化膜的厚度，通常采用阳极氧化工艺。阳极氧化膜不仅具有良好的力学性能和耐蚀性，同时阳极氧化膜层由于其多孔的特点，还具有较强的吸附性能，易于进行着色处理，可满足多种着色需求，因此被称为是一种万能的表面保护膜。

钛合金的阳极氧化膜具有比钛基体更高的硬度、强度，更好的耐蚀性及耐磨性，可呈现各种颜色，是理想的保护层和装饰层。

钛合金经过表面处理后，具有特殊的颜色和光泽，颜色的差异会给人们带来不同的视觉和心情感受。虽然金属材料的固有色比较单一，但是新型加工工艺会使其人为色彩展现出多种可能。

图 4-65 所示为钛合金阳极氧化工艺流程。

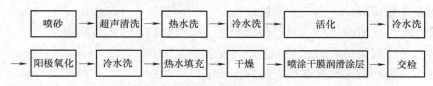

图 4-65　钛合金阳极氧化工艺流程

钛合金采用脉冲阳极氧化的方式，可以从硫酸、磷酸混合溶液中获得致密、厚度均匀的阳极氧化膜；工艺参数包括温度、电流密度、占空比、时间等影响阳极氧化膜厚度和硬度的因素；获得的脉冲阳极氧化膜均匀、致密，耐蚀性良好。

3. 门拉手色彩

阳极氧化是一项比较成熟的工艺技术，其特点是着色简单、色调丰富、颜色容易控制、成本相对较低，具有广阔的发展前景。钛合金产品经过阳极氧化后可呈现不同颜色，主要原因是在处理过程中其表面产生了氧化钛薄膜，透明薄膜主要由金红石与锐钛型 TiO_2 混合晶体组成，这种成分显著提高了钛合金表层的耐磨性；同时薄膜和钛合金金属界面反射的光线之间产生干涉，干涉后形成的颜色随着氧化钛膜的厚度而变化，随着膜层厚度的增加，色彩依次可以呈现灰色、紫红色、蓝色、黄色、绿色等。

经过阳极氧化处理后的钛合金产品色调独特、强度高、耐大气腐蚀性良好、耐磨性极佳，相比于其他彩色金属和有机涂料更具优势。采用这种材料和表面处理工艺的产品能在色彩方面给予消费者更多的选择，符合产品的高端化趋势。

图 4-66 所示为钛合金阳极氧化处理后的部分产品。

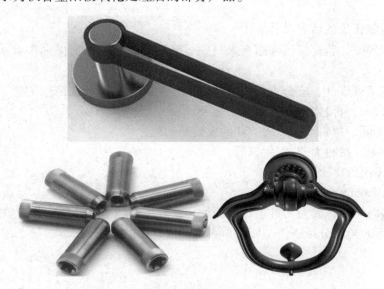

图 4-66　钛合金阳极氧化处理后的部分产品

复习思考题

4-1 分析液态合金的充型能力与铸件质量的关系。

4-2 铸件的缩孔与缩松是如何产生的？对铸件质量有何影响？如何从结构设计避免？

4-3 比较手工造型和机器造型的异同。

4-4 铸件上为什么要设起模斜度或结构斜度？应该如何设计？

4-5 简述砂型铸造工艺过程。

4-6 下列铸件宜选用哪类铸造合金？说明理由。

坦克车履带板　　　　　内燃机曲轴　　　　火车轮　　　车床床身
摩托车发动机缸体　　　减速器蜗轮　　　　气缸套　　　海边雕塑

4-7 什么是熔模铸造？试述其工艺过程及应用范围。

4-8 什么是离心铸造？它在哪类铸件生产中具有优越性？

4-9 铸钢与球墨铸铁相比，力学性能和铸造性能有哪些不同？简述各自的应用范围。

4-10 什么是金属塑性变形的最小阻力定律？在模具设计中如何应用？

4-11 简述模锻前要将金属加热的理由。

4-12 比较模锻与自由锻的异同。

4-13 板料冲压有哪些特点？主要冲压工序有哪些？

4-14 常用板料冲压模具有哪几种？各自的特点是什么？

4-15 简述图4-67所示08钢圆筒形拉深件的成形工艺过程，并画出工序简图。

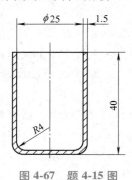

图4-67　题4-15图

4-16 分析氩弧焊的特点及其应用。

4-17 电弧焊时，若焊接区暴露在大气中，会有什么结果？为保证焊缝质量采取的主要措施是什么？

4-18 制造下列焊件，应分别采用哪种焊接方法？应采取哪些工艺措施？

1）壁厚50mm，材料为Q345的压力容器。

2）壁厚20mm，材料为ZG270-500的大型柴油机缸体。

3）壁厚1mm，材料为20钢的容器。

4）采用低碳钢的厂房屋架。

5）对接ϕ30mm的45钢轴。

4-19 胶接时为什么要对工件进行表面处理？胶接过程中有哪些重要参数需要控制？

4-20 从CMF角度分析一例金属材料在产品设计中的应用。

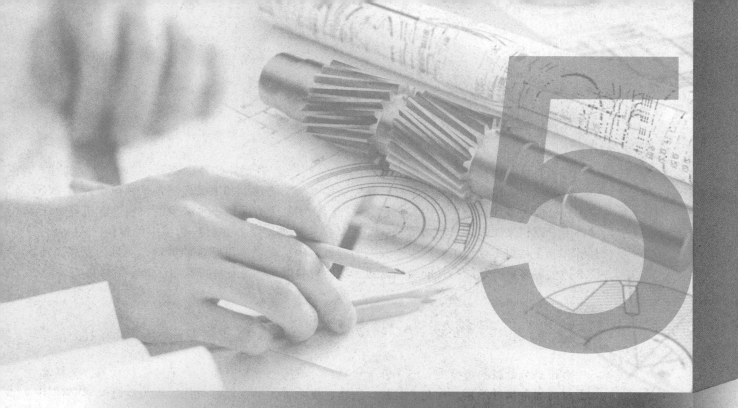

第 5 章

有机高分子材料及其成形

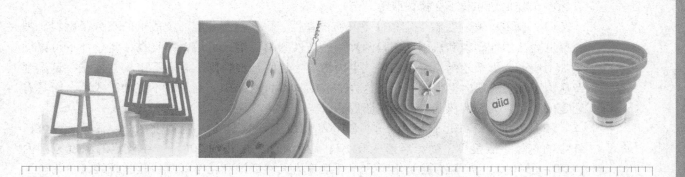

有机高分子材料是以有机高分子化合物（树脂）为基体，再配有其他添加剂（助剂）所构成的材料。目前有机高分子材料在尖端技术、国防建设和国民经济各个领域得到了广泛应用，已成为现代社会生活中衣、食、住、行、用各个方面所不可缺少的材料。有机高分子材料由于原料来源丰富、制造方便、品种繁多、用途广泛，在材料领域中的地位日益突出。有机高分子材料不仅为工农业生产及人们的日常生活提供不可缺少的材料，而且为发展高新技术提供更多更有效的高性能结构材料、功能材料以及满足各种特殊用途的专用材料。

5.1 有机高分子材料概述

有机高分子材料可分为天然高分子材料、合成高分子材料及高分子复合材料等。天然高分子材料通常指纤维素、棉花、淀粉、蚕丝、皮毛等，早在远古时代，人类就已经学会使用这些天然高分子材料。合成高分子材料则包括塑料、橡胶、化纤、涂料和胶粘剂等，通常所指的有机高分子材料指的是合成高分子材料。高分子复合材料，从狭义上来说是指高分子与另外不同组成、不同形状、不同性质的物质复合而成的多相材料，大致可分为结构复合材料和功能复合材料两种。

有机高分子材料与工业产品设计有着密切关系，材料选用合适，可以获得高性价比的产品，取得事半功倍的效果。由于有机高分子材料的品种繁多，在性能上各有所长，因而必须通过适当的选择来满足各种不同的设计要求。对于比较精密的机械零部件，可选择 POM（聚甲醛）、PI（聚酰亚胺）等具有优良力学性能、刚性、自润滑性和耐磨性的工程塑料；如所设计的零部件是用于化工设备，则可选用聚四氟乙烯、氯化聚醚等耐蚀性极好的材料；而对于要求强度高，刚性、耐冲击性、耐振性好以及外观优美的汽车保险杠，则应选用 PP（聚丙烯）、EPDM（三元乙丙橡胶，乙烯、丙烯和非共轭二烯烃的三元共聚物）、PC（聚碳酸酯）、PBT（聚对苯二甲酸丁二醇酯）等具有高刚性、高耐冲击性、可焊接性以及表面光泽的材料。

5.1.1 有机高分子材料的类别

有机高分子材料种类繁多，根据不同的分类原则可将其分为不同的类别。

1. 按聚合物的性能和用途分类

根据聚合物的性能和用途，可将有机高分子材料分为塑料、纤维、橡胶三大类，此外还有涂料、胶粘剂和粒子交换树脂等。

（1）塑料　塑料是在一定条件下具有流动性、可塑性，并能加工成形的高分子材料。塑料又分为热塑性塑料和热固性塑料两种。热塑性塑料可溶、可熔，并且在一定条件下可以反复加工成形，如聚乙烯、聚氯乙烯、聚丙烯等；热固性塑料则不溶、不熔，并且在一定温度及压力下加工成形时会发生变化，这样形成的材料再次受压、受热时不能加工成形，而具有固定的形状，如酚醛树脂、脲醛树脂等。

（2）纤维　纤维是长度大于直径 1000 倍以上而又具有一定强度的丝状高分子材料。纤维的直径一般很小，受力后形变较小（一般为百分之几到 20%），在较宽的温度范围内（-50～+150℃）力学性能变化不大。纤维分为天然纤维和化学纤维。化学纤维又分为改性纤维素纤维（人造纤维，如黏胶纤维）与合成纤维。改性纤维素纤维是将天然纤维经化学处理后再纺丝而得到的纤维。例如，将天然纤维用碱和二硫化碳处理后，在酸液中纺丝就得到人造丝（即黏胶纤维）。合成纤维是将单体经聚合反应而得到的树脂经纺丝而成的纤维。重要的纤维品种有聚酯纤维（又称涤纶）、聚酰胺纤维（如尼龙-66）、聚丙烯腈纤维（又称腈纶）、聚丙烯纤维（丙纶）和聚乙烯纤维（氯纶）等。

（3）橡胶　橡胶是在室温下具有高弹性的高分子材料。在外力作用下，橡胶能产生很大的形变（可达 1000%），外力除去后又能迅速恢复原状。重要的橡胶品种有聚丁二烯（顺丁橡胶）、聚异戊二烯（异戊橡胶）、氯丁橡胶、丁基橡胶等。

塑料、纤维和橡胶三大类聚合物之间并没有严格的界限。有的高分子可以作纤维使用，也可以作塑料使用，如聚氯乙烯既是典型的塑料，又可做成纤维即氯纶；若将氯乙烯配入适量增塑剂，可制成类似橡胶的软制品。又如尼龙既可以用作纤维又可用作工程塑料；橡胶在较低温度下也可作塑料使用。

（4）木材　木材是指树干的加工产品。它是一种天然有机高分子材料，有优良的性能，主要包括重量轻、强度较高、易于加工、导热性低、电绝缘性能好（干科）、共振性优良、有一定的弹性和可塑性，具有天然的美丽纹理、光泽和颜色，可以胶接、榫接等。木材是工业上用途广泛、消耗量很大的一种工程材料，广泛应用于机械制造、铁路、建筑、化学纤维以及其他工农业领域等。

2. 按聚合物的热行为分类

（1）热塑性高分子材料　热塑性高分子材料成形后分子呈线型结构，在一定温度、压力下可塑成一定形状并在常温下保持其形状，而且还可在特定的温度范围内反复加热软化、冷却固化，加工成形方便，有利于制品再生。因此，热塑性高分子材料用途广、产量大（占所有高分子材料的 80% 以上）。常见的热塑性高分子材料有聚乙烯、聚丙烯等。

（2）热固性高分子材料　热固性高分子材料成形后变成网状的体型结构，不熔、不溶，受热后只能分解，不能软化，不能回复到可塑状态。常见的热固性高分子材料有酚醛树脂、环氧树脂等。

5.1.2 有机高分子材料的性能

有机高分子材料具有良好的高弹性、耐磨性、化学稳定性等，这些性能也是高分子材料能够得到广泛应用的重要原因。

1. 有机高分子材料的力学性能

（1）高弹性　轻度交联的高聚物具有典型的高弹性，即变形大、弹性模量小，而且弹性模量随温度升高而增大。橡胶是典型的高弹性材料。

（2）黏弹性　高聚物的黏弹性是指高聚物材料既具有弹性材料的一般特性，又具有黏性流体的一些特性，即受力同时发生高弹性变形和黏性流动，主要表现为蠕变和应力松弛、滞后和内耗等现象。

1）蠕变和应力松弛。在恒定温度和应力作用下，应变随时间延长而增加的现象称为蠕变。应力松弛是在应变恒定的情况下，应力随时间延长而衰减的现象。在外力的作用下，高聚物大分子链由原来的卷曲态变为较伸直形态，从而产生蠕变；随着时间的延长，大分子链构象逐步调整，趋向于比较稳定的卷曲状态，从而产生应力松弛。

2）滞后和内耗。滞后是指在交变应力作用下，变形速度跟不上应力变化的现象。在克服内摩擦时，一部分机械能被损耗，转化为热能，即内耗。滞后越严重，内耗越大。内耗大对减振和吸声有利，但内耗会引起发热，导致高聚物老化。

（3）低强度　高聚物的强度很低，如塑料的拉伸强度一般低于100MPa，比金属材料低很多。但高聚物的密度很小，只有钢的1/8~1/4，所以其比强度比一些金属高。

（4）断裂　高聚物材料由于内部结构不均一，含有许多微裂纹，易造成应力集中，使裂纹容易在力的作用下扩展。在小应力下即可断裂，称为环境应力断裂。

（5）韧性　高聚物的韧性用冲击韧度表示。各类高聚物的冲击韧度相差很大，脆性高聚物的冲击韧度值一般都小于$0.2J/cm^2$，韧性高聚物的冲击韧度值一般都大于$0.9J/cm^2$。

（6）耐磨性　高聚物的硬度低，但耐磨性高。例如，塑料的摩擦因数小，有些还具有自润滑性，在无润滑和少润滑的摩擦条件下，它们的耐磨、减摩性能要比金属材料高很多。

2. 有机高分子材料的电学和物理化学性能

（1）电学性能　高聚物内原子间以共价键相连，没有自由电子和离子，因此介电常数小、介电损耗低，具有高的绝缘性。

（2）热性能　高聚物在受热过程中，大分子链和链段容易产生运动，因此其耐热性较差。由于高聚物内部无自由电子，因此具有低的导热性能。

（3）化学稳定性　高聚物不发生电化学反应，也不易与其他物质发生化学反应，所以大多数高聚物具有较高的化学稳定性，对酸、碱液具有优良的耐蚀性。

5.1.3　有机高分子材料的成形加工

塑料、橡胶和纤维是三大有机高分子合成材料，木材是最常用的天然高分子材料。目前用原料树脂制成种类繁多、用途各异的各类产品，已形成规模庞大、先进的加工工业体系，而且三大合成材料和木材各具特点，又形成各自的加工体系。下面分别对四种材料的成形加工做简要介绍。

1. 塑料的成形加工

塑料成形加工一般包括原料的配制和准备、成形及制品后加工等几个过程。在大多数情况下成形是通过加热使塑料处于黏流态的条件下，经过流动、成形和冷却硬化，将塑料制成各种形状产品的方法。塑料成形的方法很多，包括挤出成形、注射成形、模压成形、压延成形、铸塑成形、模压烧结成形、传递模塑、发泡成形等。制品后加工则是指对成形后的制件进行车、铣、钻等加工，用来完成成形过程中不能完成或完成得不够准确的工作。

2. 橡胶的成形加工

橡胶的加工分为两大类：一类是干胶制品的加工生产，另一类是胶乳制品的生产。干胶制品的原料是固态的弹性体，其生产过程包括塑炼、混炼、成形、硫化四个步骤；胶乳制品则是以胶乳为原料进行加工生产，其生产工艺大致与塑料糊的成形相似。但胶乳一般要加入各种添加剂，先经半硫化制成硫化胶乳，然后再用浸渍、压出或注模等方法获得半成品，最后进行硫化形成制品。

3. 纤维的成形加工

纤维的成形加工主要采用纺丝法，而纺丝又分为熔融纺丝和溶液纺丝两大类。凡能加热熔融或转变为黏流态而不发生显著分解的成纤聚合物，均可采用熔融纺丝法进行纺丝。溶液纺丝是指将聚合物制成溶液，经过喷丝板或帽挤出形成纺丝液细流，然后该细流经凝固浴凝固形成丝条的纺丝方式。按凝固浴不同又分为湿法纺丝和干法纺丝。

4. 木材的成形加工

木材在由制材品到制成品的过程中，常需要经过多种加工工艺，其中包括锯削、刨削、尺寸度量和划线、凿削、砍削、钻削、拼接以及装配和成形后的表面修饰等。

5.2 | 塑料及其成形工艺

5.2.1　塑料概述

自从 1868 年塑料问世以来，塑料的发展迅猛，现在塑料的品种越来越丰富，从原来利用天然纤维素添加樟脑作增塑剂制成的赛璐珞塑料，到今天研制而成的工程塑料、通用塑料以及增强塑料等，塑料走入了人们生活、生产和工作的各个方面。无论是家电外壳、办公用品、衣物纽扣、家具拉手、数码产品，还是机床、灯罩、汽车仪表盘等，都可以由各种塑料加工而成，塑料已成为当今产品中利用率最高的材料。

1. 塑料的组成

塑料是以合成树脂为主要原料，适量加入填充剂、增塑剂、润滑剂、稳定剂、固化剂、着色剂等添加剂，在一定温度和压力下成形的一种高分子材料。

（1）合成树脂　人工合成的高分子聚合物是塑料的基本原料，起胶粘作用，能将其他组分胶结成一个整体，决定塑料的类型和基本性质。

（2）填充剂　为了改善塑料的某些性质（如提高塑料制品的硬度、强度、耐热性以及降低成本等）而加入的一些材料。常见的填充剂有木粉、铝粉、滑石粉、硅藻土、云母、石棉、二硫化钼、玻璃纤维等。例如，石棉可增加塑料的耐热性，云母可提高塑料的电绝缘性能，石墨、二硫化钼可改善塑料的耐磨性能等。此外，填充剂通常都比合成树脂便宜，还能降低塑料成本。

（3）增塑剂　增塑剂通常是具有黏性的液体，往往与合成树脂具有较好的相容性。增塑剂可改善塑料的塑性、柔韧性、弹性等，降低其刚性和脆性，增加流动性，使塑料易于成形加工。常用的增塑剂是液态或低熔点固体的有机化合物。

（4）润滑剂　为提高塑料在加工成形中的流动性和便于脱模，防止塑料在成形过程中粘在模具上所加入的添加剂。润滑剂还可以改善塑料制品的表面质量，使塑料制品表面美观光亮。常用的润滑剂有硬脂酸及其盐类，用量较少。

（5）稳定剂　添加稳定剂主要是防止塑料在加工使用过程中，因受热、氧气和紫外线作用而变质、分解，从而延长塑料的使用寿命。常用的稳定剂有热稳定剂、抗氧剂、光屏蔽剂、紫外线吸收剂等。

（6）固化剂　又称硬化剂或熟化剂，与树脂起化学作用，形成不溶不熔的体型结构，从而使树脂具有热固性。固化剂种类很多，不同品种的树脂应采用不同品种的固化剂。

（7）着色剂　其主要作用是为了使塑料制品具有色彩和光泽。着色剂可分为有机颜料和无机颜料，一般要求着色剂性质稳定、不易变色、着色力强、色泽鲜艳、耐温、耐光等，且与树脂有很好的相容性。

（8）其他添加剂　为了改善塑料的加工和使用性能，往往根据实际需要加入其他成分。例如，为了防止塑料燃烧，需要添加阻燃剂；为了防止塑料制品因摩擦产生静电，可添加抗静电剂；为了使塑料具有荧光效果，可添加荧光剂；为了使塑料形成均匀泡孔结构，制成泡沫塑料，需添加发泡剂。

2. 塑料的类别及其特性

塑料的品种繁多，性质和用途也各不相同，一般按照热行为和应用对其进行分类。

（1）按照塑料的热行为分类

1）热塑性塑料。指在特定温度范围内能反复加热软化和冷却硬化，其性能也不发生显著改变的塑料。热塑性塑料具有可塑性、加工成形简便灵活以及力学性能较好等优点，但耐热性和刚性较差。常见的热塑性塑料有聚乙烯、聚丙烯、聚氯乙烯、ABS、聚酰胺等。

2）热固性塑料。指因受热或者其他条件（固化剂、紫外线等）下能固化的塑料。其特点是固化后不再具有可塑性，刚度大，硬度高，尺寸稳定，具有较高的耐热性。常见的热固性塑料有酚醛树脂、环氧树脂、氨基树脂、有机硅塑料等。

（2）按照塑料的应用分类

1）通用塑料。指产量大、用途广、成形性好、价格低廉的塑料。常见的通用塑料有：聚乙烯、聚丙烯、聚氯乙烯、聚苯乙烯、酚醛树脂和氨基树脂等。

2）工程塑料。指具有良好的力学性能和尺寸稳定性，可用作工程材料或结构材料的塑料。其特点是密度小、比强度高、稳定性高、电绝缘性好、耐磨具有自润滑性、耐热和力学性能优良。常见的工程塑料有聚酰胺、聚碳酸酯、ABS、聚甲醛、聚苯醚等。

3）特种塑料。又称为功能塑料，是指具有特种功能，能满足特殊使用要求（如航空、航天、医疗等特殊领域）的塑料，其特点是耐高温、具有自润滑性、强度高和缓冲性好。常见的特种塑料有氟塑料、医用塑料、导电塑料等。

4）增强塑料。由树脂和增强材料（如玻璃纤维、碳纤维、石棉纤维等）结合而成，用来提高塑料强度和刚度的复合材料。其特点是质地轻、坚硬和耐蚀，可用作电绝缘材料、装饰材料以及制造机器零件和汽车、船只、电子产品的外壳。常见的增强塑料有玻璃钢、碳纤维增强塑料、石棉纤维增强塑料、硼纤维增强塑料等。

3. 塑料的优点

塑料之所以发展迅速，应用广泛，是因为同其他材料相比具有以下优点：

（1）易成形、成本低　跟传统材料相比，塑料可塑性大，加工工艺性好，极易成形。在产品设计中，无论其设计的形态多么复杂，细节多么烦琐，基本上都可以在注射机上实现一次成形，且批量生产的数量越大，单件成本越低。另外，在成形加工中，通过对工艺过程中废料的回收利用，几乎可实现100%的利用率，因而降低了加工成形的成本。

（2）强度高、重量轻　玻璃纤维增强塑料的拉伸强度可达170~400MPa，广泛用于汽车外壳、船体甚至航天飞机上。塑料的密度比天然材料低得多（除某些木材，如轻木外），只有铝材密度的一半左右，仅是钢材密度的1/8~1/4，这也是塑料被大量应用的原因之一。

（3）耐蚀性好　塑料具有耐酸碱腐蚀的能力，保护其他材料用的大多数漆料主要就是由塑料（树脂）制成的。其中，聚四氟乙烯塑料的耐化学腐蚀能力甚至比铂要好，因此，在有酸碱的工作环境里，应尽量选择塑料制品。

（4）着色性强　几乎所有的塑料制品都可实现整体着色，工程塑料还可以注塑出各种形式的纹理，这样不仅可以降低生产成本，而且可以使制品表面呈现各种颜色，或者可仿制出其他材料的质地美，从而提高产品的美观性。

（5）绝缘性强　几乎所有的塑料都具有优异的电绝缘性，其性能可与陶瓷媲美，因此电器类产品中的绝缘层（如插座、插头、电线等）以及电器壳体等都由塑料制成。

（6）耐磨性高　大多数塑料均具有良好的减摩、耐磨和自润滑特性，可以在无润滑条件下工作。产品中的许多耐磨零件就是利用工程塑料的这些特性制作而成的。

（7）减振消声　某些塑料柔韧而富有弹性，可以很好地消减外部冲击和振动，不仅延长了产品的整体寿命，而且还可保护产品在运输中免受损坏。用工程塑料制作轴承和齿轮可减小噪声。

（8）透光保温　多数塑料具有透明或半透明性质，富有光泽，如聚氯乙烯、聚乙烯和聚丙烯等具有良好的透光和保温性能,大量用于农用薄膜。有机玻璃塑料因韧性和透光性好,常用在飞机的视窗上。

4. 塑料的缺陷

塑料与金属及其他工业材料相比存在以下缺陷:

(1)耐热性差　塑料的耐热性较差,一般塑料仅能在100℃以下使用,少数可在200℃左右使用,在300℃左右就开始变形。有些塑料在燃烧时还会释放出有毒气体,对环境的污染很大,从而使塑料的用途受到限制。

(2)易变形　塑料的热膨胀系数大,温度变化时尺寸的稳定性差,成形收缩较大,即使在常温负荷下也容易变形;在载荷作用下,塑料会产生蠕变现象;有些塑料易溶于溶剂,因而会发生尺寸变化。

(3)易产生静电　塑料制品有摩擦带电现象,容易吸附尘埃,特别是在干燥的秋冬季节。

(4)易老化　塑料在大气、光、热、辐射、溶剂和微生物等环境下易老化,导致塑料的色泽改变、化学结构遭到破坏、力学性能下降、变得脆硬或者黏软等,严重影响塑料的使用。

随着塑料工业的发展以及研究的不断深入,塑料的缺陷正被逐渐克服,各种性能优异的新型塑料和塑料复合材料正不断涌现,从而扩大了塑料在各个领域的应用范围。

5.2.2　塑料的主要成形方法

塑料成形是塑料制品生产的关键环节。其主要的成形方法有以下几种:

1. 注射成形

注射成形又称为注塑成形,是将粒状塑料原料先在加热料筒中均匀塑化,然后由柱塞或移动螺杆将黏流态塑料用较高的压力和速度注入模具中,冷却硬化而成所需制品的成形方法。注射成形过程一般有预塑、注射、冷却定形三个阶段,如图5-1所示。

(1)预塑阶段　注射机的螺杆5旋转,将加料斗6中落下的塑料沿螺旋槽向前方输送,在注射料筒4中加热,塑料在高温和剪切力的作用下均匀塑化,如图5-1a所示。

(2)注射阶段　合模机构将模具闭合后,注射料筒4中经过加热达到良好塑化状态的塑料流体,由注射液压缸7推动螺杆5,经过喷嘴2将熔融的塑料压入模具1的型腔中使之成形,如图5-1b所示。

(3)冷却定形阶段　塑料充满型腔后,需要保压一定时间,使塑件在型腔中得到冷却、硬化和定形,如图5-1c所示。

注射成形是最重要的成形方法之一,几乎适用于所有的热塑性塑料及某些热固性塑料,与产品设计的关系最为紧密。日常生活中常用的盆、桶、药盒、电子产品外壳等塑料制品,都采用该成形方法生产。

注射成形法的优点是产品性能高,成形周期短;适应性强,生产效率高,能一次成形外形复杂、尺寸精确以及带嵌件的制品,而且可实现自动化生产;原材料损耗小,操作方便,成形的同时容易着色。但该方法也有不足之处,要有专用注射机以及制作专用的模具,其工艺复杂、周期长。因此小批量生产时经济性较差,一般注射成形的最低批量为5万件左右。图5-2所示为螺杆式注射装置。

2. 挤出成形

挤出成形是在挤出机中通过加热、加压而使物料以流动状态连续通过挤出模成形的方法,主要适用于热塑性塑料的成形,也适合一部分流动性较好的热固性塑料和增强塑料的成

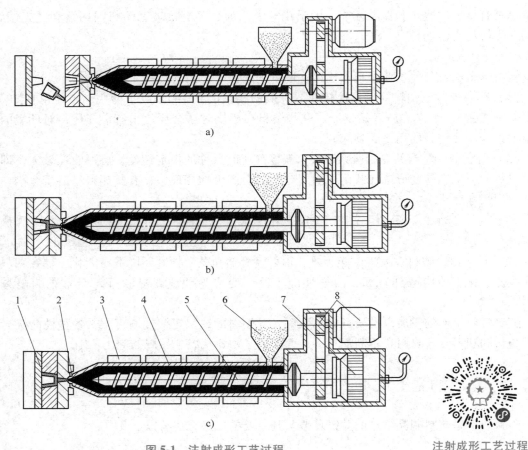

图 5-1　注射成形工艺过程

a）预塑　b）注射　c）冷却定形

1—模具　2—喷嘴　3—加热器　4—注射料筒　5—螺杆　6—加料斗
7—注射液压缸　8—电动机及传动系统

注射成形工艺过程

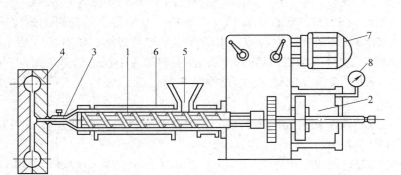

图 5-2　螺杆式注射装置

1—塑化+注射螺杆　2—注射液压缸　3—注射头　4—注压模具　5—喂料口　6—加热套　7—电动机　8—压力表

形。挤出成形主要用于生产连续的型材制品，如管、棒、丝、板、薄膜、电线电缆等。图 5-3
所示为挤出成形原理图。

挤出成形法的优点是生产效率高；操作流程简单，容易控制，便于连续自动化生产；设
备成本低，占地面积小，生产环境整洁；产品质量稳定；可一机多用，进行综合性生产。

3. 压制成形

压制成形是热固性塑料成形方法的一种，是塑料加工工艺中最古老的成形方法，又分为
模压成形和层压成形两种。

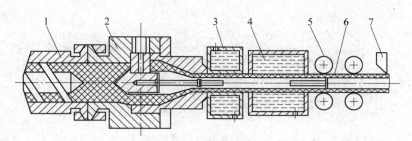

图 5-3　挤出成形原理图

1—挤出料筒　2—机头　3—定径装置　4—冷却装置　5—牵引装置　6—塑料管　7—切割装置

　　(1) 模压成形　又称压塑成形，是将热固性树脂置于开放的模腔中，然后闭模加热加压，直至材料硬化为止的工艺方法。模压塑料的特点是质地致密、尺寸精确、外表平整光洁，但成形效率较低，主要用于加工电器开关、插座、餐具、厨具等形状和结构比较简单的日用品。

　　(2) 层压成形　将玻璃纤维或其他纤维薄片填料布，用热固性液态树脂浸渍，然后在高温和高压下使其固化而成。层压塑料的特点是强度高、表面平整光洁、生产效率高、用途广，常用于加工增强塑料板材、管材、棒材和胶合板等。

4. 吹塑成形

　　吹塑成形是将挤塑机挤出的熔融热塑性树脂坯料置于模具中，然后向坯料内吹入空气，在空气压力作用下熔融坯料与模具贴合，冷却后开模取出，形成定形产品的方法。该方法主要用于生产中空薄壁产品，如包装容器、塑料瓶、喷壶、农药罐、水桶等。优良的中空吹塑材料有聚乙烯、聚氯乙烯、聚丙烯、聚苯乙烯、聚酰胺、聚碳酸酯、醋酸纤维素和聚缩醛树脂等，其中以聚乙烯应用最多。图 5-4 所示为吹塑成形过程。

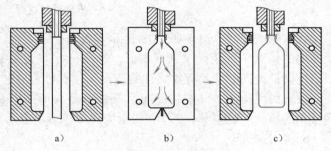

图 5-4　吹塑成形过程

a) 熔融管成形　b) 夹紧后送入空气　c) 打开模具取出成形品

　　吹塑成形法的特点是材料成本较低，设备、模具简单，可生产大型制品。其缺点是不易保证制品厚度的均匀，无法制造形状复杂的制品，但采取一定的辅助措施后也可以生产一些形状复杂的中空产品，如把手与桶体整体成形的产品以及具有"合页"结构的双重壁面结构的箱体等。

5. 压注成形

　　压注成形又称传递成形，是热固性塑料的主要成形方法之一。将塑料粒子装入模具的加料室内，在加热、加压下熔融塑料通过模具加料室底部的浇注系统充满型腔，然后固化成形。压注成形法的特点是兼具模压成形和注射成形的优点，产品尺寸精确，生产周期短，适合形状复杂和带嵌件的产品。常用的原料有酚醛塑料、氨基塑料、环氧塑料等。图 5-5 所示为压注成形原理图。

6. 发泡成形

　　发泡成形是将预发泡的塑料粒子填入金属模具中，使用蒸汽加热而成形的方法。目前广泛应用的是聚乙烯、聚苯乙烯和聚氨酯等热塑性树脂泡沫塑料，主要用于生产消失模铸造白模、周转箱、包装箱中的减振材料、家具用夹心材料以及建筑用隔热保温材料等。图 5-6 所示为发泡成形过程示意图。

7. 铸塑成形

　　铸塑成形又称浇铸成形，是将加有固化剂和其他添加剂的液态树脂混合物注入成形模具

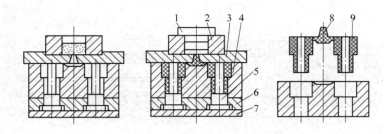

图 5-5 压注成形原理图

1—柱塞 2—加料室 3—上模座 4—凹模 5—凸模

6—凸模固定板 7—下模座 8—浇注系统 9—制品

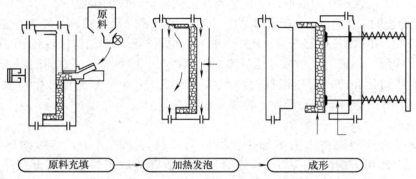

图 5-6 发泡成形过程示意图

中，在常温或加热条件下使其固化而成为制品的方法。铸塑成形法的优点是工艺简单，成本低，制品尺寸不受限制，适用于流动性大同时又具有收缩性的塑料，如有机玻璃、尼龙、聚酰胺、酚醛树脂、环氧树脂等。其缺点是成形周期长，制品尺寸的精确性较差等。图 5-7 所示为铸塑成形示意图。

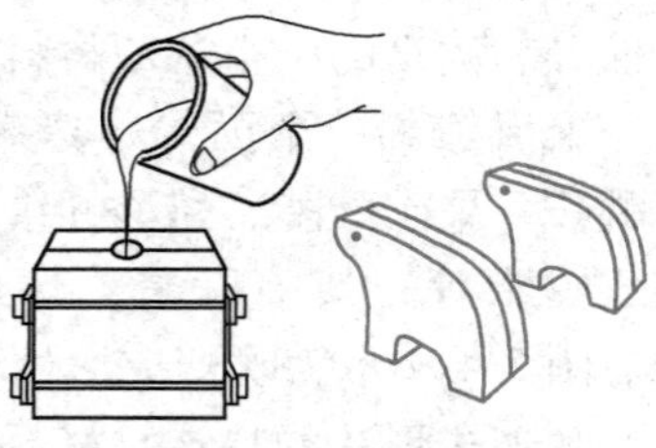

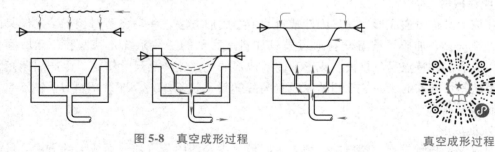

图 5-7 铸塑成形

8. 真空成形

将热塑性塑料片置于模具中加热，然后将模具型腔抽取真空，借助负压将软化的塑料片吸入模内并使之紧贴模具，冷却后得到所需制品的成形方法。该方法主要用于成形杯、盘、箱壳、盒、罩、盖等薄壁敞口制品。其特点是对模具材料盒加工要求较低，缺点是制品厚度不太均匀，无法制造形状复杂的产品。图 5-8 所示为真空成形过程。

图 5-8 真空成形过程

真空成形过程

5.2.3 塑料制品的加工

塑料制品的生产由成形、机械加工、修饰和装配四个过程所组成。通常所指的塑料制品的加工是指塑料制品成形后的二次加工。

1. 塑料的机械加工

塑料的机械加工与金属材料的切削加工大致相同，一般包括锯切、钻孔、车销、铣削、攻螺纹、铰孔、滚花等。但在切削加工时，应充分考虑塑料与金属的性能差异，如塑料的散热性差、热膨胀系数大、弹性大，加工时易变形、软化、分层、开裂和崩落等，因此，要采用前、后角较大的锋利刀具，较小的进给量和较高的切削速度，正确地装夹和支承工件，减小切削力引起的工件变形，同时采用水冷或风冷加快散热。

2. 表面装饰

塑料制品表面装饰可分为两类：一类是着色；另一类是镀饰、烫印、贴膜、涂饰、丝网印刷等，为成形后进行的二次装饰。

（1）着色　将色母加入塑料原料中，搅拌均匀后与原料熔化挤出。该方法的特点是方便，不易褪色；可遮挡紫外线，防止材料老化；黑色产品可防静电。

（2）镀饰　将塑料零件表面镀覆金属的加工工艺，它能改善塑料零件的表面性能，达到防护、装饰和美化的目的。镀覆后的塑料制品外表呈金属光泽，具有导电性，表面硬度和耐磨性都得到提高，同时具有防老化、防潮和防溶剂侵蚀的性能。

（3）烫印　将刻有图案或文字的热模，通过一定的压力，使烫印材料上的彩色锡箔转移到塑料制品表面来获得精美图案和文字的加工方法。例如，家电产品外壳上的银色标志、化妆品瓶盖上的商标名以及透明丙烯树脂上的金色厂名等，都是采用烫印方法获得的。该方法操作简单、成本低，特别适合产品局部装饰。

（4）贴膜　将预先印有图案或花纹的塑料膜紧贴在模具上，在挤塑、吹塑或注塑时，依靠熔融树脂的热量将塑料膜熔合在产品上。例如，圆珠笔、脸盆、浴盆等产品上的花卉或动物图案就是采用该方法获得的。

（5）涂饰　塑料二次加工中应用最为普遍、用量最大的一种加工方式。塑料涂饰的目的包括掩盖其加工成形中的缺陷及划伤；防止塑料制品老化；改善外观装饰性，赋予制品优良质感及特殊性能以及降低成本（如色母粒着色加工成本太高、同一部件要求不同颜色等），提高其附加值。

（6）丝网印刷　将设计好的文字或图案，在特制的丝网上腐蚀制版，然后把制好的丝网版放在塑料件的合适位置，用刮板刮涂颜料来印刷文字和图案。例如，塑料制品上的产品型号、装饰带等均采用该方法制作而成。

3. 塑料件的连接

在塑料制品的装配中经常采用将两种塑料部件或塑料零件与金属零件连接的方式，常用的连接方式有机械连接、热熔粘接、溶剂粘接和胶粘剂粘接四种方式。其中，机械连接的主要方式包括铆接和螺栓连接。图 5-9 和图 5-10 所示为常见的塑料件连接方式。

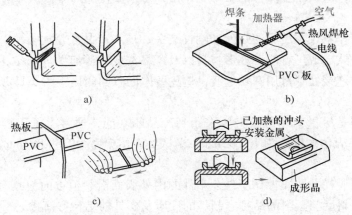

图 5-9　塑料件连接方式（一）
a）用粘结剂　b）热风焊　c）热板方式　d）热熔粘接

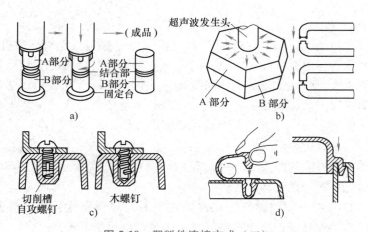

图 5-10 塑料件连接方式（二）

a）旋转熔接法 b）超声波熔融法 c）螺钉连接 d）弹性连接

（1）热熔粘接 将塑料制品需粘接处进行加热使其熔化后加以叠合，在足够的压力下，制品冷却凝固后连成一个整体。可采用摩擦加热和热风加热。该方法类似金属连接中的气焊，有时也采用焊条。这种方法适用于大部分热塑性塑料，不过，其连接表面比较粗糙。

（2）溶剂粘接 将两个被粘接塑料零件表面涂以适当的溶剂，使其表面熔胀、软化，然后加上适当的压力使粘接面紧贴，待溶剂挥发后，两个塑料零件粘接成一体。大多数热塑性塑料都可以采用这种方法，但不同品种的塑料、化学稳定性高的塑料和不溶的热固性塑料不宜采用该种方法。

（3）胶粘剂粘接 在两个被粘接的塑料件表面涂以适当的胶粘剂，形成一层胶层，在胶层的粘接作用下，两个塑料零件就粘接在一起。胶粘剂粘接既适用于相同塑料之间的连接，也适用于不同塑料间、塑料与金属之间的连接。

5.2.4 塑料制品的结构工艺性

塑料制品的结构设计需要注意以下几方面问题。

1. 形状

塑料制品的形状应易于成形，即在开模取出塑件时尽量避免采用复杂的分型与侧面抽芯。因此，塑料制品的内外表面形状要尽可能避免出现侧凹，否则会使模具结构复杂，同时还会在塑件上留下毛边，增加塑件的整修工作量，影响塑件的外观。

2. 壁厚

塑料产品的壁厚不仅与产品的强度和刚性有关，还与产品质量、大小、尺寸稳定性、绝缘、隔热、退出方式、成形方法、成形材料以及产品的成本等有关。通常，产品应具有均匀的壁厚，壁与壁的连接处尽量用圆弧过渡，避免壁厚的急剧变化。图 5-11 所示为壁厚均匀化示意图。

壁厚设计原则是尽量利用最小壁厚来达到产品的功能，通常电子工程类壳体的壁厚为 2.5~3mm，日用品壳体的壁厚为 1.5~2mm，薄壁类壳体壁厚为 0.5~0.8mm。

3. 脱模斜度

为使塑件顺利脱模并防止擦伤塑件，塑件的内外表面沿脱模方向应具有合理的斜度，称为脱模斜度。脱模斜度与塑料的品种、制件的性质及模具的结构等有关，一般脱模斜度 α 可取 0.5°~1.5°，最小为 15'~20'。图 5-12 所示为脱模斜度示意图。

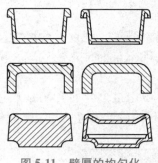 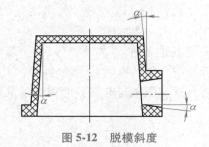

图 5-11　壁厚的均匀化　　　　　图 5-12　脱模斜度

4. 圆角

为了避免应力集中，提高塑料制件的强度，便于充填和脱模，消除转角处产生的凹陷等缺陷，通常在产品的棱边、棱角、加强肋、支撑底、底面、平面等处设计成圆角。圆角的设计具有以下优点：

（1）提高产品的成形性　圆角有利于树脂的流动，防止乱流，可减小成形时的压力损失，能有效提高产品的成形性。

（2）增大产品的强度　在塑料产品的各个部位尤其是棱角、棱边和拐角处设计圆角，可以减小应力集中，从而增大产品的强度。尤其是制件内侧棱边处，若做成圆角过渡，则可提高大约 3 倍左右的抗冲击力。

（3）防止产品变形　在产品的内、外角处设计成圆角，可降低产品的内应力，防止产品变形。通过模具的结构设计，可相应消除产品的变形。图 5-13 所示为圆角设计示意图。

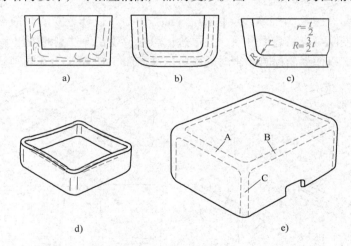

图 5-13　圆角的设计

a）没有 R 的乱流　b）有 R 时的顺畅流动　c）理想的圆角
d）成形品的内缩现象　e）三条棱线之间角的处理规则

（4）提高产品的美观性　在塑料制件的生产中，圆角的设计还可以使塑料制品外观圆润流畅，表面过渡自然，增加了制件的美观性。

5. 加强肋

加强肋能有效增加产品的刚性与强度，防止塑件变形。适当利用它们不仅可以节省材料、减轻重量，而且能更好地消除厚壁所造成的成形缺陷，如缩孔或凹陷等。

设计加强肋时应注意：肋厚不能大于壁厚，肋的形状采用圆弧过渡，避免产生应力集中；加强肋不应设置在大面积制品的中央部位，当设置较多加强肋时，应错开分布排列；加强肋的布置方向除与受力方向一致外，最好还与熔料充填方向一致，还应与模压方向或模具成形零件的运动方向一致，以便于脱模。

113

6. 嵌件

塑料产品设计时，镶入嵌件的目的是增加产品的局部强度、硬度、耐磨性、导磁导电性，增加产品尺寸形状的稳定性，弥补因产品结构工艺性不足而带来的缺陷，降低塑料的消耗以及满足其他各种要求。

嵌件可选用金属、木材以及塑料等，其中金属嵌件应用最广，通常用来承担产品被磨损、撕裂的力量或用来与电气零件相连以及装饰等，图5-14所示为常见的金属嵌件形式。

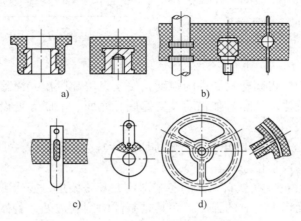

图 5-14 常见的金属嵌件形式

a）圆形嵌件 b）带台阶圆柱形嵌件 c）片状嵌件 d）细杆状贯穿嵌件

7. 分模线

凹模与凸模的接合线称为分模线（Parting Line，PL）。设计分模线时应注意：尽量设计在不显眼的位置，以便隐藏产品表面分模线的痕迹；尽量设计在最外侧的棱边上，以便清除飞边；尽量使其形状简洁，以便提高模具闭合时的配合精度。图5-15所示为不同制品的分模线。

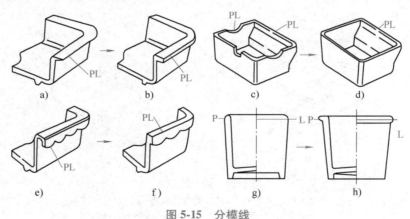

图 5-15 分模线

8. 孔洞

在塑料制品上开设孔洞或者切口用于与其他零件组合实现更多功能。图5-16所示为孔洞的一般类型。

半孔洞会使孔销偏心而造成误差，其深度以不超过全穿孔销直径的2倍为原则。如要加深半孔洞的深度，则可使用阶梯孔。

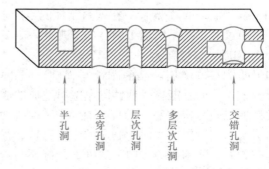

图 5-16 孔洞的一般类型

5.2.5 塑料在产品设计中的应用

1. 产品设计中常用的塑料

（1）ABS 塑料 ABS 塑料是一种复合塑料，由丙烯腈、丁二烯和苯乙烯组成。ABS 塑料呈半透明的乳白色，具有良好的拉伸强度、耐冲击性能、流动性能和表面硬度，其刚性、耐热性、低温性能以及电性能都很好。

ABS 塑料常用来制作各种壳体材料，如电话、电视机、洗衣机、复印机、玩具及厨房用品等的壳体；ABS 塑料也可用于制作各种机械配件，如齿轮、泵叶轮、轴承、把手、管件、蓄电池槽以及电动工具等；ABS 塑料还是理想的汽车配件制作材料，其应用范围涉及汽车的转向盘、仪表盘、风扇叶片、挡泥板、手柄、舱门、车轮盖及反光镜等。

（2）聚丙烯塑料（PP） 聚丙烯塑料是一种低成本的日用塑料，也是密度最低的塑料。其特点是集电性能、耐热性、刚性、韧性、耐化学药品、尺寸稳定性于一体，弯曲疲劳强度大，收缩率大，耐磨性较差，易低温脆化。其主要应用范围包括 PP 铰链，仪器设备中的管材、搅拌器和泵壳壳体等，汽车风扇罩、风扇叶片、座椅框架等，医疗器具、行李箱、玩具、包装用品和家用器具等。

（3）聚乙烯塑料（PE） 聚乙烯塑料的特点是成本低，柔软，耐药品、水，绝缘性能好，具有较高的耐热性等。常用于制作玩具、盖罩、外壳、包装材料、旋转模塑箱、管材、大型容器、教室座椅、户外家具、桶、容器和家用器具等。

（4）聚碳酸酯塑料（PC） 聚碳酸酯塑料无毒无味，具有优良的力学性能，尤以抗冲击性和抗蠕变性最为突出。耐热性、耐寒性和耐候性好，电性能良好，尺寸稳定性较好，具有自熄性和高透光性，易于成形加工。

PC 可用于制作各种器械结构材料和工具壳体、电话、电视和船舶部件，汽车尾板、指示灯、头灯支撑固定装置、仪表板、装饰带和外壳体部件，以及交通指示灯灯罩、光学透镜、微波炉器皿等。

（5）聚氯乙烯塑料（PVC） 聚氯乙烯塑料具有良好的刚性和柔韧性，光学、加工、电绝缘性以及耐蚀性良好，但耐热性差，分解时会释放出氯化氢，产生一定的毒性，因此在成形时需要加入稳定剂。

聚氯乙烯塑料根据添加增塑剂的多少，分为硬质和软质两大类：硬质 PVC 强度高，可用于生产仪器设备、体育用品、电视机和电动机箱部件、玩具、壳体、板材和管材配件等；软质 PVC 则用来生产人造革、薄膜、鞋跟、软管以及电线套管等。

（6）聚苯乙烯塑料（PS） 聚苯乙烯塑料质轻，表面硬度高，有良好的透光性，透光率高达 90%，仅次于普通玻璃和有机玻璃。它具有良好的耐蚀性能、抗反射线性和低吸湿性；加工性好，可用注射、挤出以及吹塑等方法加工成形；电绝缘性能好，广泛用作电器中的绝缘材料，如电子产品外壳、电视机上的耐高压绝缘材料等。此外，聚苯乙烯还大量用来制作餐具、包装容器、日用器皿、玩具、汽车灯罩以及各种模型材料、装饰材料等。

聚苯乙烯塑料的主要缺点是质脆易裂、抗冲击性和耐热性差，需通过改性处理来改善和提高性能。

（7）酚醛塑料（PF） 酚醛塑料强度高、刚性大、坚硬耐磨，产品尺寸稳定；具有良好的绝缘性和耐热性。酚醛塑料常用来生产电子管插座、开关、灯头及电话机等。

在酚醛树脂中加入石棉、云母，能增加它的耐酸、耐碱、耐磨性，可用作化工设备材料，也可用于制作电机、汽车的配件；加入玻璃纤维可以增加硬度，可用于制作机器零件等；用丁腈橡胶改性后，其耐油性能和抗冲击强度大大提高；用聚氯乙烯改性后则能提高强度和耐酸性。

（8）聚酰胺塑料（PA） 聚酰胺塑料俗称尼龙，为白色或浅黄色半透明固体，无毒无味，易着色，具有优良的机械强度，抗拉性、坚韧性、抗冲击性、耐溶剂性以及电绝缘性良好，且耐磨性和润滑性优异，是一种优良的自润滑材料，但缺点是吸湿性较大，影响性能和尺寸稳定性。聚酰胺塑料常用来制造各种机械和电器零件，如齿轮、叶片、轴承、密封圈、电缆接头等，也可用于制作包装带和食品薄膜等。

（9）脲醛塑料（UF） 脲醛塑料是脲醛树脂与填料、润滑剂、颜料等混合，经成形加工而得的热固性塑料。脲醛塑料色浅，易着色，质地坚硬，又因其绝缘性能好，可用作电器材料，故有"电玉"之称。

脲醛塑料除了具有热固性塑料的通性之外，还具有两个优点：①优良的耐电弧性能，可专门用于制造汽车、摩托车等发动机的点火零件；②无臭无味，色泽美观，故常用来生产各种生活用品，如纽扣、瓶盖、门拉手、琴键、电话机、钟表的外壳、灯罩等。

脲醛塑料的缺点是不太耐热，因此用其制作的餐具、奶瓶等最好不要在开水中煮，以免变形。

（10）三聚氰胺甲醛塑料（MF） 三聚氰胺甲醛塑料又称蜜胺塑料，是由三聚氰胺与甲醛缩聚而成的热固性塑料。蜜胺塑料无色透明、无毒、无味、易着色、硬度高，具有优良的电绝缘性和抗电弧性，机械强度高，耐热性和耐水性比脲醛塑料高，可制成各种透明的日常用品。蜜胺塑料中添加着色剂和纸浆等填料后，外观像瓷器，因此被人们誉为"仿瓷塑料"，常用来制作碗、盘、茶杯等高级餐具。

（11）聚甲基丙烯酸甲酯塑料（PMMA） 聚甲基丙烯酸甲酯塑料俗称"有机玻璃"，最突出的性能是透光性非常好，透光率达 92% 以上，仅次于普通玻璃（透光率 95%）。其透过紫外线的能力要高于普通玻璃，故常用来制作光学透镜、医用导光管、隐形眼镜等。

有机玻璃耐冲击力强、不易碎裂，耐水性、耐候性和电绝缘性好，并且易于着色和加工成形，因此被大量用于制造飞机驾驶舱的玻璃罩，轮船和飞机驾驶室的挡风玻璃等。在生产有机玻璃时加入各种颜料、荧光粉（如硫化锌）、珍珠粉（如碱式碳酸铅），便可得到彩色、乳白、荧光或珠光等有机玻璃板材，在日常生活中用作照明灯具、广告招牌、绘图尺、防护罩及各种装饰品等。

有机玻璃的缺点是耐热性差，易溶于丙酮、氯仿等有机溶剂，使用时要注意防火，不能与有机溶剂接触；表面硬度低，生产成本较高。

2. 塑料应用实例

（1）潘顿椅（Panton Chair） 丹麦著名设计师维纳尔·潘顿（Verner Panton）设计的潘顿椅是历史上第一把一体化、注射成形的塑料椅，打破了传统椅子四条腿的结构。它的外观时尚大方，曲线流畅大气，整体造型舒适典雅，符合人体结构。潘顿椅色彩十分艳丽，具有强烈的雕塑感，至今享有盛誉，被世界许多博物馆收藏，图 5-17 所示为潘顿椅。

1967 年首批正式生产的潘顿椅，采用添加玻璃纤维强化的聚酯塑料生产，随后又生产了聚氨酯及聚苯乙烯两个版本。后来发现这三种高分子材料生产的椅子都存在缺陷，材料的疲劳强度不高，使用过程中容易断裂损坏。生产商 Vitra 不得不于 20 世纪 70 年代末宣告停产。20 世纪 80 年代维纳尔·潘顿改良了制造方式，使用硬质聚氨酯泡沫塑料生产潘顿椅，但是产量很小。现行潘顿椅利用玻璃纤维增强聚丙烯注射成形制造，重量更轻、耐重压、材料环保无毒，并且抗紫外线，生产成本大幅降低。

潘顿椅采用注射成形工艺生产，其加工工艺流程如图 5-18 所示。加工原料是玻璃纤维增强聚丙烯，原料颗粒本身具有产品所需的颜色，后续不用进行表面装饰。目前市场上大量的塑料家具均采用了类似的加工工艺。

图 5-17　潘顿椅

图 5-18　潘顿椅加工工艺流程

潘顿椅加工
工艺流程

（2）PET 吹塑瓶　PET（聚对苯二甲酸乙二醇酯）吹塑瓶是生活中非常常见的塑料容器。PET 吹塑瓶可分为两类，一类是有压瓶，如充装碳酸饮料的瓶；另一类为无压瓶，如充装水、茶、油等的瓶。一般的饮料瓶是掺混了聚萘二甲酸乙二酯（PEN）的改性 PET 瓶或 PET 与热塑性聚芳酯的复合瓶，可耐热 80℃ 以上的高温；矿泉水或纯净水瓶对耐热性无要求。PET 吹塑瓶如图 5-19 所示。

图 5-19　PET 吹塑瓶

PET 吹塑瓶的工艺流程主要有两个阶段，首先是 PET 原料经注射机注射成形成管状型坯，然后放入瓶子模具中经拉伸吹塑成形，冷却后得到成品。影响吹塑工艺的重要因素有瓶坯、加热、预吹、模具及环境等。

制备吹塑瓶时，首先将 PET 原料注射成形为瓶坯，瓶坯的优劣很大程度上取决于 PET 材料的优劣，对瓶坯的要求是纯洁、透明、无杂质、无异色。

预吹是指吹塑过程中在拉伸杆下降的同时开始预吹气，使瓶坯初具形状。预吹压力的大小随瓶子规格、设备能力不同而异，一般容量大、预吹压力要小；设备生产能力高，预吹压力也高。生产环境的好坏对工艺调整也有较大影响，恒定的生产条件可以维持工艺的稳定及产品的稳定。PET吹塑瓶加工工艺流程如图5-20所示。

图5-20　PET吹塑瓶加工工艺流程

PET吹塑瓶加
工工艺流程

（3）单人竞技皮划艇　区别于传统的木质皮划艇，用于竞技的皮划艇由聚乙烯材料制成。原材料具有丰富的色彩，采用滚塑工艺加工成形，结合图案和标贴的烫印技术，制作完成的皮划艇不需要做表面装饰，视觉效果突出，如图5-21所示。

图5-21　竞技皮划艇

单人竞技皮划艇加工工艺流程主要分为模具与材料准备、粘贴烫印贴花、滚塑成形、冷却修整。首先准备好制作精良的皮划艇金属模具及配件，然后将所需烫印的贴花粘贴在模具内壁；将配好的聚乙烯颗粒倒入模具中，合拢模具并将其放置在滚塑机上，再将模具放置在烤箱中，熔化了的树脂将炙热的模具和外层包装均匀紧密地粘合在一起，再将模具放入制冷循环设备中，令模具在其中继续旋转直至其每一部分的厚度均保持一致，然后将其从机器上取下来开模取出皮划艇，完成修边与整形，最后安装配件完成皮划艇制作。

在皮划艇的整个制作过程中，模具转动的速度、加热和冷却的时间都要精确控制。单人竞技皮划艇的加工工艺流程如图5-22所示。

图5-22　单人竞技皮划艇加工工艺流程

5.3　橡胶及其成形工艺

5.3.1　橡胶概述

橡胶是具有高弹性的高分子材料，在外力作用下具有很大的变形能力，伸长率可达500%~1000%，外力除去后又能很快恢复到原始尺寸。橡胶在产品设计上的应用相当广泛，不仅可制作轮胎、密封件、减振片、防振件等，还常用于制作输送带、电缆的外绝缘材料。

1. 常用橡胶的分类

（1）按其来源来分　按其来源不同，可分为天然橡胶和合成橡胶。

1）天然橡胶（Natural Rubber，NR）。指直接从植物（主要是三叶橡胶树）中获取胶汁，经去杂、凝聚、滚压、干燥等步骤加工而成的橡胶。

2）合成橡胶（Synthetic Rubber，SR）。是从石油、天然气、煤、石灰石以及农副产品中提取原料，制成"单体"物质，然后经过复杂的化学反应而制得的高分子聚合物，又称为人造橡胶。

（2）按使用范围来分　按使用范围不同，可分为通用橡胶和特种橡胶。

1）通用橡胶。主要是丁苯橡胶、顺丁橡胶、聚异戊二烯橡胶、氯丁橡胶、乙丙橡胶、丁腈橡胶、丁基橡胶，此类橡胶价格低、产量大、来源广，主要用于制作轮胎、胶带、胶管等。

2）特种橡胶。指具有某些特殊性能，如耐热、耐寒、耐蚀、耐油的橡胶，包括氟橡胶、硅橡胶、聚硫橡胶、聚丙烯酸酯橡胶、氯醚橡胶和卤化聚乙烯橡胶等。

2. 橡胶的特性

橡胶必须加入硫黄或其他能使橡胶硫化（或称交联）的物质，使橡胶大分子交联成空间网状结构，才能得到具有使用价值的橡胶制品。

（1）高弹性　橡胶的弹性模量低，伸长变形大，伸长率高达1000%时仍有可恢复的变形，并能在很大的温度范围内（-50~150℃）保持弹性。

（2）黏弹性　橡胶材料在形变时受温度和时间的影响，表现出明显的应力松弛和蠕变现象；在振动或交变应力作用下，产生滞后损失。

（3）电绝缘性　一方面，通用橡胶是优异的电绝缘体，天然橡胶、丁基橡胶、乙丙橡胶和丁苯橡胶都有很好的介电性能，所以在绝缘电缆等方面得到广泛应用；另一方面，在橡胶中配入导电炭黑或金属粉末等导电填料，会使它有足够的导电性，甚至成为导体。

（4）绝热性　橡胶是热的不良导体，是一种优异的隔热材料。如果将橡胶做成微孔或海绵状态，其隔热效果会进一步提高。

（5）可燃性　大多数橡胶具有程度不同的可燃性。例如，分子中含有卤素的橡胶如氯丁橡胶、氟橡胶等，具有一定的阻燃性。如果在胶料中配入磷酸盐或含卤素物质的阻燃剂，可提高其阻燃性。

（6）温度依赖性　橡胶受温度影响较大，在低温时易变硬变脆，高温时则发生软化、熔融、热氧化、热分解以致燃烧。

（7）易老化　橡胶受环境条件的变化而产生老化现象，使性能变坏，寿命缩短。

除此之外，橡胶密度小、重量轻；硬度低，柔软性好；透气性较差，可用作气密性材料；防水性好，是优良的防水性材料。这些特性使橡胶制品的应用范围特别广泛。

5.3.2 橡胶的成形

橡胶的成形加工是用生胶和各种配合剂，通过炼胶机混炼而成混炼胶（又称胶料），再根据需要加入能保持制品形状和提高其强度的各种骨架材料，混合均匀后置于一定形状的模具中，经加热、加压（即硫化处理）获得所需形状和性能的橡胶制品。

橡胶的成形方法与塑料成形方法类似，主要有注射成形、压制成形、挤出成形和压铸成形等。

1. 注射成形

注射成形是利用注射机的压力，将预加热成塑性状态的胶料通过注射模的浇注系统注入模具型腔中硫化定形的方法。该方法的特点是成形周期短、生产效率高、劳动强度小。由于该方法加工的产品质量稳定、精度较高，因此常用来生产大型、厚壁、薄壁及具有复杂几何形状的产品，如耐油垫圈、油槽衬、高密封件等。

橡胶注射成形设备有螺杆式注射和柱塞式注射两种，图 5-23 所示为螺杆式注射机成形原理图。

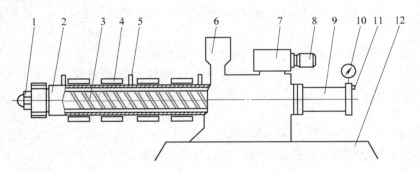

图 5-23　螺杆式注射机成形原理图

1—喷嘴　2—料筒　3—螺杆　4—加热圈　5—热电偶　6—料斗　7—螺杆转动装置
8—预塑电动机　9—注射液压缸　10—压力表　11—背压阀　12—注射机座

橡胶注射成形

2. 压制成形

压制成形是将经过塑炼和混炼预先压延好的橡胶坯料，按一定规格和形状下料后，加入压制模中，合模后在液压机上按规定的工艺条件进行压制，使胶料在受热受压下以塑性流动态充满型腔，经过一定时间完成硫化，再进行脱模、清理毛边，最后检验得到所需制品的成形方法。该方法模具结构简单、通用性强、实用性广、操作方便，是橡胶制品生产中应用最早而又最广泛的加工方法。

3. 挤出成形

挤出成形是将在挤出机中预热与塑化后的胶料，通过螺杆的旋转，使胶料不断推进，在螺杆尖和机筒筒壁强大的挤压力下，挤压出各种断面形状的橡胶型材半成品的加工方法。挤出成形的优点是成品密度大；成形模具简单，便于制造、拆装、保管和维修；成形过程易实现自动化。不足之处在于只能挤出形状简单的直条型材或者预成形半成品，无法生产精度高、断面形状复杂或带有金属嵌件的橡胶制品。图 5-24 所示为挤出机及挤出机头示意图。

4. 压铸成形

压铸成形又称传递法成形或挤胶法成形，是将混炼过的胶条或胶块半成品放入压铸模的型腔中，通过压铸塞的压力挤压胶料，并使胶料通过浇注系统进入模具型腔中硫化定形的方

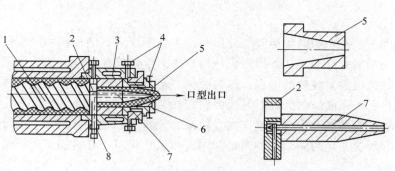

图 5-24 挤出机及挤出机头示意图
1—螺杆 2—支架 3—蒸汽加热腔 4—调节口型螺钉 5—口型模
6—外套螺母 7—型芯 8—滑石粉入口腔

法。压铸成形适用于制作普通压制成形不易压制的薄壁、细长制品以及形状复杂难于加料的橡胶制品，所生产的制品致密性好。图 5-25 所示为压铸成形示意图。

5.3.3 橡胶的加工

橡胶加工过程包括塑炼、混炼、压延与压出、成形和硫化等基本工序。为了能将各种配合剂加入橡胶中，生胶首先需经过塑炼提高其塑性；然后通过混炼将炭黑及各种橡胶助剂与橡胶均匀混合成胶料；胶料经过压出制成一定形状坯料；再使其与经过压延挂胶或涂胶的纺织材料（或金属材料）组合在一起成形为半成品；最后经过硫化又将具有塑性的半成品制成高弹性的最终产品。

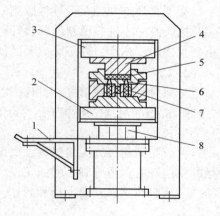

图 5-25 压铸成形示意图
1—工作台 2—下热板 3—上热板
4—压铸塞 5—料腔 6—料道
7—制品（减振器）
8—压机活塞

1. 塑炼

将生胶在机械力、热、氧等作用下，从强韧的弹性状态转变为柔软而具有可塑性的状态，即增加其可塑性（流动性）的工艺过程称为塑炼。塑炼的目的是通过降低分子量降低橡胶的黏流温度，使橡胶生胶具有足够的可塑性，以便后续的混炼、压延、压出、成形等工艺操作能顺利进行。

塑炼的方法按所用的设备不同主要分为开炼机塑炼、密炼机塑炼和螺杆塑炼机塑炼。

2. 混炼

混炼是将塑炼胶或已具有一定可塑性的生胶，与各种和橡胶不相合的配合剂（如粉体填料、氧化锌、颜料等）经机械作用使之均匀混合的工艺过程。对混炼工艺的具体技术要求是：配合剂分散均匀，使配合剂特别是炭黑等补强性配合剂达到最好的分散度，以保证胶料性能一致。混炼后得到的胶料称为"混炼胶"。

混炼也可根据所用设备不同分为开炼机混炼和密炼机混炼。

3. 压延与压出

混炼胶可通过压延和压出等工艺成形。压延的目的是将胶料压成薄胶片（板材或片材），或在胶片上压出某种花纹，也可以用压延机在帘布或帆布表面挂上一层胶，或者把两层胶片贴合起来。压出则是胶料在压出机机筒和螺杆间的挤压作用下，连续通过一定形状的口型，制成各种复杂断面形状半成品的工艺过程。

4. 成形

根据制品（如胶鞋、轮胎等）的形状把压延或压出的各种胶片、胶布等裁剪成不同规格的部件，然后进行贴合制成半成品，这一过程称为橡胶的成形。

5. 硫化

在加热条件下，胶料中的生橡胶与硫化剂发生化学反应，使橡胶由线型结构的大分子交联成立体网状结构的大分子，从而导致胶料的物理力学性能和其他性能有明显的改变，由塑性橡胶转化为弹性或硬质橡胶的过程，称为硫化。硫化是橡胶加工的主要工序之一，其目的是使橡胶具有足够的强度、耐久性以及抗剪切和其他变形能力，减少橡胶的可塑性。

硫化工艺对橡胶性能有很大影响，大多数橡胶制品（如轮胎、胶管、胶带等）的硫化都要加热、加压和经过一定时间。有的则是利用自然硫化胶浆，在常温下进行硫化，制造大型制品，如橡皮船。

5.3.4 橡胶制品的结构工艺性

橡胶制品的结构设计，应当符合橡胶成形工艺和模具设计的要求。

1. 脱模斜度

为了脱模方便，在设计橡胶制品零件时，必须沿脱模方向设计脱模斜度。

橡胶制品零件脱模斜度的设计可参考以下原则：零件的轴向尺寸越大、壁越薄、直径越小，脱模斜度越小。在不影响制品使用的前提下，脱模斜度可设计得大一些。

2. 壁厚

为减少橡胶制品的内应力和收缩变形，制品的壁厚应均匀，通常不小于1mm。设计壁厚时，在确保制品强度要求的前提下，尽可能使壁薄一些，以减轻制品零件的质量，减少胶料消耗。

3. 圆角

橡胶制品交接处应尽量设计成圆角，这样既有利于成形时胶料的流动，又可提高制品模具的使用寿命。橡胶制品的圆角设计不像塑料制品那样严格，在一些部位可以设计成非圆角结构，从而简化模具的设计和制作。

4. 孔

对于橡胶制品而言，如果孔洞较深，则型芯应设计有一定的脱模斜度。因此，对于各种类型的孔洞，都应当给定并明确指出脱模斜度的方向和大小。如果不允许有较大的脱模斜度，则应注明。小的深孔较难成形，一般孔径应大于深度的1/5为宜。

5. 嵌件

出于使用功能、工作条件以及工作环境的需要，橡胶制品中常常镶有各种不同结构形式和材料的嵌件，如金属和非金属嵌件、硬体嵌件和软体嵌件等。嵌件的结构形式如图5-26所示。

6. 文字与图案

橡胶制品上的文字和图案分为凸型和凹型两类，制品上呈凸型的文字及图案在模具上则为凹型，比较容易加工成形，所以将橡胶制品上的文字及图案设计成凸型为宜。

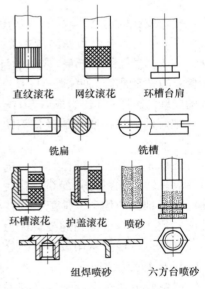

直纹滚花　网纹滚花　环槽台肩

铣扁　铣槽

环槽滚花　护盖滚花　喷砂

组焊喷砂　六方台喷砂

图5-26　嵌件的结构形式

5.3.5 橡胶在产品设计中的应用

1. 产品设计中常用的橡胶

（1）天然橡胶（NR）　以橡胶烃（聚异戊二烯）为主，含少量蛋白质、水分、树脂酸、糖类和无机盐等。其特点是弹性大，拉伸强度高，抗撕裂性和电绝缘性优良，耐磨性和耐寒性良好，加工性佳，易于与其他材料粘合。其缺点是耐氧和耐臭氧性差，易老化变质、耐油和耐溶剂性不好，抵抗酸碱的腐蚀能力低、耐热性不高。天然橡胶常用于制作轮胎、胶鞋、胶管、胶带、电线电缆的绝缘层和护套等。

（2）丁苯橡胶（SBR）　丁苯橡胶是丁二烯和苯乙烯的共聚体，性能接近天然橡胶，是目前产量最大的通用合成橡胶。其特点是耐磨性、耐老化和耐热性较好。其缺点是弹性较低，抗弯曲、抗撕裂性能较差，加工性能差，特别是自粘性差、生胶强度低。丁苯橡胶主要用来代替天然橡胶制作轮胎、胶板、胶管、胶鞋及其他通用制品。

（3）顺丁橡胶（BR）　顺丁橡胶是由丁二烯聚合而成的顺式结构橡胶。其特点是弹性与耐磨性优良，耐老化性好，耐低温性优异，在动态负荷下发热量小且易于与金属粘合。其缺点是强度较低、抗撕裂性差、加工性能与自粘性差。顺丁橡胶一般多和天然橡胶或丁苯橡胶并用，主要制作轮胎胎面、运输带和特殊耐寒制品。

（4）异戊橡胶（IR）　异戊橡胶由异戊二烯单体聚合而成。其化学组成、立体结构与天然橡胶相似，性能也非常接近天然橡胶，故有合成天然橡胶之称。它具有天然橡胶的大部分优点，耐老化优于天然橡胶，弹性和强度比天然橡胶稍低，加工性能差，成本较高，使用温度范围在-50~100℃。异戊橡胶可代替天然橡胶制作轮胎、胶鞋、胶管、胶带以及其他通用制品。

（5）氯丁橡胶（CR）　氯丁橡胶是由氯丁二烯作单体乳液聚合而成的聚合体。其特点是具有优良的抗氧和抗臭氧性，不易燃、耐油、耐溶剂、耐酸碱以及耐老化、气密性好等优点；其物理力学性能也比天然橡胶好，可用作通用橡胶，也可用作特种橡胶。其缺点是耐寒性较差，密度较大，相对成本高，电绝缘性不好，加工时易粘辊、易焦烧及易粘模。氯丁橡胶主要用于制造要求抗臭氧、耐老化性高的电缆护套及各种防护套、保护罩；耐油、耐化学腐蚀的胶管、胶带和化工设备衬里；耐燃的地下采矿用橡胶制品，以及各种模压制品、密封圈、垫等。

（6）丁基橡胶（IIR）　丁基橡胶是异丁烯和少量异戊二烯或丁二烯的共聚体。其特点是气密性好、耐臭氧及耐老化性能好，耐热性较高，能耐无机强酸（如硫酸、硝酸等）和一般有机溶剂，吸振和阻尼特性良好以及电绝缘性优异。其缺点是弹性差、加工性能差、硫化速度慢、黏着性和耐油性差。丁基橡胶主要用于制作内胎、水胎、气球、电线电缆绝缘层、化工设备衬里及防振制品、耐热运输带、耐热老化的胶布制品。

（7）丁腈橡胶（NBR）　丁腈橡胶是丁二烯和丙烯腈的共聚体。其特点是耐汽油和脂肪烃油类的性能特别好，耐热性、气密性、耐磨及耐水性等均较好。其缺点是耐寒及耐臭氧性较差，强度及弹性较低，耐酸性差，电绝缘性不好及耐极性溶剂性能也较差。丁腈橡胶主要用于制造各种耐油制品，如胶管、密封制品等。

（8）乙丙橡胶（EPM/EPDM）　乙丙橡胶是乙烯和丙烯的共聚体，一般分为二元乙丙橡胶和三元乙丙橡胶。其特点是抗臭氧、耐紫外线、耐气候性和耐老化性优异，居通用橡胶之首；电绝缘性、耐化学性、冲击性、弹性很好；耐酸碱；密度小，可进行高填充配合；耐热温度可达150℃；耐极性溶剂，如酮、酯等；其他物理力学性能略次于天然橡胶而优于丁苯橡胶。其缺点是自粘性和互粘性很差，不易粘合。乙丙橡胶主要用作化工设备衬里、电线电缆包皮、蒸汽胶管、耐热运输带、汽车用橡胶制品及其他工业制品。

（9）硅橡胶（QR）　硅橡胶为主链含有硅、氧原子的特种橡胶，其中起主要作用的是硅元素。其特点是耐寒和耐高温性能好，电绝缘性优良，对热氧化和臭氧的稳定性很高，化学惰性大。其缺点是强度较低，耐油、耐溶剂和耐酸碱性差，较难硫化，价格较贵。硅橡胶主要用于制作耐高低温制品（胶管、密封件等）、耐高温电线电缆绝缘层。由于其无毒无味，还用于食品及医疗工业。

（10）氟橡胶（FPM）　氟橡胶是由含氟单体共聚而成的有机弹性体。其特点是耐高温（可达 300℃），耐酸碱，耐油性好，抗辐射，耐高真空性能好；电绝缘性、力学性能、耐化学腐蚀性、耐臭氧、耐大气老化性均优良。其缺点是加工性差，价格昂贵，耐寒性差，弹性透气性较低。氟橡胶主要用于国防工业制造飞机、火箭上的耐真空、耐高温、耐化学腐蚀的密封材料、胶管或其他零件及汽车工业。

2. 橡胶应用实例

（1）橡胶轮胎　轮胎是车辆、农业机械、工程机械和飞机等的主要配件，能吸收因路面不平产生的振动和外来冲击力，使乘坐舒适。轮胎是橡胶工业中的主要制品，其消耗的橡胶量占橡胶总用量的 50%~60%，是一种不可缺少的战略物资。图 5-27 所示为橡胶轮胎。

图 5-27　橡胶轮胎

目前常用的橡胶轮胎是子午线轮胎，俗称"钢丝轮胎"，是轮胎的一种结构形式，区别于斜交轮胎、拱形轮胎、调压轮胎等。胎体帘线一般按子午线方向排列，也有帘线周向排列或接近周向排列的缓冲层紧紧箍在胎体上的新型轮胎。子午线轮胎由胎面、胎体、胎侧、缓冲层（或带束层）、胎圈、内衬层（或气密层）六个主要部分组成。子午线轮胎加工成形的主要工序分为密炼工序、胶部件准备工序、轮胎成形工序、硫化工序、最终检验工序和轮胎测试。

密炼工序就是把炭黑、橡胶、油、添加剂等原材料混合到一起，在密炼机里进行加工，生产出"胶料"；胶部件准备工序包括六个主要工序，分别为挤出、压延、胎圈成形、帘布裁断、贴三角胶条、带束层成形；轮胎成形工序是把所有的半成品在成形机上组装成生胎；硫化工序是生胎被装到硫化机上，在模具里硫化成成品轮胎；硫化完的轮胎首先要经过目视外观检查，然后是均匀性检测和 X 射线检测，最后运送到成品库以备发货。

图 5-28 所示为橡胶轮胎加工工艺流程。

图 5-28　橡胶轮胎加工工艺流程

（2）消防橡胶靴　消防橡胶靴要求对高温、热流及火焰具有优秀的防护能力；对一般化学品如燃料、油脂、溶剂以及弱酸等具备优秀的防护能力；同时也要防砸，防刺穿，防静电，鞋底耐磨，鞋面防切割；还要易于穿脱，如图 5-29 所示。

生产消防橡胶靴的主要原料是丁腈橡胶，可通过多种添加剂优化橡胶性能，结合钢板、

图 5-29　消防橡胶靴

毛毡等材料进一步提升橡胶靴的可靠性与舒适性。消防橡胶靴的加工流程可以分为橡胶混炼、橡胶板压制、部件制作、橡胶靴组装、硫化。

在橡胶混炼阶段通过滚压机把黑色橡胶原料和其他化学添加剂混合到一起，同时压制成平滑有延展性的片状材料；将具有可塑性的片状橡胶材料压制成尺寸和形状规则的橡胶板；通过切割刀具在橡胶板上把消防橡胶靴的鞋底、鞋面等部件切割下来；在金属模具上把橡胶靴的各个部件粘接起来，这一过程把钢制鞋头、鞋弓及鞋底、毛毡及海绵等材料和橡胶粘接在一起；将粘接好的橡胶靴在烘箱中加热至 140℃ 完成硫化和硬化。消防橡胶靴加工工艺流程如图 5-30 所示。

图 5-30　消防橡胶靴加工工艺流程

（3）乳胶手套　乳胶手套由天然乳胶加工而成，是必备的手部防护用品，如图 5-31 所示。采用天然乳胶，配以其他助剂加工而成的乳胶手套，产品经过特殊表面处理，穿戴舒适，在工农业生产、医疗、日常生活中都有着广泛的应用。乳胶手套分为光面乳胶手套、麻面乳胶手套、条纹乳胶手套、透明乳胶手套及无粉乳胶手套等。

乳胶手套的加工过程主要是手套模型在乳胶液中浸胶，然后烘干硫化成形。橡胶原料首先经炼胶机切片，切片后送溶胶缸与汽油混合溶胶。溶胶再经乳化、调制后由泵送至乳胶中间罐。原料经过蒸馏、冷却等工序，通过搅拌、调制后至离心机分离出手套原料乳胶，再经调色、过滤后待用。手套模型先经酸碱清洁、水清洗，洗净的模型须浸入热水中干燥后浸胶。

图 5-31　乳胶手套

浸胶后送烘箱初步烘干、加纤维内套、冲热水再送至烘箱硫化、烘干成形。手套脱模后经充气检查、低温定形、中温干燥、水洗、脱水、烘干后再包装送至成品仓库。乳胶手套的加工工艺流程如图 5-32 所示。

图 5-32　乳胶手套加工工艺流程

5.4　木材及其成形工艺

5.4.1　木材的特性

1. 木材的概述

木材是一种天然高分子有机材料，由纤维素、半纤维素和木素组成。木材具有优良的性能，主要是重量轻、强度较高、易于加工、导热性低、电绝缘性能好（干料）、共振性优良、有一定的弹性和可塑性，并且具有天然的美丽纹理、光泽和颜色，可以胶接、榫接等。

树木的成长较慢，资源利用有一定的限制，同时木材又是工业上用途广泛、消耗量很大的一种工程材料，广泛应用在机械制造、铁路、建筑、化学纤维以及其他工农业部门。

2. 木材的构造

树木是一个有生命的活体，由树根、树干和树冠（包括树枝和树叶）三部分组成，其中树干是树木的主体部分，占树木总体积的 50%～90%。树干由树皮、形成层、髓心和木质部构成，要观察它的宏观构造（即指用肉眼或放大镜观察木材时能看见的构造特征），可以从树干的横切面、径切面和弦切面三个不同的切面入手。图 5-33 所示为木材的切面图。

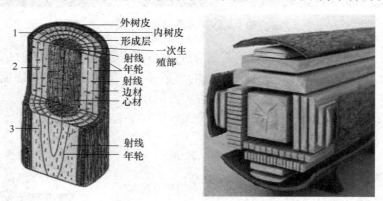

图 5-33　木材的切面图

1—横切面　2—径切面　3—弦切面

横切面是指与树干或木纹方向垂直的切面，在这个切面上，木材细胞间的相互联系都清楚地反映出来，它是识别木材最重要的部位。

径切面是顺着树干方向，通过髓心的切面，叫标准径切面。从横切面上看，凡是垂直于年轮且通过髓心的切面，都叫径切面。在这个切面上，年轮呈条状，相互平行，而与木射线相互垂直。由径切面而成的板材，收缩小、不易翘曲，适用于地板、木尺和乐器用材的共鸣板等。

弦切面是顺着树干方向与年轮相切的切面。它是一个年轮的切线，又是另一年轮的弦线。径切面和弦切面又叫纵切面。这种方法锯削的板材，年轮在板面上成 V 字形，花纹美观。一般木板多是弦切面，用于制造家具、桶板和船上的甲板等。

3. 木材的分类

木材可分为针叶树材和阔叶树材两大类。杉木及各种松木、云杉和冷杉等是针叶树材；柞木、水曲柳、香樟、檫木及各种桦木、楠木和杨木等是阔叶树材。中国树种很多，因此各地区常用于工程的木材树种亦各异。东北地区主要有红松、落叶松（黄花松）、鱼鳞云杉、红皮云杉、水曲柳；长江流域主要有杉木、马尾松；西南、西北地区主要有冷杉、云杉、铁杉等。

（1）按树种分类　木材按树种分类，可以分为针叶树木材与阔叶树木材。

针叶树树叶细长如针，多为常绿树。材质一般较软，有的含树脂，又称软材，如红松、落叶松、马尾松，云杉，冷杉、杉木、柏木等。主要的应用范围是建筑、桥梁、家具、造船、电杆、坑木、枕木、桩木、机械模型等。针叶树木材产品如图 5-34 所示。

阔叶树树叶宽大，叶脉呈网状，大都为落叶树，材质较坚硬，故称硬材。如樟木、榉木、水曲柳、栎木、色木、山毛榉等；也有少数质地较软的，如桦木、椴木、山杨、青杨等。主要应用范围是机械制造、车辆、造船、建筑、桥梁、枕木、家具及胶合板等。阔叶树木材产品如图 5-35 所示。

（2）按用途分类　木材按用途分类，可以分为原条、原木、成材、人造板、改良木等。

图 5-34　针叶树木材产品

原条是指已经除去皮、根、树梢的木料，但未按一定尺寸加工成规定的材类，主要用于建筑工程的脚手架、建筑用材、家具用材等。

原木是指已经除去皮、根、树梢的木料，并按一定尺寸加工成要求直径和长度的材类，原木又分为直接使用原木、锯材原木、化学加工原木、锯刨加工原木，如图 5-36 所示。

图 5-35　阔叶树木材产品

图 5-36　木材原木

成材是指已经加工锯解成材的木料，成材分成锯材和枕木。

人造板是将木材加工过程中产生的边皮、碎料、截头、刨花、木屑等剩余料，经过机械和化学加工而制成的各种板材，人造板主要分为胶合板、细木工板、木纤维板、碎木刨花板、木丝板、塑料贴面板等。

改良木是采用物理或化学方法加工处理的木材，改良木分为压缩木、层积木、浸渍木等。

4. 木材的特性

由于木材具有多孔性、各向异性、湿胀干缩性、燃烧性和生物降解性等独特性质，在具体使用中必须更好地利用这些特性和最大限度地限制其副作用。木材的密度为 $0.3 \sim 0.7 g/cm^3$，比普通钢材密度要小很多，但是木材比强度（顺纹强度）要高于钢材的比强度，而且木材导热性、导电性、声音传导性较小，热胀冷缩性能不显著。

（1）木材的优点

1）优良的加工成形性。木材可以用机械加工和手工工具加工；可以加工成各种型面，也可以进行弯曲、压缩、旋切等加工；可以以各种形式的榫结合，也可以用钉子、螺钉、各种连接件及胶粘剂接合。

2）木材具有装饰性。木材是一种较好的装饰材料，具有天然的纹理、色泽和美丽的花纹图案。

木材的颜色是由细胞腔内含有的各种色素、树脂、树胶、其他氧化物等决定的，这些物质渗透到细胞壁中呈现各种颜色。树种不同，木材所显示的颜色也有所区别。如桃花心木、红柳为红色；云杉为白色；黄柳、桑树为黄褐色或黄色。

木材的光泽指木材对光线的反射与吸收的程度。某些木材光泽很好，如云杉；有的木材则不具有光泽，如冷杉。光泽会因木材放置的时间过长而减退，甚至消失。但对木制品进行表面处理时，要求具有较好的光泽，以增加木制品的美观性。

木材的纹理指木材纵向组织排列的表现情况。可以分为直纹理、斜纹理、波浪纹理、皱状纹理、交错纹理、螺旋纹理等。除上述自然形成的纹理外还有人工加工成的纹理。

（2）木材的缺点

1）容易解离。刨花板、纤维板的生产就利用了木材可以用机械的方法打碎然后再胶合的这种特性。

2）生物降解性。木材是一种有机物质，在生长和存储的过程中，易受菌、虫的侵蚀，使木材受到破坏，降低了使用性能。

3）干缩湿胀性。木材和其他材料不同，在大气中受环境的影响，当环境的温度和湿度发生变化时，常常引起木材的膨胀或收缩，严重时会发生变形和开裂，降低了木材的使用价值。

4）各向异性。由于木材的构造在各个方向不同，木材在不同方向上的力学性能也不同，在使用木材时应充分考虑木材的这个特点。

5）天然缺陷。由于木材是一种天然材料，在生长过程中受自然环境的影响，有许多天然缺陷，如节子、弯曲等。这些天然缺陷会影响木材的使用。

5.4.2 木材成形工艺

将木材原材料通过木工手工工具或木工机械设备加工成构件，并将其组装成制品，再经过表面处理、涂饰，最后形成一件完整木制品的过程，称为木材的成形加工工艺。

1. 木材常用的成形工艺

（1）木材的加工流程

1）配料。一件木制品是由若干构件组成的，按照图样规定的尺寸和质量要求，将成材或人造板锯割成各种规格的毛料或净料的加工过程称为配料，这是木制品加工的第一道工序。配料时应根据制品的质量要求，按构件在制品上所处部位的不同，合理确定各构件所用成材的树种、纹理、规格、含水率等技术指标。

2）构件的加工。经过配料后，即要对毛料进行平面加工、开榫、打孔等，由此加工出具有所要求的形状、尺寸、结构和表面粗糙度的木制品构件。

3）装配。按照木制品结构装配图以及有关技术要求，将若干构件结合成部件，或将若干部件和构件结合成木制品的过程称为装配。

4）表面涂饰。木制品制成后，一般需要进行表面着色、涂饰，以提高制品的表面质量和防腐能力，增强制品外观的美感效果。木制品的表面涂饰通常包括木材的表面处理、着色和涂漆等工序。

（2）木材的加工方法

1）木材的锯割。按设计要求将尺寸较大的原木、板材或方材等，沿纵向、横向或任一曲线进行开板、分解、开榫、锯割、截断、下料时，都要运用锯割加工，如图 5-37 所示。

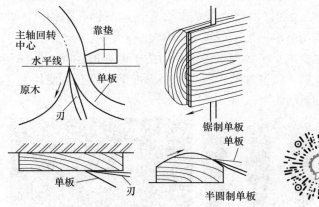

图 5-37　木材锯割示意图

木材锯割示意图

木材锯割时的主要工具是各种锯，利用带有齿形的薄钢带锯条与木材的相对运动，使具有凿形或刀形锋利刃口的锯齿，连续割断木材纤维，从而完成木材的锯割操作。使用的工具主要包括手工锯和锯割机床。

① 木工手工锯。木工手工锯按其结构可分为框锯、刀锯、横锯、侧锯、板锯、狭手锯、钢丝锯等，其中最常用的是框锯和刀锯。

② 木工锯割机床。木材加工中常用的锯割机床，一般可分为带锯机和圆锯机两大类。带锯机是将一条带锯齿的封闭薄钢带绕在两个锯轮上，使其高速移动，实现锯割木材。在这种机床上不仅可以沿直线锯割，还可完成一定的曲线锯割。圆锯机是利用高速旋转的圆锯片对木材进行锯割的机床，其结构简单，安装容易，操作和维修方便，生产效率高，因此应用广泛。

2）木材的刨削。木材刨削加工的主要工具是各种刨刀。利用与木材表面成一定倾角的刨刀锋利刃口与木材表面的相对运动，使木材表面一薄层剥离，完成木材的刨削加工。

木材经锯割后的表面一般较粗糙且不平整，因此必须进行刨削加工。木材经刨削加工后，可获得尺寸和形状准确、表面平整光洁的构件。使用的工具主要包括木工刨和刨削机床，如图 5-38 所示。

① 木工刨。木工刨是常用的主要工具之一，根据刨削平、直、圆、曲的各种不同需要，刨的种类很多，一般按其用途和构造可分为平刨、槽刨、边刨、特形刨（球形刨、轴刨）等。

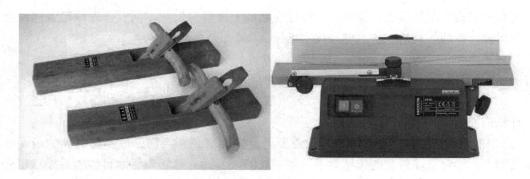

图 5-38　木材刨削工具

　　② 木工刨削机床。木工刨削机床通过刀轴带动刨刀高速旋转来进行切削加工。由于加工工艺要求不同，木材刨削机床有多种形式和规格，一般可分为平刨床和压刨床两大类。压刨床按一次性加工面的多少，分为单面和多面压刨床。

　　3）木材的凿削。木制品构件间结合的基本形式是框架榫孔结构。因此，在木制品构件上开出榫孔的凿削，是木制品成形加工的基本操作之一。

　　木材凿削加工时的主要工具是各种凿子，利用凿子的冲击运动，使锋利的刃口垂直切断木材纤维，并不断排出木屑，逐渐加工出所需的矩形或圆形榫孔。使用的工具主要包括木工凿和榫孔机床，如图 5-39 所示。

图 5-39　木材凿削工具

　　① 木工凿。木工凿按刃口形状分为平凿、圆凿和斜凿，其中平凿用得最多。

　　② 木工榫孔机床。木工榫孔机床的类型很多，工件上的榫孔是由空心插刀的上下往复运动（插削和配装）和在插刀内钻头的旋转运动（钻削）联合加工形成的。

　　4）木材的铣削。木材成形加工中，凹凸平台和弧面、球面等形状的加工比较普遍，其制作工艺较复杂，一般是在木材铣削机床上进行。木材铣削机床是一种万能设备，它能完成各种不同的加工，如直线成形表面（裁口、起线、开榫、开槽等）的加工和平面加工，但主要用于曲线外形加工。此外，木材铣削机床还可用作锯削、开榫和仿形铣削等多种作业，它是木材制品成形加工中不可缺少的设备，如图 5-40。

图 5-40　木材铣削机床

2. 木制品的结合形式

传统木制品最基本的结构形式是框架榫孔结构。近年来，由于材料、设备和工艺技术的改革和创新，出现了板式结构、曲木式结构和折叠式结构等。

（1）榫结合　这是由榫头插入榫孔构成的结合。根据结合部位的尺寸、位置、构件在结构中的作用等的不同，榫头有各种形式，各种榫又视制品结构的需要，有明榫和暗榫之分。

榫孔的形状和大小一般根据榫头而定。连接主要依靠榫头四壁与榫孔相吻合，因此榫头和榫孔在制作时，必须注意结构合理，配合密实。图 5-41 所示为常用的榫结合方式。

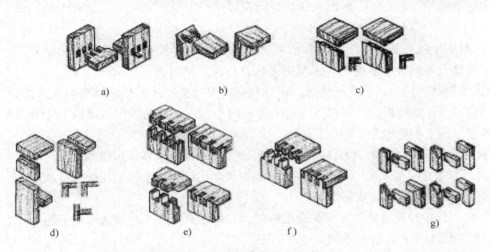

图 5-41　常用的榫结合方式

a）指楔榫　b）斜角圆榫结合　c）直榫上连接和斜连接　d）榫舌撑槽结合
e）燕尾榫　f）相接榫　g）排榫结合

常用的榫
结合方式

（2）胶结合　由于木材具有良好的胶合性能，当将胶液涂于刨削光洁的木材表面并紧密压在一起时，除结合面会形成胶膜外，胶液还沿结合面渗入木材的孔隙中，并在那里凝固，如同形成无数颗细小的胶钉钉入木材中，使胶接面具有一定的胶合强度，因而使两个待结合表面的木材纤维牢固结合成一个整体。胶结合是木制品常用的一种结合形式，主要用于实木板的拼接及榫头和榫孔的胶合，其特点是制作简便、结构牢固、外形美观，产品形式不受手工工艺的局限。

木材胶合时使用的胶粘剂种类很多，目前木制品行业中常用的胶粘剂有皮胶、骨胶及蛋白胶等。近年来使用最多的是合成树脂胶粘剂，如聚醋酸乙烯酯乳胶液和热熔胶等。聚醋酸乙烯酯乳胶液简称 PVAC 乳液，俗称乳白胶。这种胶为水性乳液，使用方便，具有良好和安全的操作性能，不易燃、无腐蚀性，对人体无刺激作用。它在常温下固化快，无须加热，并可得到较高的干状胶合强度，固化后的胶层无色透明，不污染木材表面。但乳胶液成本较高，耐水性、耐温性和耐热性差，易吸湿，在长时间静载荷作用下胶层会出现蠕变，故这种胶只适宜用于室内木制品。

（3）螺钉结合　螺钉结合是通过各种型号的螺钉将木材连接起来的一种连接方式。螺钉的结合强度取决于木材的硬度和钉的长度，并与木材的纹理有关。木材越硬、钉直径越大、长度越长、沿横纹结合，则强度大；否则强度小。常用的螺钉结合方式如图 5-42 所示。

3. 木材常用表面处理

（1）木材表面涂覆前处理　为了得到光滑光洁、花纹颜色一致和性能优良的被覆涂层，在进行涂层被覆前，要对木材制品表面进行前处理。主要是因为木材中含有树脂、色素和水

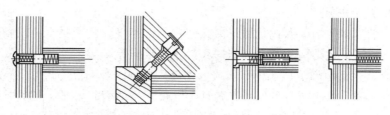

图 5-42　常用的螺钉结合方式

分等，它们对涂层被覆的附着力、干燥性和装饰性均有影响。前处理的主要过程有干燥、去毛刺等。

1）干燥。木材的干燥方法有自然风干和低温烘干两种。木材具有多孔性，易吸水和排水，因此新木材需要干燥到含水量在 8%~12% 时才能进行涂层被覆。

2）去毛刺。木制品表面虽经刨光或磨光，但总有些没有完全脱离的木纤维残留在表面，影响表面着色的均匀性，使被覆的涂层留下一些未着色的小白点，因此涂层被覆前一定要去除毛刺。高级木制品去毛刺处理方法如下：

① 在表面刷稀释的虫胶清漆，这样毛刺不能竖起，而且发脆，很容易用砂纸磨除干净。

② 用润湿的清洁抹布擦拭表面，使毛刺吸水膨胀而竖起，待表面干燥后用细砂纸或旧砂纸磨光。如在水中略加些骨胶水，效果更好。

③ 采用火燎法，即用排笔直刷上一层薄薄的酒精，立即用火点着。经过火燎的毛刺变硬发脆，易于用砂纸磨除干净，此法只适用于处理平面。

3）清除污物。受胶痕、油迹等污染弄脏的木制品表面，可先用砂纸磨光，再用棉纱蘸汽油擦洗干净，若仍然清洗不净时，可用短刨将表面刨净。

4）去松脂。大多数针叶树木材中都含有松脂。它们的存在会影响被覆涂层的附着力和颜色的均匀性。清除松脂常用的方法是用有机溶剂清洗，如用酒精、松节油、汽油、甲苯和丙酮等，也可用碱洗，待表面干净后，在清洗部位刷 1~2 道虫胶漆，防止木材内层的松脂继续渗出。

5）漂白。不少木材含有天然色素，如桑木、紫檀等具有黄、紫、红色素。对木材原色有时需要保留，以起到装饰作用。如果木制品要涂成浅淡的颜色或涂成与原来材料颜色无关的任意色彩时，木制品白坯表面要进行漂白，一般情况下，常在颜色较深的局部表面漂白处理，使涂层被覆前木材表面颜色取得一致。漂白的方法很多，常用的漂白剂有过氧化氢与氨水的混合液或氢氧化钠溶液等。

6）染色。为了得到纹理优美、颜色均匀的木质表面，木制品需要染色，木材的染色一般分为水色染色和酒色染色两种。水色是染料的水溶液，酒色是染料的醇溶液。溶解染料时，不论是水色染色或酒色染色，最好在玻璃杯、陶瓷罐或搪瓷盆内操作，不要使用金属容器，以免引起变色现象。

（2）木材表面贴覆　表面贴覆是将面饰材料通过胶粘剂粘贴在木制品表面而成一体的一种装饰方法。其工艺方法是：以木制人造板（刨花板、中密度纤维板、厚胶合板等）为基材，将基材按设计要求加工成所需的形状，覆贴底面的平衡板，然后用一整张装饰贴面材料对板面和端面进行覆贴封边。木材表面贴覆工艺在家具行业广泛应用。

表面贴覆工艺中的后成形加工技术是近年来开发的板材边部处理新技术。后成形加工技术改变了传统的封边或包边方式及生产工艺，可制作复杂曲线型的板式家具，使板式家具的外观线条柔和、平滑和流畅，一改传统家具直角边的造型，增加外观装饰效果，从而满足了消费者的使用要求和审美要求。常用的面饰材料有：聚氯乙烯膜（PVC 膜）、人造革、DAP

（磷酸氢二铵）装饰纸、三聚氰胺板、木纹纸；薄木等。图 5-43 所示为常见木材表面贴膜产品。

5.4.3　木材在产品设计中的应用

1. 广岛椅

广岛椅是著名设计师深泽直人的作品。深泽直人提出了"无意识设计"理念，主张用最少的元素来展示产品的全部功能。深泽直人加入日本家具老品牌 Maruni，设计了广岛系列家具，为这个老的家具品牌奠定了去繁为简的产品基调。广岛系列中的广岛椅，因其出色的外形设计、舒适的坐感，成为世界级经典座椅设计作品，如图 5-44 所示。

图 5-43　常见木材表面贴膜产品

图 5-44　广岛椅

广岛椅选用日本柏木制作。柏木材质细腻、清新，木纹简单、没有杂质，经过精心打磨，形成了优美的曲线，并保留了木材的原始纹理。椅背部分，亮点设计，加深加宽，能更好地承接背部。从后面看，椅背的线条缓慢柔和地过渡到扶手部分，整个曲线非常优美，包裹感强。扶手部分半弧度设计非常人性化。

广岛椅的加工过程是机械与手工加工的结合，主要包括椅子各个部件的制作、装配、表面处理三个过程。在椅子各个部件制作阶段先通过机械切割完成部件主体制作，然后进行人工打磨调整部件尺寸与精度，同时完成部件表面的初步打磨；在部件装配阶段使用胶粘剂粘接椅子各个部分的榫卯结构，完成椅子框架及椅背的装配；胶粘剂固化后进行整体打磨，最后在表面喷涂清漆，安装座面，完成椅子制作。其具体加工流程如图 5-45 所示。

图 5-45　广岛椅加工流程

2. 滑板

滑板是运动员脚踩的滑动器材，在不同地形、地面及特定设施上，完成各种复杂的滑行、跳跃、旋转、翻腾等高难度动作的技巧性运动。滑板一般由板面、支架、轮子、轴承和配件组成，如图 5-46 所示。滑板的核心部件板面一般由五层、七层或九层木板压制而成。

滑板制造的主要工艺是板面加工，板面的质量和细节打磨非常讲究。滑板板面制造主要包括枫木片粘接与压制、板面切割与打磨、表面喷漆与装饰三个流程。高端滑板的制造通常会用 7 片顶级品质的枫木薄片，经过涂胶机涂胶后依次叠放，然后在压力机的模具中压制成

图 5-46　滑板

基础形态；压制定形的木板依据尺寸样板完成切割与边缘打磨，用轮式砂光机与抛光机将滑板表面打磨抛光；喷涂底漆与面漆使滑板具有高光效果；最后的表面装饰通过热转印技术实现，在200℃引发化学反应，使墨水和油漆可以紧贴在滑板表面。图5-47所示为滑板板面加工工艺流程。

图 5-47　滑板板面加工工艺流程

3. 刨花板

刨花板也叫颗粒板，将各种枝芽、小径木、速生木材、木屑等切削成一定规格的碎片，经过干燥，拌以胶料、硬化剂、防水剂等，在一定的温度、压力下压制成的一种人造板，颗粒排列不均匀。刨花板是生产板式家具的主要材料，图5-48所示为刨花板及刨花板家具。

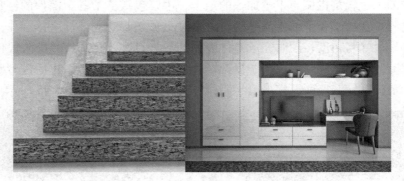

图 5-48　刨花板及刨花板家具

刨花板分为未饰面刨花板与饰面刨花板，饰面刨花板又分为浸渍纸饰面刨花板、装饰层压板饰面刨花板、单板饰面刨花板、表面涂饰刨花板、PVC饰面刨花板等。制作刨花板的原料包括木材或木质纤维材料，胶粘剂和添加剂等，前者占板材干重的90%以上。木材原料多取自林区间伐材、小径材（直径通常在8cm以下）、采伐剩余物和木材加工剩余物等，加工成片状、条状、针状、粒状的木片、刨花、木丝、锯屑等。非木质材料如植物茎秆、种子壳皮也可制成板材。

刨花板的生产方法按其板坯成形及热压工艺设备不同，分为间歇性生产的平压法和连续性生产的挤压法、辊压法。实际生产中以用平压法为主。刨花板生产工艺流程主要包括备料、干燥分选、调胶施胶、热压、后处理及砂光。热压是刨花板生产的关键工序，所起作用是使板坯中胶料固化，并将松散的板坯经加压后固结成规定厚度的板材。热压成型法主要制造家具配件、室内装修配件及托板等产品，胶粘剂以脲醛树脂为主，制品表面用单板或树脂浸渍纸复贴，一次成形。此外，还有在已制成的刨花板表面或未经热压的成形板坯上用模板加压，以制成浮雕图案的平面模压法等。图 5-49 所示为刨花板加工工艺流程。

图 5-49　刨花板加工工艺流程

复习思考题

5-1　试述塑料成形的主要方法。

5-2　试述常用塑料的特性与用途。

5-3　论述塑料制品的加工性。

5-4　举例说明塑料在产品设计中的应用。

5-5　简述橡胶的主要成形工艺。

5-6　试述常用橡胶的特性与用途。

5-7　举例说明橡胶在产品设计中的应用。

5-8　木材常用的成形工艺有哪些？

5-9　举例说明木材在产品设计中的应用。

第 6 章

无机非金属材料及其成形

6.1 无机非金属材料成形概述

非金属材料是除金属材料以外的所有材料的统称，除了有机高分子材料、复合材料之外，其他非金属材料种类多，范围广，并具有许多优良的独特性能，已在工程材料中占据重要地位。本章主要介绍陶瓷和玻璃这两种在产品设计中应用广泛的传统非金属材料。

1. 陶瓷材料及其成形工艺概述

陶瓷是以黏土为主要原料及各种天然矿物经过粉碎混合、成形和煅烧制得的材料以及各种制品。陶瓷材料大多是氧化物、氮化物、硼化物和碳化物等。常见的陶瓷材料有黏土、氧化铝、高岭土等。

陶瓷材料一般由晶相、玻璃相和气相组成，其性能由原料成分和制造工艺决定。陶瓷具有很高的耐热性能，陶瓷的线胀系数小，导热性较差。陶瓷的化学稳定性好，抗氧化性优良，对酸、碱、盐具有良好的耐蚀性。陶瓷有各种电学性能，大多数陶瓷具有高电阻率。许多陶瓷具有特殊的性能，如光学性能、电磁性能等。目前陶瓷已从日用、化工、建筑、装饰发展到微电子、能源、交通及航天等领域，是继金属材料、有机高分子材料之后的第三大类材料。

陶瓷的生产工艺流程为原料配制→坯料成形→制品烧成三个步骤。原料在一定程度上决定着陶瓷的质量和成形工艺的选择。传统陶瓷的主要原料有黏土、石英、长石。按照不同的制备过程，坯料可以是可塑泥料、粉料或浆料，以适应不同的成形方法。成形的目的是将坯料加工成一定形状和尺寸的半成品，使坯料具有必要的强度和一定的致密度。干燥后的坯件加热到高温进行烧成，目的是通过一系列的物理化学变化成瓷，并获得要求的强度、致密度等性能。

2. 玻璃材料及其成形工艺概述

玻璃是一种非晶型非金属固体材料，在常温范围内属脆性材料。工业上大量生产的普通玻璃是以石英为主要成分的硅酸盐玻璃，若加入适量的硼、铝、铜、铬等金属氧化物，可制成各种性质不同的高级特种玻璃，如石英玻璃、微晶玻璃、光敏玻璃、耐热玻璃等。

玻璃具有优良的透光和折光等光学性能，硬度高，抗压强度高，冲击振动易破坏，耐热震性差，化学稳定性佳，耐酸性能好（氢氟酸除外），耐碱性能较差，在干燥大气条件下，玻璃是良好的电绝缘体。特种工艺制造的玻璃具有防弹、耐热、防辐射等特殊性能。玻璃在日用器皿、建筑工程、机械工业、光学仪表、化工、电气电信、国防等部门获得了广泛的应用，是一种重要的工程材料。

玻璃的成形方法分为两类：热塑成形和冷成形，后者包括物理成形（研磨和抛光等）和化学成形（高硅氧质的微孔玻璃）。通常把冷成形归属到玻璃冷加工中，这里所言玻璃成形是指热塑成形。

6.2 陶瓷及其成形工艺

陶瓷是指以天然或人工合成的无机非金属物质为原料，经过成形和高温烧结而制成的固体材料和制品。陶瓷材料的应用已渗透到机械、建筑、化工、电子、航天、原子能等各类工业和科学技术领域。

6.2.1 陶瓷的分类及特性

1. 陶瓷的分类

陶瓷制品的品种繁多，它们之间的化学成分、矿物组成、物理性质以及制造方法，常常互相接近交错，无明显的界限，而在应用上却有很大的区别。常用的陶瓷主要分为三类。

（1）日用陶瓷　日用陶瓷是人们日常生活中必不可少的生活用品。

日用陶瓷主要有以下优良性能：易于洗涤和保持洁净；热稳定性较好，传热慢；化学性质稳定，经久耐用；瓷器的气孔极少，吸水率很低；彩绘装饰丰富多彩。日用陶瓷在人们的日常生活中应用很多，如餐具、茶具、咖啡具、饭具等，如图6-1所示。

（2）艺术陶瓷　艺术陶瓷主要指陶瓷艺术品中使用的陶瓷，艺术陶瓷有着悠久的历史，从新石器时期的印

图6-1　日用陶瓷产品

纹陶、彩陶的粗犷，到唐宋陶瓷五彩缤纷的色釉、釉下彩、白釉的烧造成功，以及刻画花等多种装饰方法的出现，都促进了艺术陶瓷的发展。

艺术陶瓷运用艺术手法进行装饰，装饰可在施釉前对坯体进行，也能在釉上、釉下和对釉本身进行。常用的具体方法有单色釉、杂色釉（窑变釉、花釉）、结晶釉、裂纹釉、釉上彩、釉下彩、釉中彩、金银彩、斗彩、贴花、喷花、印花、刷花、刻花、划花、剔花、塑雕等。

艺术陶瓷主要用来制作花瓶、雕塑、园林陶瓷、器皿、陈设品等。图6-2所示为典型艺术陶瓷产品。

（3）工业陶瓷　工业陶瓷指应用于各种工业的陶瓷制品，典型产品如图6-3所示。工业陶瓷分以下几种：

图6-2　艺术陶瓷产品

图6-3　工业陶瓷产品

1）建筑卫生陶瓷。如砖瓦、排水管、面砖、外墙砖、卫生洁具等。

2）化工陶瓷。用于各种化学工业的耐酸容器、管道，塔、泵、耐酸砖等。

3）化学瓷。用于化学实验室的瓷坩埚、蒸发皿、燃烧舟、研体等。

4）电瓷。用于电力工业高低压输电线路上的绝缘子、电机用套管等，如支柱绝缘子、低压电器和照明用绝缘子，以及电信用绝缘子、无线电用绝缘子等。

5）耐火材料。用于各种高温工业窑炉的耐火材料。

6）特种陶瓷。用于各种现代工业和尖端科学技术的特种陶瓷制品，有高铝氧质瓷、镁石质瓷、钛镁石质瓷等。

2. 陶瓷的性能

（1）力学特性　陶瓷材料是工程材料中刚度最好、硬度最高的材料，其硬度大多在1500HV 以上。陶瓷的抗压强度较高，但抗拉强度较低，塑性和韧性很差。

（2）热特性　陶瓷材料一般具有高的熔点（大多在 2000℃ 以上），且在高温下具有极好的化学稳定性；陶瓷的导热性低于金属材料，是良好的隔热材料。陶瓷的线胀系数比金属低，当温度发生变化时，陶瓷具有良好的尺寸稳定性。

（3）电特性　大多数陶瓷具有良好的电绝缘性，因此大量用于制作各种绝缘器件。铁电陶瓷（钛酸钡 $BaTiO_3$）具有较高的介电常数，可用于制作电容器，铁电陶瓷在外电场的作用下，还能改变形状，将电能转换为机械能（具有压电材料的特性），可用作扩音机、电唱机、超声波仪、声呐、医疗用声谱仪等。

（4）化学特性　陶瓷材料在高温下不易氧化，并对酸、碱、盐具有良好的耐蚀能力。

（5）光学特性　陶瓷材料还有独特的光学性能，可用作固体激光器材料、光导纤维材料、光储存器等，透明陶瓷可用于高压钠灯管等。磁性陶瓷（铁氧体如 $MgFe_2O_4$、$CuFe_2O_4$、Fe_3O_4）在变压器铁心、大型计算机记忆元件方面有着广泛的前途。

6.2.2　陶瓷成形工艺

陶瓷成形就是将原料制成具有一定形状、强度的坯体（生坯），经过烧结成为陶瓷的过程。坯料中加入水后，可形成一种特殊状态，具有了所需要的工艺性能。加入 28%～35%（质量分数，后同）的水，可使坯料颗粒形成悬浮液，成为注浆坯料；含水 18%～25%时则形成可塑坯料；含水 8%～15%时，则形成能捏成团的粉料；含水 3%～7%时为干压坯料。

同一产品可以用不同的方法来成形，生产中可按下列几方面来考虑：

（1）产品的形状、大小、薄厚等　形状复杂或较大、壁较薄的产品，多采用注浆法成形；具有简单回转体形状的器皿，可采用旋压、液压法等可塑成形。

（2）坯料的性能　可塑性好的坯料适合可塑成形；可塑性较差的瘠性料，可采用注浆或干压法成形。

（3）产品的产量和质量要求　产量大的产品可采用可塑法的机械成形；产量小的产品可采用注浆成形；产量小、质量要求也不高的产品，可采用手工可塑成形。

1. 注浆成形

注浆成形是将泥浆注入具有吸水性能的模具中而得到坯体的一种成形方法。其适于形状复杂、薄壁、体积较大且尺寸要求不严的制品。注浆成形后的坯体结构较均匀，但含水量大，干燥与烧成收缩较大，具有适应性强、无须专用设备、易投产的优点，故在陶瓷生产中应用普遍。传统的注浆成形是利用石膏的毛细作用，吸去泥浆中的水分而成坯的过程；现注浆成形泛指具有流动性的坯料成形过程，不再局限于石膏模具的自然脱水，可以通过人为施加外力来加速脱水。

（1）空心注浆　空心注浆指采用的石膏模没有型芯，故又称单面注浆。泥浆注满模型后，静置一段时间，待模型内壁吸附沉积形成一定厚度的坯体后，将剩余浆液倒出，然后带模干燥，当注件干燥收缩脱离模型后，即可脱模取出坯体。其外形取决于模的工作面，厚度取决于吸浆时间，同时还与模的温度、湿度及泥浆的性质有关。空心注浆法的缺点是坯料吃浆缓慢，泥浆耗量大，不能保持制品绝对的均一壁厚。这种方法适于薄壁类小型坯件的成形，具体过程如图6-4所示。

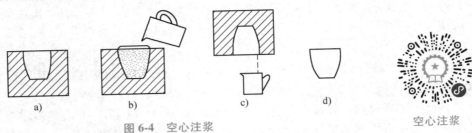

图 6-4　空心注浆
a）空石膏模　b）注浆　c）放浆　d）坯体

空心注浆

（2）实心注浆　实心注浆是将泥浆注入带有型芯的模型中，泥浆在外模与型芯之间同时向两侧脱水，浆料需不断补充，直至硬化成坯，又称双面注浆。为缩短吸浆时间，可用较浓的泥浆，粒度也可粗些。坯体外形取决于外模的工作表面，内形由型芯的工作表面决定。实心注浆的缺点是所用模具较复杂，易在制品壁内形成气泡。因此，用此方法浇注厚壁制品时，最好压入泥浆。实心注浆适用于内外表面形状、花纹不同的厚壁、大件的成形，具体过程如图6-5所示。

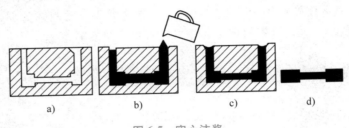

图 6-5　实心注浆
a）空石膏模　b）注浆　c）吸浆　d）坯体

实际生产中，可根据产品结构，将空心注浆和实心注浆结合起来。操作中需注意，石膏模干燥程度要适中，且模型各部位的干燥程度须一致，泥浆缓慢浇注避免出现气孔、针眼等缺陷，原料不宜过细，以免引起坯体变形和塌落。此法成形周期长、劳动强度大，不适于连续化、自动化生产，可采用强化注的方法，缩短生产周期，提高坯体质量。

（3）真空注浆　泥浆中一般都含有少量空气，这些空气会影响注件的致密度和制品的性能。对质量要求高的制品，泥浆要用真空处理，也可将石膏模置于真空室内浇注，可加速坯体形成，提高坯体致密度和强度，这些方法都叫作真空注浆。若用传统浇注方法形成10mm厚的坯体时，瓷器泥浆需用8h，精陶泥浆需用10h，而采用真空度为533Pa的真空浇注时，较传统方法可节省5~6h，当真空度增加至933Pa时，则仅分别需1h和1.5h即可。操作时要注意缓慢抽真空和进气，模型强度要高。

（4）离心注浆　离心注浆是指向旋转模型中注入泥浆，利用旋转模型产生的离心力作用，加速泥浆脱水过程的工艺。泥浆注入型腔后，由于离心力的作用，能形成致密的干涸层，并且排出泥浆中含有的气泡。

离心注浆成形具有厚度均匀、坯体致密的优点，但颗粒尺寸波动不能太大，否则会使大颗粒集中在模表面呈不均匀分布状态，造成坯体组织不均匀、收缩不一致的现象。模型转速要视产品大小而定，一般小于100r/min。此工艺适合旋转体类模型注浆。

（5）压力注浆　对于大型的陶瓷制品，注浆时间很长，又因为注件壁厚，当石膏模吸水能力不够时，就不易干涸。为了加速水分扩散，加快吸浆速度，提高注件的致密度，缩短注浆时间，并避免大型或异型注件发生缺料现象，必须在压力下将泥浆注入石膏模。一般的加压方法是将注浆斗提高，加大注浆压力，或用压缩空气将泥浆压入模型。将施有一定压力的泥浆通过管道压入模型内，待坯体成形后再取消压力，对于空心注浆的坯体，要倒出多余的泥浆。

根据所施泥浆压力的大小，可分为微压注浆，压力小于 0.03MPa；中压注浆，压力为 0.15~0.4MPa；高压注浆，压力可达 3.9MPa 以上。压力不同对模型的要求也不同，微压可采用传统的石膏模型，中压需采用高强度的石膏模型或树脂模型，高压则必须采用高强度的树脂模型。

注浆成形操作注意事项主要包括：

1）新制成的泥浆至少需存放（陈腐）一天以上再使用，用前须搅拌 5~10min。

2）浇注泥浆温度不宜太低，否则会影响泥浆的流动性。

3）石膏模型应轮换使用，使模型湿度保持一致。

4）注入泥浆时，为使模内的空气充分逸出，应沿漏斗徐徐不断地一次注满；最好将模子置于转盘上，一面注一面使之回转，借助离心力的作用，促使泥层均匀，减少坯内气泡，减小烧成变形。对于实心注浆，在泥浆注入后，可将模型稍微振动，促使泥浆充分流动将各处填满，并有利泥浆内的气泡逸出。

5）石膏模内壁在注浆前最好喷一层薄釉或撒一层滑石粉，以防粘模。

6）从空心注浆倒出的余浆和修整后的剩余废浆，在回收使用时，要先加水搅拌，洗去从模上混入的硫酸钙等可溶性盐类，再过筛过滤后与浆料配用。

7）注浆坯体脱模后需轻拿轻放，特殊形状的坯体最好放在托板上。

一般情况下，模具的使用次数为 60~80 次，此后模具将丧失有效吸水的能力。所用石膏的类型也很重要。采用高强度石膏可以制取寿命较长的模具，但坯料吃浆速度缓慢。造型石膏模具有较高的坯料吃浆速度，但其强度低，易损坏，并且泥浆的湿度越大，损坏得越快。在生产实践中，陶瓷厂家大多采用不同类型石膏的混合物制作模具。图 6-6 所示为石膏模具使用流程。

图 6-6　石膏模具使用流程

2. 可塑成形

可塑成形是指在陶瓷配料中加入 16%~25%（质量分数）的水分，调成具有可塑性的坯料，用机器挤压或手捏成形的工艺过程。可塑成形工艺在传统陶瓷中的应用较多，方法也很多，但一些手工的传统工艺已逐渐被机械化的现代工艺取代，仅存在小批量生产或少量复杂的工艺品生产中。常用的成形工艺，按使用外力的操作方法不同，可分为以下几种。

（1）雕塑与拉坯　雕塑和拉坯都是陶瓷生产的传统方法，由于简便、灵活，量少而形状特殊的器物目前仍在使用这些方法。

1）雕塑。形状为人物、鸟兽或多角形器物，多采用手捏或雕塑法成形，制造时视器物形状而异，仅用于某些工艺品制作，技术要求高，效率低。陶瓷雕塑依其操作方法的不同，大致可分为圆雕、捏雕、浮雕、镂雕、银雕等，涵盖陈列美术品、玩具到生活器皿等。图6-7所示为陶瓷雕塑成形作品。

图6-7　陶瓷雕塑成形作品

2）拉坯。拉坯是制作陶瓷的重要工序之一，是成形的最初阶段，也是器物的雏形制作，操作人员在人力或动力驱动的辘轳上完全用手工制出生坯的成形方法。要求坯料的屈服强度不宜太高，而最大变形量要大些，因此坯料水分较大。其特点是设备简单，劳动强度大，工人需有熟练的操作技术，尺寸精度低。拉坯适用于小型、复杂制品的小批量生产。图6-8所示为陶瓷拉坯成形流程。

图6-8　陶瓷拉坯成形流程

陶瓷拉坯成形流程

（2）旋压成形　旋压成形是指利用旋转的石膏模与样板刀成形。将经真空练泥的泥团放在含水率为4%~14%（质量分数）的石膏模中，将石膏模放在辘轳机上，使其转动，然后慢慢放下样板刀（型刀）。由于样板刀的压力，泥料均匀地分布在内表面，多余的泥料则粘在样板刀上被清除。这样，模壁和样板刀转动所构成的空隙被泥料填满而旋制成坯件。样板刀口的工作弧线形状与模型工作面的形状构成了坯件的内外表面，样板刀口与模型工作面的距离即为坯件的壁厚。

成形方式有两种，凸模成形时，石膏模壁形成坯件的内形，样板刀旋压出坯件的外形；凹模成形时则相反，旋压成形如图6-9所示。

旋压成形的优点为产品精度高，表面光洁；产品的性能好，应用范围广；材料利用率高，产品成本低；工艺和装备简单；适应性强，可以旋制大型深孔制品。其缺点是成形质量不高，劳动强度较大，要有一定的操作技术，效率低。

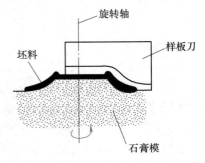

图6-9　旋压成形

（3）滚压成形　滚压成形是在旋压成形的基础上发展起来的一种新的可塑成形方法，它与旋压成形的不同之处是将扁平的样板刀改为回转型的滚压头。成形时，盛放泥料的模型和滚压头分别绕其轴线以一定的速度同方向旋转。滚压头在旋转的同时逐渐靠近盛放泥料的模型，对坯泥进行滚压作用而成形。由于坯泥是均匀展开，受力由小到大比较缓和、均匀，因此坯体组织结构均匀，且滚头与坯泥的接触面积较大，受压时间较长，坯体较致密，强度也大。另外，成形是靠滚压头与坯体相"碾压"而成形，故表面光滑，克服了旋压成形的弱点而得到广泛应用。滚压也可采用两种成形方式，由压头决定坯体外形的称外滚压，也称凸模滚压，适于扁平状宽口器皿和内表面有花纹的坯体成形；由滚压头形成坯体内表面的称内滚压，也称凹模滚压，适于口小而深的制品成形，滚压成形过程如图 6-10 所示。

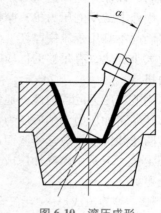

图 6-10　滚压成形

滚压成形有坯体质量好、产量大、适于自动化生产的特点。

（4）挤压与车坯成形

1）挤压成形。由真空挤泥机将坯泥挤压成各种管状、棒状及断面和模孔一致的产品。其具有产量大、操作简单、可连续化生产的特点，但坯体形状简单，有些尚需经车坯成形，且形体较软易变形。

2）车坯成形。在车床上将挤压成形的泥段再加工成外形复杂的柱状制品。车坯可分干车，泥段含水 6%～11%；湿车，泥段含水 16%～18%。干车坯体尺寸精确，但粉尘大、效率低、刀具磨损大，已逐渐由湿车替代，但湿车精度低，有变形。

（5）塑压成形　又称兰姆成形，是将泥料放在模型内，常温下压制成坯，上、下模一般由石膏制成，模型内盘绕一根多孔纤维管，以便通压缩空气或抽真空。成形时，将泥团置于底模上，压下上模后，对上、下模抽真空挤压成形；脱模时，先对底模通压缩空气，使坯体与底模脱离，上模同时要抽真空吸附坯体；再将坯体放在托板上，对上模通压缩空气，使坯体脱模。成形压力由坯料的含水量定，含水量为 28% 时，压力为 1.5MPa，含水量降为 23% 时，压力可增至 3.5MPa。此法的特点是适用于非旋转对称的盘、碟类制品，坯体致密，自动化程度高，但模寿命短、成本高。目前国外多采用多孔树脂模。

（6）注塑成形　又称注射成形，采用瘠性物料与有机添加剂混合加压挤制成形，由塑料工业移植而来。注塑成形可用于复杂形状大型制品的成形；成本高，多用于特种陶瓷。

（7）轧模成形　坯料多由瘠性物料和有机粘合剂构成，在轧模机上反复混练反复粗轧，以保证坯料均匀并排除气泡；然后逐渐减小轧辊间距进行精轧，直至轧成所需薄膜的厚度。其特点是工艺简单，练泥与成形同时进行，膜片表面光滑、均匀、致密，适于电容器坯片等薄片状制品。

3. 压制成形

压制成形是指在坯料中加入少量水或塑化剂，然后在金属模具中经较高压力被压制成形的工艺过程。压制成形可用于对坯料可塑性要求不高的生产过程，建筑陶瓷的生产多用这种成形方法。此法具有生产过程简单、坯体收缩小、致密度高、产品尺寸精确的优点。但传统的压制工艺不利于形状复杂的制品成形，目前多采用等静压成形。

（1）干压或半干压成形　干压或半干压成形是以坯料的含水量来划分的，干压成形压力较大时，要求粉料的含水率低，反之应高些。成形时将坯料置于钢模中，由压力机加压即可。

由于坯料中存在空气，故开始加压时压力宜小些，以利于空气排出，然后短时内释放压力，使受压气体逸出。初压时坯体疏松，空气易排出，可以稍快加压；当加至高压颗粒紧密靠拢时，需放慢加压速度，以免残余空气无法排出，否则在释放压力后会出现空气膨胀、回弹而产生层裂。如坯体较厚，或粉料颗粒较细，流动性较小，也要减慢加压速度，并延长加压时间，以保证坯体达到一定的密度要求。

生产上常用的压力机有摩擦压机，其特点是对施压的坯料加压和卸压速度快，保压时间短，因此不宜用于压制厚坯。液压机的特点是每次加压时施加的压力是恒定的，施压时间随压力大小变化，有足够的保压时间，适用于压制厚坯。也可采用摩擦压力机与液压机结合的压力机。

为改善压力的均匀性，通常采用多次加压。如用摩擦压力机压制地砖时，通常加压3~4次。开始稍加压力，然后压力加大，不致封闭空气排出的通路。最后一次提起上模时要轻、缓，防止残留空气急速膨胀而产生裂纹。对于液压机等，当坯体密度要求非常严格时，可在某固定压力下采用多次加压或多次换向加压的方式。在加压的同时振动粉料（振动成形）效果会更好。

（2）等静压成形　等静压成形是利用液体或气体不可压缩性和均匀传递压力的特性来实现均匀施压成形。成形坯料含水量一般小于3%。克服了单向压制坯体压力分布不均的缺点，具有结构均匀、坯体密度大、生坯强度高、制品尺寸精确、烧成收缩小、可不用干燥直接上釉或烧成、粉料中可不加或少加粘合剂、模具制作方便等优点。等静压成形可制取形状复杂、*H/D* 大的坯体。其不足之处在于设备费用高，投资大，成形速度慢且在高压下操作，需有保护措施。

根据成形温度的不同，等静压成形可分为常温和高温等静压。高温等静压属热压烧结，是一种使坯体成形与烧成同时进行的工艺，多用于先进陶瓷材料。

根据成形模具结合形式的不同，常温等静压可分为干袋法和湿袋法两种。若传递压力的介质是液体，称液等静压；若是气体或弹性体（如橡胶等），称均衡压制成形。

湿袋法采用的模具与高压容器互不相连，故几个模具可同时放入成形。弹性模具先装满坯料，密封后置于高压容器内，由高压泵压入液体介质，使粉料均匀受压（通常使用压力为100~600MPa），最后减压取出坯模。此法适于试验研究或小批量生产，或压制形状复杂、特大制品等，操作费时。

干袋法是将弹性模具直接固定在高压容器内。加料后密封模具就可以升压成形。成形后的坯体直接脱模取出，不必移动模具。因此节省了在高压容器内取放模具的时间，加快了成形速度。但此法只是模具周围受压，模具的底部和顶部无法加压，制品的致密性和均匀性不及湿袋法，仅适于成批生产形状简单的制品。

6.3　玻璃及其成形工艺

6.3.1　玻璃的分类及性能

1. 玻璃的分类

按化学成分不同可将玻璃分为钠玻璃、钾玻璃、铅玻璃、硼玻璃、石英玻璃及铝镁玻璃等；按用途和性能不同可将玻璃分为建筑玻璃、日用玻璃和技术玻璃等。下面按照用途介绍不同类型的玻璃。

（1）建筑玻璃　建筑玻璃具有表面晶莹光洁、透光、隔声、保温、耐磨、耐气候变化、材质稳定等优点。它是以石英砂、砂岩或石英岩、石灰石、长石、白云石及纯碱等为主要原料，经粉碎、筛分、配料、高温熔融、成形、退火、冷却、加工等工序制成。

建筑玻璃包括平板玻璃、控制声光热玻璃、安全玻璃、装饰玻璃及特种玻璃，如图 6-11 所示。平板玻璃包括普通平板玻璃和高级平板玻璃（浮法玻璃）。控制声光热玻璃包括热反射镀膜玻璃、低辐射镀膜玻璃、磨砂玻璃、中空玻璃、泡沫玻璃、玻璃空心砖等。安全玻璃包括夹丝玻璃、夹层玻璃、钢化玻璃等。装饰玻璃包括彩色玻璃、压花玻璃、镜面玻璃、玻璃马赛克等。特种玻璃包括防辐射玻璃（铅玻璃）、电热玻璃、防火玻璃等。

图 6-11　建筑玻璃

（2）日用玻璃　日用玻璃是日常生活中使用的玻璃，具有良好的透视、透光性能，有一定的保温性能，有较高的化学稳定性，热稳定性较差，急冷急热能力差。

日用玻璃包括瓶缸玻璃、器皿玻璃、工艺美术玻璃等。瓶缸玻璃包括啤酒瓶、饮料瓶、食品瓶、试剂瓶、化妆品瓶、牛奶瓶等。器皿玻璃包括玻璃杯、保温瓶、钢化器皿等，如图 6-12 所示。

（3）技术玻璃　泛指某些技术部门所用具有特殊性质或综合性质的玻璃。技术玻璃的性能比较优异，如光学玻璃具有高度的透明性、化学及物理学上的高度均匀性，具有特定和精确的光学常数。

技术玻璃包括光学玻璃、仪器和医疗玻璃、电真空玻璃、照明器具玻璃及特种技术玻璃。光学玻璃包括镜头、反射镜、玻璃眼镜等；仪器和医疗玻璃包括仪器玻璃、温度计等；电真空玻璃包括灯泡壳、荧光灯、显像管等；照明器具玻璃包括灯罩、反射器等；特种技术玻璃包括半导体玻璃、导电玻璃、磁性玻璃、防辐射玻璃、耐高温玻璃、激光玻璃等，如图 6-13 所示。

图 6-12　日用玻璃　　　　图 6-13　技术玻璃

2. 玻璃的性能

（1）光学性能

1）透光性。材料能使光线透过的性能叫透光性。评定玻璃的透光性能，用透光率（或称透明度）衡量。所谓透光率，是指某一物体能透过的光能量和射到它表面的光的总能量之比，以百分数表示。对一般玻璃来说，透过的光线越多，被吸收的越少，其质量越好，如良好的窗用平板玻璃（厚2mm），其透光率可达90%，反射约8%，吸收约2%。

2）折光性。材料能使透过的光线偏离入射线方向的性能叫折光性。衡量玻璃制品折光性能的好坏以折射率表示。对于光学玻璃，其折射率是很重要的性能，每种光学仪器玻璃都要求具有一定的折射率。玻璃的折射率因成分不同而异，普通玻璃为1.48~1.53，晶质玻璃（即铅玻璃）为1.61~1.96。

（2）力学性能

1）抗拉强度。玻璃的抗拉强度是玻璃最重要的力学性能之一，一般玻璃的抗拉强度不高，约为59~79MPa。在玻璃组分中，增加CaO含量，可使抗拉强度显著提高。玻璃表面存在微小的裂痕，会降低其强度，淬火玻璃的抗拉强度比退火玻璃高，一般约高5~6倍。

玻璃抗拉强度的大小与其状态密切相关，块状、棒状玻璃的抗拉强度较低，而玻璃丝的抗拉强度则很高，约为块状、棒状玻璃的20~30倍。玻璃纤维直径越细，其抗拉强度越高。

2）抗压强度。玻璃有很高的抗压强度，一般比抗拉强度高14~15倍，各种玻璃的抗压强度与其化学成分有关，同时取决于结构和制造工艺。SiO_2含量高的玻璃有较高的抗压强度，而CaO、Na_2O及K_2O等氧化物则是降低抗压强度的因素。玻璃在运输、保管中，要考虑其抗拉强度小、抗压强度大这一特性，避免因破碎而造成损失。

3）脆性。玻璃在冲击和动负荷作用下，很容易破碎，是一种典型的脆性材料，因而限制了它的使用范围。脆性取决于玻璃制品的形状和厚度（冲击韧度随着玻璃厚度的增加而增加）。玻璃退火不良和化学成分均匀性差，均会降低玻璃的冲击韧度而增加其脆性。玻璃淬火后可显著提高其冲击韧度。因此，为了改善玻璃的脆性，可以通过夹层、夹丝、微晶化和淬火钢化等方法来提高玻璃的冲击韧度和抗弯强度。

4）硬度。玻璃的硬度很高，约为莫氏6~8级，比一般金属硬，仅次于金刚石、刚玉、碳化硅等磨料。所以加工研磨玻璃要用金刚砂，切割玻璃要用金刚石刃具。

玻璃硬度的大小，主要取决于化学组成。石英玻璃及含有10%~12%B_2O_3（质量分数）的硼硅酸盐玻璃硬度较大，含碱性氧化物（Na_2O、K_2O）多的玻璃硬度较小，含PbO的晶质玻璃硬度最小。

（3）热学性能

1）热膨胀。玻璃受热后的膨胀大小，一般以线胀系数或体胀系数来表示。玻璃的热胀系数，在应用方面具有很大的实际意义，如不同成分的玻璃的焊接或熔接、叠层套料玻璃的制造，都要求具有近似的热胀系数。电真空玻璃需将玻璃和金属熔封，也要考虑其膨胀系数。玻璃热胀系数的大小，取决于它的化学组成。石英玻璃的热胀系数最小，含Na_2O及K_2O多的玻璃制品的热胀系数最高。

2）导热性。玻璃的导热能力差，其热导率只有钢的1/400。玻璃导热能力主要取决于密度。密度相同的玻璃，虽然成分不同，热导率却相差极小，一般来说，透明石英玻璃的导热性最好，普通钠钙玻璃的导热性最差。

3）热稳定性。玻璃能经受急剧的温度变化而不致破裂的性能，称为热稳定性。玻璃是热稳定性很差的物质，在急冷急热的情况下很容易炸裂，这是由于温度急变时，玻璃内部产生的内应力超过了玻璃强度的缘故。

（4）化学性能 化学稳定性即玻璃抵抗气体、水、酸、碱或各种化学试剂的能力，可分为耐水、耐酸性与耐碱性。化学稳定性不仅对于玻璃的使用，而且对玻璃的加工，如磨光、镀银、酸蚀等也有重要意义。酸、碱及水都能与玻璃起化学作用，仅是程度上的大小不同。当水、酸、碱的溶液作用玻璃时，玻璃的某些部分遭受破坏，使光亮的玻璃表面呈现出粗糙发毛的现象。

碱性溶液对玻璃的作用要比酸性溶液、水或潮气要强烈得多。若窗玻璃的化学稳定性不够，当其长期经受大气、雨水的侵蚀作用后，表面将产生斑点、发毛和出现晕色。有时当化学稳定性不良的窗玻璃成垛堆放，经受潮气的侵蚀作用后，会溶合成一个整体。因此，玻璃的化学稳定性是非常重要的性能指标。

（5）电性能 玻璃有传导电流的能力，一般属于离子导电类型。另外有些玻璃（含钒酸盐、硫、硒化合物等）具有电子导电性，可作为玻璃半导体。但大部分团状硅酸盐玻璃在常温下具有较高的电阻率，可作绝缘材料使用。因此，玻璃可以用来制造电话、电报和其他电学仪上的绝缘器材，玻璃织物可以作为导线和各种电机上的绝缘材料。

3. 常用玻璃

常用玻璃有十多种，如普通平板玻璃、浮法玻璃、压花玻璃、磨砂玻璃、夹丝玻璃、电热玻璃、石英玻璃等。

（1）普通平板玻璃 普通平板玻璃有较好的透明度，表面平整。用于建筑物采光、商店柜台、橱窗、交通工具、制镜、仪表、农业温室、暖房以及加工其他产品等。

（2）浮法玻璃 浮法玻璃表面特别平整光滑，厚度非常均匀、光学畸变较小。用于高级建筑门窗、橱窗、指挥塔窗、夹层玻璃原片、中空玻璃原片、制镜玻璃、有机玻璃模具，以及汽车、火车、船舶的风窗玻璃等。

（3）压花玻璃 由于玻璃表面凹凸不平，当光线通过玻璃时即产生漫反射，因此从玻璃的一面看另一面的物体时，物像就模糊不清，造成了这种玻璃透光不透明的特点。另外，又具有各种花纹图案，各种颜色，艺术装饰效果甚佳。用于办公室、会议室、浴室、厨房、卫生间以及公共场所分隔室的门窗和隔断等。

（4）磨砂玻璃及喷砂玻璃 两者均具有透光不透视的特点。由于光线通过这种玻璃后形成漫反射，所以它们还具有避免眩光的特点。用于需要透光不透视的门窗、隔断、浴室卫生间及玻璃黑板、灯具等。

（5）夹丝玻璃 具有均匀的内应力和一定的韧性，当玻璃受外力引起破裂时，由于碎片粘在金属丝网上，故可裂而不碎，碎而不落，不致伤人，具有一定的安全作用及防振、防盗作用。用于高层建筑、天窗、振动较大的厂房及其他要求安全、防振、防盗、防火之处。

（6）夹层玻璃 这种玻璃受剧烈振动或撞击时，由于衬片的粘合作用，玻璃仅呈现裂纹，而不落碎片。它具有防弹、防振、防爆性能。用于高层建筑门窗、工业厂房门窗、高压设备观察窗、飞机和汽车挡风窗及防弹车辆、水下工程、动物园猛兽展窗、银行等。

（7）钢化玻璃 具有弹性好、冲击韧度高、抗弯强度高、热稳定性好以及光洁、透明的特点，在遇超强冲击破坏时，碎片呈分散细小颗粒状，无尖锐棱角，因此不致伤人。用于建筑门窗、幕墙、船舶、车辆、仪器仪表、家具、装饰等。

（8）中空玻璃 具有优良的保温、隔热、控光、隔声性能，如在玻璃与玻璃之间，充以各种漫射光材料或介质等，则可获得更好的声控、光控、隔热等效果。用于建筑门窗、幕墙、采光顶棚、花棚温室、冰柜门、细菌培养箱、防辐射透视窗以及车船挡风玻璃等。

（9）电热玻璃 具有透光、隔声、隔热、电加温、表面不结霜冻、结构轻便等特点。用于严寒条件下的汽车、电车、火车、轮船和其他交通工具的风窗玻璃以及室外作业的瞭望、探视窗等。

（10）石英玻璃 具有各种优异性能，有"玻璃王"之称。它具有耐热性能高、化学稳定性好、绝缘性能优良、能透过紫外线和红外线；强度比普通玻璃高，质地坚硬，但抗冲击性能差，同时具有较好的耐辐照性能。用于各种视镜、棱镜和光学零件，高温炉衬，坩埚和烧嘴，化工设备和试验仪器，电气绝缘材料，在耐高压、耐高温、耐强酸及耐热稳定性等方面有一定要求的玻璃制品。

6.3.2 玻璃成形工艺

玻璃的成形是指从熔融玻璃液转变为具有固定几何形状制品的过程。整个成形过程分造型和定形两个阶段，主要成形方法有吹制法（空心玻璃制品）、压制法（某些容器玻璃）、压延法（压花玻璃）、浇铸法（光学玻璃等）、焊接法（仪器玻璃）、浮法（平板玻璃）、拉制法（平板玻璃）等。

1. 日用玻璃的成形

日用玻璃主要包括瓶罐玻璃、器皿玻璃等，这类玻璃的成形方法有人工成形和机械成形两种。

（1）人工成形 人工成形是一种比较原始的成形方法，但目前在一些特殊的玻璃制品成形中仍在使用，如仪器玻璃的成形等。

这种方法目前最常用的是人工吹制法。具体是由操作人员用一空心吹管，将熔制好的玻璃料挑起，然后依次完成均匀收成小泡、吹制、加工等操作而使玻璃制品成形。这种成形方法要求操作人员具有丰富的工作经验和熟练的操作手法。图 6-14 所示为玻璃人工成形工艺。

图 6-14 玻璃人工成形

（2）机械成形 一般空心制品的成形机大多采用压缩空气或液压为动力，推动气缸带动机器动作。

空心制品的机械成形可以分为供料与成形两大部分。

1）供料。不同的成形机，要求的供料方法不同，主要有以下三种：

① 液流供料。利用池窑中玻璃液本身的流动进行连续供料。

② 真空吸料。在真空作用下将玻璃液吸出池窑进行供料。主要用于罗兰特和欧文斯成形机。它的优点是料滴的形状、重量和温度均匀性比较稳定，成形的温度较高，玻璃分布均匀，产品质量好。

③ 滴料供料。滴料供料是使池窑中的玻璃液流出，达到所要求的成形温度，由供料机制成一定重量和形状的料滴，经一定的时间间隔顺次将料滴送入成形机的模型中。

2）成形。空心玻璃制品的成形通常有压制法与吹制法两种。

① 压制法。压制法所用的主要机械部件有模型、凸模和模杯，采用供料机供料和自动压力机成形。其成形过程如图 6-15 所示。

压制法能生产实心和空心玻璃制品，如玻璃砖、透镜、电视显像管的面板及锥体、耐热餐具、水杯、烟灰缸等。压制法的特点是制品的形状比较精确，能压出带花纹的制品，工艺简便，生产效率较高。

　　② 吹制法。机械吹制可以分为压-吹法、吹-吹法、转吹法、转式吹制法等。

　　a. 压-吹法。该法的特点是：先用压制的方法制成制品的口部和雏形，然后再移入成形模中吹成制品。因为雏形是压制的，制品是吹制的，所以称为压-吹法。

　　成形时口模放在雏形模上，由滴料供料机送来的玻璃液料滴落入雏形模后，凸模向下压制成口部和雏形，然后将口模连同雏形移入成形模中，放下吹气头，用压缩空气将雏形吹成制品，最后，打开口模取出制品，进行退火。压-吹法主要用于生产广口瓶、小口瓶等空心制品。其成形过程如图 6-16 所示。

　　b. 吹-吹法。该方法的特点是先在带有口模的雏形模中制成口部和吹成雏形，再将雏形移入成形模中吹成制品。因为雏形和制品都是吹制的，所以称为吹-吹法。吹-吹法主要用于生产小口瓶。根据供料方式不同又分为翻转雏形法和真空吸吹法。

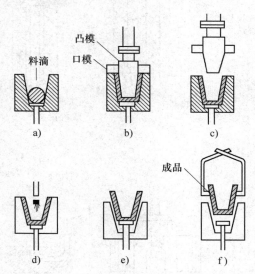

图 6-15　压制成形示意图

a) 料筒进模　b) 施压　c) 凸模、口模抬起
d) 冷却　e) 顶起　f) 取出

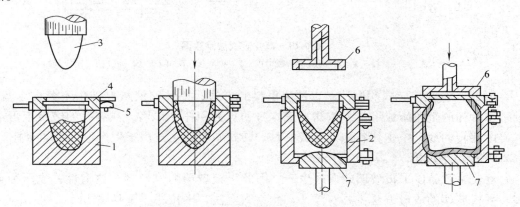

图 6-16　压-吹法成形广口瓶示意图

1—雏形模　2—成形模　3—冲头　4—口模　5—口模铰链　6—吹气头　7—模底

　　翻转雏形法的特点是用雏形倒立的办法使滴料供料机送来的玻璃料滴落入带有口模的雏形模中，用压缩空气将玻璃液向下压实形成口部（俗称扑气）。在口模中心有一特制的型芯，称为顶芯子，以便使压下的玻璃液做出适当的凹口。口部形成后，口模中的顶芯子自行下落，用压缩空气向形成的凹口吹气（倒吹气）形成雏形，然后将雏形翻转移入正立的成形模中，重热、伸长、吹气，最后吹成制品。其成形过程如图 6-17 所示。

　　真空吸吹法首先将玻璃液直接吸入正立的雏形模中。雏形模下端开口，上端为口模。模的下端浸入玻璃液中，借真空的抽吸作用，将模内空气从口模排出，使整个雏形模和口模吸满玻璃液。然后，将雏形模提高使之离开玻璃液面，并用滑刀沿模型下端切断玻璃液。打开雏形模使雏形自由悬挂在口模中，微吹气并进行重热和伸长，接着移入成形模，用压缩空气吹成制品。真空吸吹法示意图如图 6-18 所示。

　　c. 转吹法。转吹法是吹-吹法的一种，只是在吹制时料泡不停地旋转。所用模型是用水冷却的衬炭模。转吹法主要吹制薄壁器皿、电灯泡、热水瓶胆等。

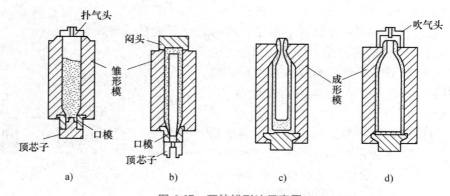

图 6-17　翻转雏形法示意图

a）落料扑气　b）倒吹气　c）翻转入成形模　d）吹制

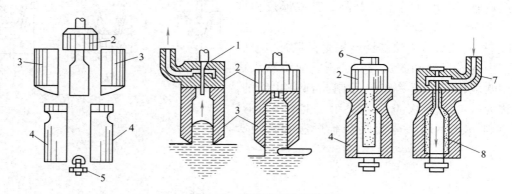

图 6-18　真空吸吹法示意图

1—吸气头　2—口模　3—雏形模　4—成形模　5—模底板　6—闷头　7—吹气头　8—制品

d. 转式吹制法。转式吹制法是以液流供料的方式，使玻璃液从料碗中不断向下流泻，经过用水冷却的辊角压成带状。依靠玻璃本身的重力和扑气作用，在有孔的链带上形成料泡，再由旋转的成形模抱住料泡，吹成制品。转式吹制法主要用于生产电灯泡和水杯。

2. 平板玻璃成形

大量玻璃产品以平板玻璃的形式生产，因此平板玻璃的成形具有典型性，成形种类也较多。平板玻璃的成形方法主要有浮法、垂直引上法、平拉法、压延法。

（1）浮法成形　浮法是指熔窑熔融的玻璃液流入锡槽后，在锡液的表面成形平板玻璃的方法。熔窑的配合料经熔化、澄清均化、冷却成为温度为 1150~1100℃ 的玻璃液，通过熔窑与锡槽相接的流槽，流入熔融的锡液面上，在自身重力、表面张力以及拉引力的作用下，玻璃液摊开成为玻璃带，在锡槽中完成抛光与拉薄，锡槽末端的玻璃带已冷却到 600℃ 左右，把即将硬化的玻璃带引出锡槽，通过过渡辊台进入退火窑，浮法生产玻璃的过程如图 6-19 所示。

（2）垂直引上法成形　垂直引上法成形可分为有槽垂直引上法和无槽垂直引上法两种。

1）有槽垂直引上法。有槽垂直引上法是使玻璃通过槽子砖缝隙成形平板玻璃的方法，其成形过程如图 6-20 所示。

玻璃液由通路 1 经大梁 3 的下部进入引上室，小眼 2 供观察、清除杂物和安装加热器。进入引上机的玻璃液在静压作用下，通过槽子砖 4 的长形缝隙上升到槽口。此处玻璃液的温度为 920~960℃，在表面张力的作用下，槽口的玻璃液形成葱头状板根 7，板根处的玻璃液在引上机 9 的石棉辊 8 的拉引下不断上升与拉薄形成原板 10。玻璃原板在引上后受到主水包 5、辅助水包 6 的冷却而硬化。槽子砖是成形的主要模具。

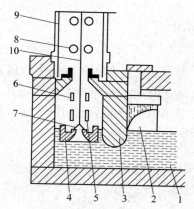

浮法成形

图 6-19 浮法生产玻璃的过程示意图

1—流槽 2—玻璃液 3—碹顶 4—玻璃带 5—锡液 6—槽底
7—保护气体管道 8—拉边器 9—过渡辊台 10—闸板

2）无槽垂直引上法。图 6-21 所示为无槽垂直引上室的结构示意图。有槽与无槽引上室的主要区别是：有槽法采用槽子砖成形，而无槽法采用沉入玻璃液内的引砖并在玻璃液表面的自由液面上成形。

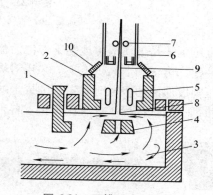

图 6-20 有槽垂直引上室

1—通路 2—小眼 3—大梁 4—槽子砖
5—主水包 6—辅助水包 7—板根
8—石棉辊 9—引上机 10—原板

图 6-21 无槽垂直引上室

1—大梁 2—L 型砖 3—玻璃液 4—引砖
5—冷却水包 6—引上机 7—石棉辊
8—板根 9—原板 10—八字水包

由于无槽垂直引上法采用自由液面成形，所以由于槽口不平整（如槽口玻璃液析晶，槽唇侵蚀等）引起的波筋就不再产生，其质量优于有槽法，但无槽垂直引上法的技术操作难度大于有槽垂直引上法。

（3）平拉法成形 平拉法与无槽垂直引上法都是在玻璃液的自由液面上垂直拉出玻璃板。但平拉法垂直拉出的玻璃板在 500~700mm 高度处，经转向辊转向水平方向，由平拉辊牵引，当玻璃板温度冷却到退火上限温度后，进入水平辊道退火窑退火。玻璃板在转向辊处的温度为 620~690℃，图 6-22 所示为平拉法成形示意图。

（4）压延法成形 用压延法生产的玻璃品种有压花玻璃（2~12mm 厚的各种单面花纹玻璃）、夹丝网玻璃（制品厚度为 6~8mm）、波形玻璃（有大波、小波之分，其厚度为 7mm 左右）、槽形玻璃（分无丝和夹丝两种，其厚度为 7mm）、熔融法玻璃马赛克、熔融微晶玻璃花岗岩板材（厚度为 10~15mm）

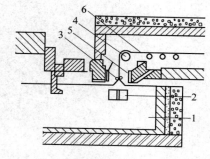

图 6-22 平拉法成形示意图

1—玻璃液 2—引砖 3—拉边器 4—转向辊
5—水冷却器 6—玻璃带

151

等。目前，压延法已不再用来生产光面窗用玻璃和制镜用平板玻璃。压延法有单辊压延法和对辊压延法两种。

单辊压延法是一种古老的方法，是把玻璃液倒在浇铸平台的金属板上，然后用金属压辊滚压成平板（图6-23a），再送入退火炉退火。这种成形方法无论在产量、质量或成本上都不具有优势，为淘汰的成形方法。

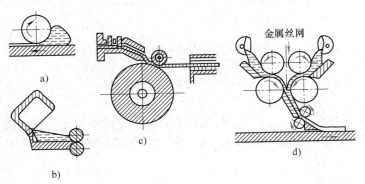

图 6-23 压延法成形示意图

a) 单辊压延 b) 辊间压延 c) 对辊压延 d) 夹丝压延

对辊压延法是玻璃液由池窑工作池沿流槽流出，进入成对的用水冷却的中空压辊，经滚压而成平板，再送到退火炉退火。采用对辊压制的玻璃板两面的冷却强度大致相近。由于玻璃液与压辊成形面的接触时间短，即成形时间短，故采用温度较低的玻璃液。对辊压延法的产量、质量、成本都优于单辊压延法。各种压延法如图6-23所示。

6.4 无机非金属材料的应用

6.4.1 陶瓷在产品设计中的应用

1. 瓷砖

瓷砖由表面带釉饰的瓷土烧制而成，在建筑领域应用广泛。瓷砖一般以耐火的金属氧化物及半金属氧化物，经研磨、混合、压制、施釉、烧结等加工过程，形成耐酸碱的瓷质或石质砖，用于建筑或装饰材料，如图6-24所示。

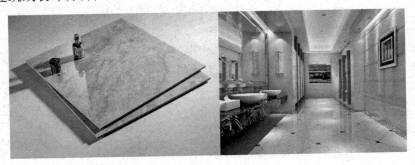

图 6-24 瓷砖

瓷砖生产工艺流程主要分为原料准备、球磨、喷雾造粒、粉料陈腐、压制成形、施釉、印花、烧成与检验。

　　瓷砖的原料主要成分为黏土和石英砂；原料通过研磨达到一定细度和均匀成分，同时为了促进球磨，在研磨过程中加入 34%~37% 的水；在喷雾干燥塔中，用 600℃ 的热空气，使原料干燥形成中空颗粒；原料入仓自然放置 48h 以上，保证原料水分的均匀性和物理、化学性质的一致性；将原料加入模具，在压力机中压制成坯体；坯体干燥后在表面淋上一层薄釉，既起到装饰的作用，又能保护坯体；在已施釉的坯体表面印上的图案、花纹，能有效增加瓷砖美感和装饰效果；砖坯印花结束后，需要在高温的窑炉内烧成（通常在 1200℃ 左右），才能达到玻化成瓷的效果；最后检验入库。瓷砖的加工工艺流程如图 6-25 所示。

图 6-25　瓷砖的加工工艺流程

2. 坐便器

　　坐便器按冲洗方式可分为直冲式、虹吸式，按结构可分为分体式和连体式两种。目前市场上以连体坐便器为主，相对分体式水箱位置低，用水稍多一些。连体式坐便器一般为虹吸式下水，冲水静音，因其水箱连同主体一起烧制，容易烧坏，故成品率较低，如图 6-26 所示。

图 6-26　坐便器

　　坐便器的制造采用制浆成形法，具体工艺流程包括制浆、成形、修补烘干、上釉烧成和检验。首先将原料磨碎与水按比例混合制成原料浆；然后将原料浆注入坐便器石膏模内成形；将成形的坐便器进行局部修补后放入烘房进行烘干；坐便器上釉后放入窑炉中进行烧成；烧好的坐便器进行强度、抗污等检验。图 6-27 所示为坐便器加工工艺流程。

图 6-27　坐便器加工工艺流程

6.4.2　玻璃在产品设计中的应用

1. 吹制玻璃工艺品

玻璃工艺品也称玻璃手工艺品，是通过手工将玻璃原料或玻璃半成品加工而成的具有艺术价值的产品，图 6-28 所示为玻璃工艺品。目前玻璃工艺品的生产主要采用人工自由吹制，将一根长 100~150cm、粗约 1cm 钢管的一端伸入熔化的玻璃液中，使玻璃液粘附在钢管上，然后将钢管取出，并将钢管的另一端放在嘴中，吹制成形状各异的器皿。

图 6-28 玻璃工艺品

玻璃吹制涉及三个熔炉：第一个是熔融玻璃坩埚，简称"熔炉"；第二个熔炉用于加工过程中的再加热；第三个熔炉称为"退火炉"，用于在几小时到几天时间内缓慢冷却玻璃，具体取决于玻璃的尺寸。

吹玻璃工使用的主要工具是吹管、芯轴、工作台、千斤顶、镊子、报纸垫和各种剪刀等。

玻璃吹制按照效果可分为口部处理、底部处理、肌理效果、组合粘贴、与其他材质结合、刻磨、雕饰和摆件。图 6-29 所示为吹制玻璃工艺品的加工流程。

图 6-29 吹制玻璃工艺品加工流程

2. 玻璃瓶

玻璃瓶是食品、医药、化学工业的主要包装容器，如图 6-30 所示。它们具有很多优点：化学稳定性好；易于密封，气密性好，透明，可以从外面观察到盛装物的情况；贮存性能好；表面光洁，便于消毒灭菌；造型美观，装饰丰富多彩；有一定的机械强度，能够承受瓶内压力与运输过程中的外力作用；原料分布广，价格低廉等。

图 6-30 玻璃瓶

玻璃瓶生产工艺主要包括原料预加工、配合料制备、熔制、吹制成形、热处理和表面装饰。首先将块状原料（石英砂、纯碱、石灰石、长石等）粉碎，使潮湿原料干燥，将含铁原料进行除铁处理，以保证玻璃质量；按照品质要求完成配合料制备；玻璃配合料在池窑内加热至 1550~1600℃，使之形成均匀、无气泡并符合成形要求的液态玻璃；将液态玻璃放入模具，采用吹制法获得所要求形状的玻璃瓶，可在玻璃瓶表面直接形成商标和图案；通过退火、淬火等工艺，消除玻璃内应力、分相或晶化，以及改变玻璃的结构状态，进一步优化玻璃瓶的性能；最后通过印刷或贴膜装饰玻璃瓶。图 6-31 所示为玻璃瓶加工工艺流程。

图 6-31　玻璃瓶加工工艺流程

复习思考题

6-1　试述陶瓷成形的主要方法。

6-2　举例说明陶瓷在产品设计中的应用。

6-3　试述常用玻璃的特性与用途。

6-4　试述日用玻璃成形的主要方法。

第 7 章

复合材料及其成形

7.1 复合材料概述

复合材料是将两种或两种以上成分不同、性质不同的材料组合在一起，构成性能优于各组成材料的一类新型材料。复合材料主要由两类物质组成：一类为形成几何形状并起粘接作用的基体材料，如树脂、陶瓷、金属等；另一类为提高强度或韧性的增强材料，如纤维、颗粒、晶须等。

7.1.1 复合材料的分类

复合材料的分类方法有多种。根据基体材料的不同，复合材料可分为树脂基复合材料、金属基复合材料及陶瓷基复合材料等。在同一基体的基础上，还可按照增强材料的不同进行分类，如金属基复合材料又可分为纤维增强金属基复合材料和颗粒增强金属基复合材料等。通常，复合材料按此类方法分类。

根据使用性能的不同，复合材料可分为结构复合材料和功能复合材料。结构复合材料以力学性能为主，主要用做承力结构，要求质轻、强度和刚度高，且能耐一定的高温，在某些特定条件下还要求膨胀系数低、绝热性能好或耐介质腐蚀性强等。功能复合材料是指除力学性能外还提供其他物理、化学、生物等性能的复合材料，如电功能、光功能、声功能、热功能、生物功能等复合材料。

根据增强体形态不同，复合材料可分为连续纤维增强复合材料、短纤维（晶须）增强复合材料、颗粒增强复合材料及编织物增强复合材料。图7-1所示为不同种类的复合材料制品。

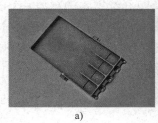  

a)   b)   c)

图 7-1 不同种类的复合材料制品

a）电子元器件封装箱 b）太阳能电池片的太阳翼 c）MAEZIO 椅子
（铝基碳化硅颗粒增强复合材料）（超薄型轻质复合材料）（连续纤维增强热塑性复合材料）

7.1.2 复合材料的优点

由于复合材料能集中和发挥各组分材料的优点，并能实现最佳结构设计，因此具有许多优越的特性。

1. 比强度和比模量高

比强度（强度与密度之比）越大，材料自重越小；比模量（弹性模量与密度之比）越大，材料的刚性越大。纤维增强复合材料的比强度和比模量是各类材料中最高的，复合材料与具有同等强度和刚度的金属材料相比，其自重可减轻 70%。

2. 抗疲劳性能好

复合材料的抗疲劳性能优于金属材料，可以在交变载荷条件下长期工作，具有较长的使用寿命和较高的安全性。

3. 耐磨性能好

当选用适当的塑料与钢板制成复合材料时，可作轴承等耐磨构件；如将石棉等材料与塑料复合，则可以得到摩擦系数大、制动效果好的摩阻材料。

4. 减振能力强

复合材料的减振能力强，可避免在工作状态下产生共振及由此引起的破坏。由于复合材料中纤维与基体界面吸振能力强，即使结构中有振动产生，也会很快衰减。

5. 高温性能好

复合材料中各种增强纤维的熔点或软化点一般都比较高，用这些纤维组成复合材料时，可提高耐高温强度。

6. 成形工艺简单灵活

复合材料可采用模具一次成形制造各种构件，也可以采用模压、缠绕、喷射、挤压、手糊成形等方法生产各种产品。复合材料可以适应各种造型的需要，创造出意想不到的效果。

7.2 复合材料成形工艺

复合材料中基体材料与增强材料的综合优越性只有通过成形工序才能体现出来，复合材料具有的可设计性以及材料和制品一致性的特点，都是由不同成形工艺赋予的，因此应根据制品的结构形状和性能要求来选择成形方法。

复合材料的成形工艺主要取决于基体材料，一般情况下，其基体材料的成形工艺方法也常常适用于以该类材料为基体的复合材料，特别是以颗粒、晶须及短纤维为增强体的复合材料。例如，金属材料的各种成形工艺多适用于颗粒、晶须及短纤维增强的金属基复合材料，包括压力铸造、熔模铸造、离心铸造、挤压、轧制、模锻等；而以连续纤维为增强体的复合材料的成形则全然不同，甚至需要做特殊工艺处理。在形成复合材料的过程中，增强材料通过其表面与基体粘接并固定于基体之中，其增强材料的性能结构不发生变化，而基体材料则要经历性能的巨大变化。

7.2.1 树脂基复合材料成形

树脂基复合材料的基体有热固性树脂与热塑性树脂两类，其中，以热固性树脂最为常用。

1. 热固性树脂基复合材料的成形

热固性树脂基复合材料以热固性树脂为基体，以无机物、有机物为增强材料。常用的热固性树脂有不饱和聚酯树脂、环氧树脂、酚醛树脂等，常用的增强材料有碳纤维（布）、玻璃纤维（布、毡）、有机纤维（布）、石棉纤维等。其中，碳纤维常用于增强环氧树脂，玻璃纤维常用于增强不饱和聚酯树脂。热固性树脂基复合材料的成形方法主要有如下几种：

（1）手糊成形　手糊成形是先在涂有脱模剂的模具上均匀涂上一层树脂混合液，再将裁剪成一定形状和尺寸的纤维增强织物，按制品要求铺设到模具上并使其平整。多次重复以上步骤逐层铺贴，直至达到所需层数，然后固化成形，脱模修整获得坯件或制品，其工艺流程如图 7-2 所示。

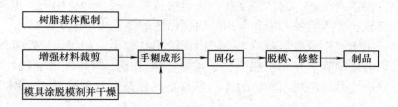

图 7-2　手糊成形工艺流程示意图

手糊成形的优点是工艺简单，操作方便，生产成本低，其制品的形状和尺寸不受限制，适用于多品种、小批量生产。但该成形方法的生产效率低，劳动条件差且劳动强度大；制品的质量、尺寸精度不易控制，性能稳定性差，强度比其他成形方法低。通常用于制造船体、储罐、储槽、大口径管道、风机叶片、汽车壳体、飞机蒙皮、机翼、火箭外壳等要求不高的大中型制件。

（2）喷射成形　利用压缩空气将经过特殊处理而雾化的树脂胶液与短切纤维通过喷射机的喷枪均匀喷射到模具上沉积，经过辊压、浸渍以及排出气泡等步骤后，再继续喷射，直至完成坯件制件，最后固化成制品的一种成形方法，图 7-3 为喷射成形原理图。

喷射成形的优点是生产效率高，劳动强度低，适于大尺寸制品的批量生产；制品无搭接缝，形状和尺寸大小所受限制较小，适用于异形制品的成形。但场地污染大，制件承载能力不高，可用于成形船体、容器、汽车车身、机器外罩、大型板等制品。

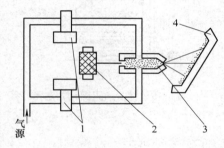

图 7-3　喷射成形原理图
1—树脂罐与泵　2—纤维　3—喷枪　4—模具

（3）层压成形　将纸、棉布、玻纤布等片状增强材料，在浸胶机中浸渍树脂，经干燥制成浸胶材料，然后按层压制品的大小，对浸胶材料进行裁剪，并根据制品要求的厚度（或质量）计算所需浸胶材料的张数，逐层叠放在多层压力机上，进行加热层压固化，脱模获得层压制品，其工艺过程如图 7-4 所示。为使层压制品表面光洁美观，叠放时可于最上和最下两面放置 2~4 张含树脂量较高的面层用浸胶材料。

图 7-4　层压成形工艺过程图

（4）铺层法成形　用手工或机械手，将预浸材料按预定方向和顺序在模具内逐层铺贴至所需厚度或层数，获得铺层坯件，然后将坯件装袋，经加热加压固化、脱模修整获得制品的成形方法。

铺层成形法通常有真空袋法、压力袋法、热压罐法等，如图 7-5 所示。它们均可与手糊成形、喷射成形或层压成形配套使用，用于坯件的加压固化成形，常作为复合材料坯件的后续成形加工方法。铺层成形法的特点是制品强度较高，铺贴时，纤维的取向、铺贴顺序与层数可按受力需要优化设计，常用于成形制作飞机机翼、舱门、尾翼、壁板、隔板等薄壁件、工字梁等型材。

（5）缠绕法成形　采用预浸纱带、预浸布带等预浸料，或将连续纤维、布带浸渍树脂后，在适当的缠绕张力下按一定规律缠绕到芯模上，经固化脱模获得制品的一种方法。与其他成形方法相比，缠绕法成形可以保证按照承力要求确定纤维排布的方向、层次，充分发挥纤维的承载能力，体现了复合材料强度的可设计性及各向异性，因而制品结构合理，比强度高；纤维按规定方向排列整齐，制品精度高、质量好；易实现自动化生产，生产效率高。但缠绕法成形需缠绕机、高质量的芯模和专用的固化加热炉等，生产成本较高。

该方法主要适用于大批量成形需承受一定内压的中空容器，如固体火箭发动机壳体、压力容器、管道、火箭尾喷管、导弹防热壳体、贮罐、槽车等。制品外形除圆柱形、球形外，也可成形矩形、鼓形及其他不规则形状的外凸形及某些复杂形状的回转形。图 7-6 所示为缠绕法成形示意图。

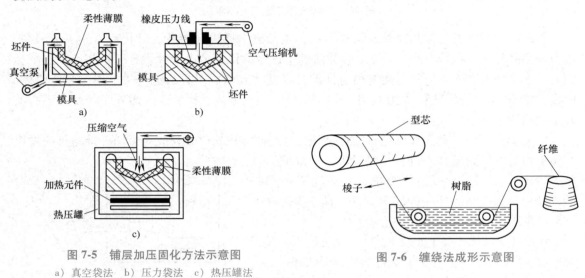

图 7-5 铺层加压固化方法示意图

a) 真空袋法 b) 压力袋法 c) 热压罐法

图 7-6 缠绕法成形示意图

（6）模压成形 将模塑料、预浸料等置于金属模具中，在压力和温度的作用下经过塑化、熔融流动、充满模腔成形固化而获得制品。

模压成形适用于异形制品的成形，生产效率高，制品的尺寸精确、重复性好，表面光洁、外观好，材料质量均匀、强度高，适于大批量生产。复杂结构制品可一次成形，无须辅助机械加工，避免损害制品性能。其主要缺点是模具制造复杂，一次投资费用高，制件尺寸受压力机规格的限制，一般限于中小型制品的批量生产。

模压成形又可分为压制模压成形、压注模压成形与注射模压成形。

1）压制模压成形。将模塑料、预浸料等放入由凸模和凹模组成的金属对模内，由液压机将压力作用在模具上，通过模具直接对模塑料、预浸料进行加压、加温，使其流动充模，固化成形。压制模压成形工艺简单，应用广泛，可用于成形船体、机器外罩、冷却塔外罩、汽车车身等制品。

2）压注模压成形。将模塑料在模具加料室中加热成熔融状态，然后通过流道压入闭合模具中成形固化，或先将纤维、织物等增强材料制成坯件置于密闭模腔内，再将加热成熔融状态的树脂压入模腔，浸透其中的增强材料，然后固化成形，如图 7-7 所示。压注模压成形主要用于制造尺寸精确、形状复杂、薄壁、表面光洁、带金属嵌件的中小型制品，如各种中小型容器及各种仪器、仪表的表盘、外壳等，还可制作小型车船外壳及零部件等。

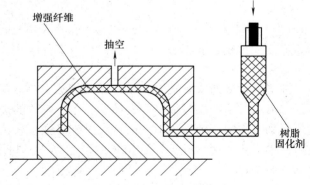

图 7-7 压注模压成形示意图

3）注射模压成形。将模塑料在螺杆注射机的料筒中加热成熔融状态，通过喷嘴小孔，以高速、高压注入闭合模具中固化成形，是一种高效率自动化的模压工艺，适于生产小型复杂形状零件，如汽车及火车配件、纺织机零件、泵壳体、空调机叶片等。

（7）离心浇注成形　利用筒状模具旋转产生的离心力将短切纤维连同树脂同时均匀铺设到模具内壁形成坯件，或先将短切纤维毡铺在筒状模具的内壁上，再在模具快速旋转的同时，向纤维层均匀喷洒树脂液浸润纤维形成坯件，坯件达到所需厚度后通热风固化，如图 7-8 所示。

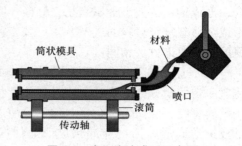

图 7-8　离心浇注成形示意图

该成形方法的特点是制件壁厚均匀、外表光洁，适用于大直径筒、管、罐类制件的成形。

（8）挤拉成形　将浸渍过树脂胶液的连续纤维束或带，在牵引机构拉力作用下，通过成形模定形，再进行固化，连续引拔出长度不受限制的复合材料管、棒、方形、工字形、槽形以及非对称的异形截面等型材，如飞机和船舶的结构件，矿井和地下工程构件等，如图 7-9 所示。拉挤工艺只限于生产型材，设备复杂。

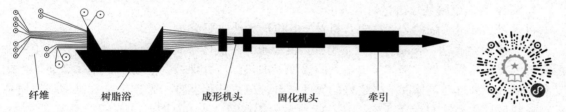

纤维　　　树脂浴　　　成形机头　　固化机头　　　牵引

图 7-9　挤拉成形示意图　　　　　　　　　　　复合材料挤拉成形

除以上所述的常用成形方法外，成形方法还可进行"复合"，即用几种成形方法同时完成一件制品。例如，成形一种特殊用途的管子，在采用纤维缠绕的同时，还可用喷射方法复合成形。

2. 热塑性树脂基复合材料的成形

热塑性树脂基复合材料由热塑性树脂和增强材料组成。热塑性树脂基复合材料成形时，基体树脂不发生化学变化，而是靠树脂物理状态的变化来完成。其过程主要由加热熔融、流动成形和冷却硬化三个阶段组成。已成形的坯件或制品，在加热熔融后还可以二次成形。粒子及短纤维增强的热塑性树脂基复合材料可采用挤出成形、注射成形和模压成形等方法，其中，挤出成形和注射成形占主导地位，具体可参考高分子材料的成形方法。

7.2.2　金属基复合材料成形

金属基复合材料是以金属为基体，以纤维、晶须、颗粒、薄片等为增强体的复合材料。基体金属多采用纯金属及合金，如铝、铜、银、铅、铝合金、铜合金、镁合金、钛合金、镍合金等。增强材料常采用陶瓷颗粒、碳纤维、硼纤维、陶瓷纤维、陶瓷晶须、金属纤维、金属晶须、金属薄片等。

由于金属基复合材料的加工温度高、工艺复杂，界面反应控制困难，成本较高，故应用范围远小于树脂基复合材料。目前，主要应用于航空航天领域。

1. 颗粒增强金属基复合材料的成形

对于以各种颗粒、晶须及短纤维增强的金属基复合材料，其成形通常采用以下方法：

（1）粉末冶金法　先将金属粉末或合金粉末和增强相均匀混合，然后压制成锭块或预制成形坯，烧结后再通过挤压、轧制、锻造等二次加工制成型材或零件的方法，是制备金属基复合材料，尤其是颗粒增强金属基复合材料的主要工艺方法。

（2）铸造法　一边搅拌金属或合金熔融体，一边向熔融体逐步投入增强体，使其分散混合，形成均匀的液态金属基复合材料，然后采用压力铸造、离心铸造或熔模精密铸造等方法形成金属基复合材料的成形方法。其工艺过程与金属材料的铸造成形方法相同。

（3）加压浸渍法　将颗粒、短纤维或晶须增强体制成含一定体积分数的多孔预成形坯体，将预成形坯体置于金属型腔，浇注熔融金属并加压，使熔融金属在压力下浸透预成形坯体（充满预成形坯体内的微细间隙），冷却凝固形成金属基复合材料制品。采用此法可成功制造陶瓷晶须局部增强铝合金活塞等。图 7-10 所示为加压浸渍工艺示意图。

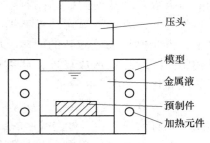

图 7-10　加压浸渍工艺示意图

（4）挤压或压延成形法　将短纤维或晶须增强体与金属粉末混合后进行热挤或热轧，获得型材的方法。

2. 纤维增强金属基复合材料的成形

对于以长纤维增强的金属基复合材料，其成形方法主要有：

（1）扩散结合法　按制件形状及增强方向要求，将基体金属箔或薄片以及增强纤维裁剪后交替铺叠，然后在低于基体金属熔点的温度下加热加压并保持一定时间，基体金属产生蠕变和扩散，使纤维与基体间形成良好的界面结合，最终获得制件，是连续长纤维增强金属基复合材料最具代表性的复合工艺。图 7-11 所示为扩散结合法示意图。

该方法的优点是易于精确控制，制件质量好。但由于加压的单向性，使该方法限于制作较为简单的板材、某些型材及叶片等制件。

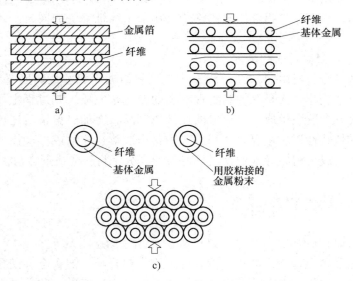

图 7-11　扩散结合法示意图

a）金属箔复合法　b）金属无纬带重叠法　c）表面镀有金属的纤维结合法

（2）熔融金属渗透法　在真空或惰性气体介质中，使排列整齐的纤维束之间浸透熔融金属的方法，又分为压力渗透法、真空吸铸法等，如图 7-12 所示。该方法常用于连续制取棒、管和其他截面形状的型材，而且加工成本低。

（3）等离子喷涂法　在惰性气体保护下，等离子弧向排列整齐的纤维喷射熔融金属微粒子。其特点是熔融金属粒子与纤维结合紧密，纤维与基体材料的界面接触较好，而且微粒在离开喷嘴后急速冷却，因此几乎不与纤维发生化学反应，不损伤纤维。此外，还可以在等离子喷涂的同时，将喷涂后的纤维随即缠绕在芯模上成形。喷涂后的纤维经过集束层叠，再用热压法压制成制品。

3. 层合金属基复合材料的成形

层合金属基复合材料是由两层或多层不同金属相互紧密结合组成的材料，可根据需要选择不同的金属层。其成形方法有轧合、双金属挤压、爆炸焊合等。

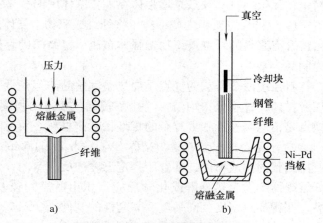

图 7-12　熔融金属渗透法示意图
a) 压力渗透法　b) 真空吸铸法

（1）轧合　将不同的金属层通过加热、加压轧合在一起，形成整体结合的层压包覆板。包覆层金属的厚度范围一般是层压板厚度的 2.5%~20%。

（2）双金属挤压　将由基体金属制成的金属芯，置于由包覆用金属制成的套管中，组装成挤压坯，在一定压力、温度条件下挤压成带无缝包覆层的线材、棒材、矩形和扁型材等。

（3）爆炸焊合　利用炸药爆炸产生的脉冲高压对材料进行复合成形的方法，通常用于将两层或多层的异种金属板、片、管与增强相结合在一起形成复合板材或管材。

7.2.3　陶瓷基复合材料成形

陶瓷基复合材料的成形方法分为两类：一类是针对陶瓷短纤维、晶须、颗粒等增强体，复合材料的成形工艺与陶瓷基本相同，如料浆浇铸法、热压烧结法等；另一类是针对碳、石墨、陶瓷连续纤维增强体，复合材料的成形工艺常采用粉末冶金法、料浆浸渗法、料浆浸渍热压烧结法和化学气相渗透法。

（1）粉末冶金法　又称为压制烧结法或混合压制法，广泛应用于制备特种陶瓷以及某些玻璃陶瓷。该法是将作为基体的陶瓷粉末和增强材料以及加入的粘结剂混合均匀，冷压制成所需形状，然后进行烧结或直接热压烧结制成陶瓷基复合材料。图 7-13 所示为粉末冶金法成形原理图。前者称为冷压烧结法，后者称为热压烧结法。热压烧结法时，在压力和高温的同时作用下，致密化程度可得到提高，从而获得无气孔、细晶粒、具有优良力学性能的制品。但用粉末冶金法成形加工的难点在于基体与增强材料不易混合，同时，晶须和纤维在混合或压制过程中，尤其是在冷压情况下容易折断。

图 7-13　粉末冶金法

（2）料浆浸渗法　将纤维增强体编织成所需形状，用陶瓷浆料浸渗，干燥后进行烧结。

该方法与粉末冶金法的不同之处在于混合体采用浆料形式。其优点是不损伤增强体，工艺较简单，无须模具；缺点是增强体在陶瓷基体中的分布不大均匀。

（3）料浆浸渍热压烧结法 将纤维或织物增强体置于制备好的陶瓷粉体浆料里浸渍，然后将含有浆料的纤维或织物增强体布成一定结构的坯体，干燥后在高温、高压下热压烧结成为制品。

料浆浸渍热压法的优点是加热温度比晶体陶瓷低，不易损伤增强体，层板的堆垛次序可任意排列，纤维分布均匀，气孔率较低，获得的强度高；工艺比较简单，能生产大型零件。缺点是不能制作形状太复杂的零件，基体材料必须是低熔点或低软化点的陶瓷。

（4）化学气相渗透法 又称 CVI（Chemical Vapor Infiltration）法，是将增强纤维编织成所需形状的预成形体，并置于一定温度的反应室内，然后通入某种气体，在预成形体孔穴的纤维表面上发生热分解或化学反应沉积出所需陶瓷基质，直至预成形体中各孔穴被完全填满，获得高致密度、高强度、高韧性的制件，如图 7-14 所示。

CVI 法的优点是可制备硅化物、碳化物、氮化物、硼化物和氧化物等多种陶瓷基复合材料，并可获得优良的高温力学性能；由于制备温度较低且不需外加压力，因此材料内部残余应力小，纤维几乎不受损伤；成分均匀，并可制作多相、均匀和厚壁的制品。其缺点是生产周期长、生产效率低、生产成本高。

图 7-14 化学气相渗透工艺原理

7.3 复合材料在产品设计中的应用

7.3.1 产品设计中常用的复合材料

（1）玻璃纤维增强塑料 玻璃纤维增强塑料（GlassFiber Reinforced Plastic，GFRP），俗称玻璃钢，是以酚醛树脂、环氧树脂、聚酯树脂等热固性树脂以及聚酰胺、聚丙烯等热塑性树脂为基体，以玻璃纤维为增强材料的树脂基复合材料。玻璃纤维增强塑料质轻，坚硬，比强度高，耐蚀性、绝热性和电绝缘性能良好，具有可设计性、工艺性优良的优点。

玻璃纤维增强塑料也存在一些缺点，如长期耐温性差，在紫外线、化学介质、机械应力等作用下易导致性能下降，出现老化。由于弹性模量低，导致产品结构刚性不足，易变形，可做成薄壳结构、夹层结构，或通过高模量纤维或者加强肋等方式来弥补。

玻璃钢的应用非常广泛，主要用来制造机器设备的外壳、机架、机罩及仪表罩，建筑中的围护结构、门窗、室内设备及装饰件、装饰板、地板、卫生洁具等，车辆的车身及各种配件如车门、窗框、挡泥板及油箱等，以及车厢内部装饰板。还包括体育用品、日常生活用品、电子工程设备、工艺品等，图 7-15 所示为各种玻璃钢制品。

（2）碳纤维复合材料 碳纤维比玻璃纤维具有更高的性能，单向抗拉强度比钢大、密度比铝小，其弹性模量是玻璃纤维的 4~6 倍。此外，碳纤维还具有耐高温、耐化学腐蚀、低电阻、高热导、低热膨胀、耐化学辐射等优点，是一种理想的增强材料，可用来增强树脂、金属和陶瓷。

碳纤维树脂复合材料主要用于航空领域，如宇宙飞行器的外层材料，人造卫星和火箭的机架、壳体、主翼、副翼、起落架、发动机舱、天线、舱门等，也用做各种机器中的齿轮、轴承等受载磨损件、活塞、密封圈等受摩擦件以及化工零件和容器等。碳纤维金属基复合材

图 7-15　玻璃钢制品

a）房车车身玻璃钢　b）玻璃钢看台椅　c）玻璃钢雕塑群　d）玻璃钢地板

料在接近金属熔点时，具有很好的强度和弹性模量，碳纤维和铝锡合金制成的复合材料，是一种减摩性能比铝锡合金更优越、强度更高的高级轴承材料。使用碳纤维复合材料制作的"纸"飞机能经受得住各种艰苦环境，搭载推进螺旋桨和摄像头，可执行实时空中取景任务，并可用手机端控制飞行轨迹，通过蓝牙传输信号等，如图 7-16 所示。

（3）硼纤维复合材料　硼纤维的特点是抗拉强度、抗压强度和抗剪强度均很高，耐高温，密度大，蠕变小，硬度和弹性模量高，有很高的抗疲劳强度和耐化学腐蚀性能。硼纤维生产成本较高，目前主要应用于航空和宇航工业，制造机翼、仪表、压气机叶片、螺旋桨叶和传动轴等。

（4）石棉增强材料　石棉是一种矿物纤维，具有耐酸、耐热、保温及不导电等特性，是重要的防火、绝缘和保温材料。石棉可以制成布、带、绳等，石棉布与改性的酚醛树脂复合，可制成柔软、耐冲击的刹车片。用石棉布浸渍酚醛树脂压制成的层压板具有较高的力学性能，可制作承受较大载荷的摩擦零件，如离合器片。

（5）金属陶瓷　金属陶瓷是由一种或几种陶瓷与金属或合金组成的复合材料，既具有金属的韧性、高导热性和良好的热稳定性，又具有陶瓷的耐高温、耐腐蚀和耐磨损等特性，常用于制造飞机、导弹等的结构件、发动机活塞以及化工机械零件等。图 7-17 所示为香奈儿 J-12 钛金属陶瓷手表，该手表拥有更强的防磨性，其强度可与蓝宝石媲美。

图 7-16　遥控碳纤维"纸"飞机

图 7-17　J-12 钛金属陶瓷手表

7.3.2　产品设计中复合材料的应用

（1）MAEZIO 椅　科思创（Covestro，德国化学工业公司）开发的连续纤维增强热塑性树脂基复合材料，为座椅的造型和功能带来了更多可能性。

在选材方面，该座椅巧妙利用碳纤维固有的纤维纹理，呈现自然的设计风格，配色低调古朴，呈现出高档精致之感。这种材料兼具高机械强度和轻量化的特点，并且可以重复使用和循环回收，同时材料独特的纤维和层叠结构给设计带来了全新的自由度。

在工艺处理方面，MAEZIO 椅采用多向层布局的设计思路，薄膜状纤维彼此平行排列，并覆盖聚碳酸酯。经过进一步加工处理，所得到的二维材料以不同方向彼此叠放并压成薄片，经热成形工艺加工成椅子的三个部件，分别代表了机械结构的三个方向，正交排列提供了必要的稳定性，以最小的材料厚度产生最大的承载能力，如图7-18所示。

图 7-18   MAEZIO 椅

（2）格瑞德新能源充电桩   橘黄色的充电桩鲜艳夺目，醒目并易于识别。产品采用自主研发的树脂基纤维增强复合材料，密度小（1.8g/cm³）、重量轻，相对于传统冲压件，具有明显的轻量化优势，减重大约30%，符合国际汽车行业节能减排的发展要求。

格瑞德新能源充电桩采用片状模塑料（Sheet Molding Compound，SMC）、注塑等加工工艺，采用碳纤维、玻璃纤维、植物纤维等纤维材料，与不饱和聚酯模压成形得到增强塑料制品。由于基体树脂自身良好的绝缘特性，无须隔离处理，就可有效避免由于壳体变形或受冲击导致内部短路等问题的发生。图7-19所示为格瑞德新能源充电桩。

（3）雪佛兰 Alcantara 汽车内饰   Alcantara 是一种创新型奢华材料，由68%的涤纶和32%的聚氨基甲酸乙酯复合而成，最终呈现出类似于翻毛皮的材质质感。Alcantara 质地柔软、色泽饱满、触感细腻，同时兼具优良的耐磨耐用阻燃等功能特性，并且极易清洁保养，甚至有的功能性要优于传统的真皮材质。

图 7-19   格瑞德新能源充电桩

在色彩应用上，用户可以根据个人喜好自由组合霜灰、枫红、碧蓝等颜色，还可以在前门板上片、前/后门板中片、仪表台中片、转向盘、座椅、扶手箱等处，包覆上 Alcantara 材质，以提升车内的质感。

这种材料的表面处理工艺非常丰富，主要包括压花、编织、浮雕、印花、焊接、丝印电镀、打孔、镶嵌、刺绣等。图7-20所示为雪佛兰 Alcantara 汽车内饰图。

图 7-20   雪佛兰 Alcantara 汽车内饰

复习思考题

7-1   复合材料的优点主要有哪些?

7-2   试述热固性树脂基复合材料成形的主要方法。

7-3   试述金属基复合材料成形的主要方法。

7-4   陶瓷基复合材料的成形方法主要有哪些?

7-5   通过案例分析，阐述复合材料在产品设计中的应用及发展趋势。

第 8 章

机械加工与特种加工

8.1 产品设计与机械制造

现代产品设计是以市场需求为导向，运用工程技术方法，在社会、经济和时间等因素的约束范围内进行的设计工作。产品设计不同于艺术创作，是有特定目的的创造性行为。它以现代技术为基础，创新、改良设计的结果不仅具有美感的外观，还包括产品的功能适用性和承载它们的内外结构。而且，设计在满足消费者需要的同时，还追求经济价值，力争使消费者与制造者双方获益。

产品设计是一个系统决策的过程，设计人员明确设计任务与要求以后，再从构思方案到确定产品使用性能和具体结构的整个过程中进行一系列的创新和决策，这个过程的结果将为后续生产、使用、回收提供全套解决方案。图8-1所示为产品设计及其使用过程，在其完整生命周期中，设计阶段最为关键，因为设计阶段除了考虑用户使用方面的各种需求外，还会考虑到生产要求及安装、维修的可能。产品的技术水平、质量水平、生产率水平以及生产成本等，主要取决于产品设计阶段的工作深度和完整性，优良的设计在带给用户良好体验的同时，也能给制造商带来良好的成本控制和溢价空间。

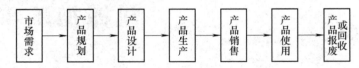

图 8-1　产品设计及其使用过程

因此，设计人员只有全面了解各类生产工艺，才有可能在设计过程中针对各环节进行设计优化、规避生产风险。复合材料的广泛应用丰富了人们对产品的质感认知，也让不少初学设计者觉得机械制造是距离自己很远的专业领域。特别是金属类材料的产品，大多还是给人传统的机械工业印象，与色彩鲜艳、质感形式多变的现代日用品感受相去甚远。然而实际上任何产品，例如图8-2、图8-3所示的斯蒂尔油锯和大疆Robomaster，都是经由设计、零件制造及装配而获得的，很多产品的零部件就是通过机械加工制得的。尽管3C消费产品多数外观零部件是塑料制成的，但是制造塑料件的模具仍然需要通过机械加工获得。不仅是金属零件，甚至一些塑料零部件本身就必须经机械二次加工完成。所以对广大设计人员来说，机械加工工艺在当代依旧是不能被轻视的重要学习内容。

图 8-2　斯蒂尔油锯及零部件分解

图 8-3 大疆 Robomaster 及零部件分解

无论是金属零件还是成形塑料制品的模具，从机械制造的角度来看，都是生产制造中毛坯生产和机械加工过程的"产品"。毛坯生产和机械加工均是直接改变生产对象及零件的形状、尺寸、精度的加工方法。毛坯成形加工通常用液态成形、塑性成形和连接成形等热加工方法生产，可以经济高效地制造出各种形状和尺寸的毛坯，所获得的毛坯表面一般比较粗糙，尺寸精度低。而有一定技术要求的零件表面都需要进行机械加工才能达到质量要求，机械加工是众多产品生产制造的基础工序。

8.1.1 生产过程和工艺过程与生产纲领

一般产品的生产过程如图 8-4 所示，包括原材料的运输、储存、生产准备、毛坯制造、零件加工和热处理、产品装配与调试、质量检验以及包装等。

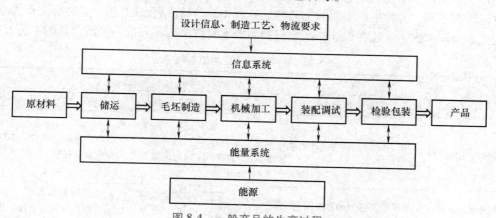

图 8-4 一般产品的生产过程

生产过程中，直接改变材料形状、尺寸和性能，使之变为成品的过程，称为工艺过程。工艺过程是生产过程中的主要环节，它包括若干道工序。工序是一个人或一组工人，在一个工作地点对同一个或同时对几个工件连续完成的那一部分工艺过程。工艺路线是指产品或零部件在生产过程中，经过企业各有关部门或工序的先后顺序，通常列出主要工序名称。为便于分析和描述工序的内容，还可将工序进一步划分为工步。工步是指在加工表面、切削工具以及切削用量中的切削速度和进给量均不改变时连续完成的那部分工艺过程，一个工序可以包括一个或几个工步。一般产品零部件都要由毛坯经过数道机械加工工序才能成为成品，由于工艺的需要，这些工序又分为粗加工、半精加工与精加工等。

企业根据产品产量在计划期内生产的零件数量称为零件生产纲领。

生产类型是企业（或车间）生产专业化程度的分类。企业在制订工艺规程时，一般按产品（零部件）的生产纲领来确定生产类型。根据生产特点，企业的生产可分为三种基本类型：单件生产、成批生产和大量生产。

（1）单件生产 生产的产品品种多，每种产品的结构、尺寸不同且产量较少，同一个工作地点的加工对象经常改变，且很少重复生产，如各种试制产品、模具等均属于这一生产类型。

（2）成批生产 在一年中分批轮流制造几种不同的产品，每种产品均有一定的数量，工作地点的加工对象周期性重复，如机床等。

成批生产按每一批批量不同，又可分为小批生产、中批生产和大批生产三种。

（3）大量生产 大量生产是指产品数量很大，大多数工作地点长期按一定节律进行某个零件某一工序的加工，如汽车、标准件生产等。

生产纲领决定生产类型，但不同的产品大小和结构复杂程度对生产类型也有影响。以机械产品为例，不同类型产品的生产类型与生产纲领的关系见表8-1。

表8-1 生产类型与生产纲领的关系

生产类型	生产纲领/［台(件)/年］			工作地担负的工序数/（工序数/月）
	小型机械或轻型零件	中型机械或轻型零件	重型机械或轻型零件	
单件生产	≤100	≤10	≤5	不做规定
小批生产	100~500	10~150	5~100	不做规定
中批生产	500~5000	150~500	100~300	20~40
大批生产	5000~50000	500~5000	300~1000	10~20
大量生产	>50000	>5000	>1000	1

生产类型不同，组织生产、管理和设备布局以及毛坯制造和机床、夹具、刀具、量具的配置等方面均有不同。各种生产类型的工艺特征见表8-2。只有结合现有生产条件、生产类型等各方面的因素全面考虑，才能在保证产品质量的前提下制订出技术先进、经济合理的工艺方案。

表8-2 各种生产类型的工艺特征

工艺特征	生产类型		
	单件、小批生产	中批生产	大批、大量生产
零件的互换性	用修配法，钳工修配，缺乏互换性	大部分具有互换性。装配精度要求高时，灵活应用分组装配法和调整法，同时还保留某些修配法	具有广泛的互换性。采用分组装配法和调整法
毛坯的制造方法与加工余量	木模手工造型或自由锻造。毛坯精度低，加工余量大	部分采用金属模铸造或模锻。毛坯精度和加工余量中等	广泛采用金属模及其造型、模锻或其他高效成形方法。毛坯精度高，加工余量小
机床设备及其布置形式	通用机床。按机床类别采用集群式布置	部分通用机床和高效机床。按工件类别分工段排列设备	广泛采用高效机床及自动机床。按流水线和自动线排列设备
工艺设备	大量采用通用夹具、标准附件、通用刀具和万能量具。靠划线和试切法达到精度要求	广泛采用夹具，部分靠找正装夹达到精度要求。较多采用专用刀具和量具	广泛采用专用夹具、复合刀具、专用量具或自动检验装置。靠调整法达到较多要求
对工人技术要求	需技术水平较高的工人	需一定技术水平的工人	对调整工人的技术水平要求高，对操作工人水平要求较低
工艺文件	有工艺过程卡，关键工序要求有工序卡	有工艺过程卡，关键零件要有工序卡	有工序过程卡和工序卡，关键工序要调整卡和检验卡
成本	较高	中等	较低

8.1.2 机械制造工艺原理与分类

现代工业对机械制造技术提出了越来越高的要求，同时也推动了机械制造技术不断发展。当代机械制造技术已经呈现出智能化、柔性化、网络化、精密化、高速化和绿色化的特征。无论传统设备还是高精度数控机床，或者柔性制造系统（FMS）、计算机集成制造系统（CIMS），对零件的机械加工就是指用加工机械改变生产对象的形状、尺寸或性能，使其成为半成品或成品的工艺过程。机械制造包括毛坯制备，对毛坯、零件进行的各种机械、特种加工和热处理等，极少数零件也会采用精密铸造或精密锻造等无屑加工方法。根据被加工工件所处的温度状态以及工艺特征，机械制造可分为冷加工、热加工和特种加工。

（1）冷加工 冷加工也称为机械加工，一般指在常温下使用机械设备，不引起工件化学或物相变化，利用切削原理从工件上切除多余材料或者利用压力使生产对象产生塑性变形，获得具有一定形状、尺寸精度和表面粗糙度的工件，达到设计要求的加工工艺。冷加工按加工方式差异又可分为切削加工和压力加工。常用的冷加工方法有车削、钻削、刨削、铣削、镗削、磨削、拉削、研磨、珩磨以及冷轧、冷锻、冲压加工等。与热加工相比较，冷加工由于加工成本低，能量消耗少，能加工各种不同形状、尺寸和精度要求的工件，目前仍然是获得精密机械零件最主要的加工方法。

（2）热加工 热加工是在高于材料再结晶温度的条件下，使金属材料成形的加工方法。热加工通常包括液态成形、塑性成形、连接成形及热处理等工艺。热加工能使金属零件成形或者改变已成形零件的内部组织以改善力学性能。

（3）特种加工 特种加工一般直接利用电能、热能、声能、光能、化学能和电化学能，有时也结合机械能对工件进行加工。特种加工主要用于难加工材料、形状特别复杂、细微结构以及高精度、表面质量有特殊要求的零件加工。常见的特种加工工艺有电火花成形加工、电火花线切割加工、电解加工、激光加工和超声波加工等。

生产过程中需要根据零件的材料、形状、尺寸和使用性能要求等选用恰当的加工方法，保证产品的质量。

8.2 切削加工

8.2.1 表面切削原理及加工质量要求

无论零件形状如何复杂，一般而言它们多数都由外圆面、内圆面、平面和曲面等组成。外圆面和内圆面可以看作是一条直线围绕一根中心轴做旋转运动所形成的表面，这条直线称为母线。而平面可以看作是一条直线母线做直线平移运动所形成的表面。曲面则是以一条曲线为母线，做旋转或平移运动所形成的表面。基于这样的理解，可以把形成这些表面的母线及其运动，转化为加工对象和加工工具的相对运动。

这种使切削工具和工件间有相对运动，切除多余材料，使加工对象成为具有一定形状、尺寸精度和表面质量的机械加工方法就称为切削加工。切削加工有较高的生产效率，并能获得较高的精度和表面质量，是目前应用最广的加工方法。切削工具与工件间的相对运动称为切削运动，各种切削加工机床为了实现特定表面加工，都有特定的切削运动，如图8-5所示。

由于加工材料和应用领域的不同，加工设备除了常见的大型工业机床外，还有各类小型、专门机床，以满足小批量、非标件或是样机部件的定制生产要求，这些小型机械也是设计人员与学生的有用工具。图8-6是德国迷你魔PROXXON微小机械的图片资料，甚至爱动手的DIY（自己动手）者还会自制一些简易机械来解决实际问题，图8-7所示是两种自制简易木工车床。

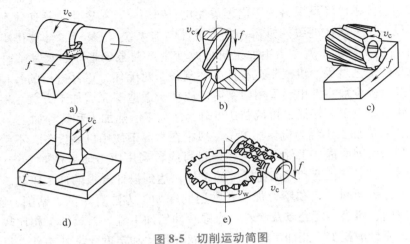

图 8-5　切削运动简图

a) 车削　b) 钻削　c) 铣削　d) 刨削　e) 滚齿

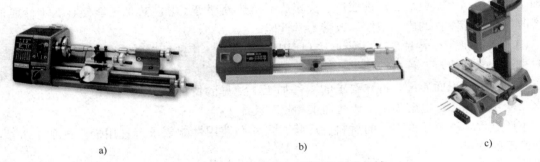

图 8-6　德国迷你魔 PROXXON 微小机械

a) 微车　b) 木工车床　c) 微铣

图 8-7　自制简易木工车床

因为金属是一般机械加工中最为常见的材料类型，因此下面将主要依据金属加工工艺要求展开叙述。Apple 公司的许多产品以铝合金一体化机身在业内闻名，其 2013 版 Mac Pro 主机箱壳体使用的主要切削加工工艺包括车内、外圆，MacBook 系列则使用了 13 道铣削工艺。图 8-8 所示是 Mac Pro 主机箱壳体生产时的车削、抛光工艺过程。

每一件产品都由互相关联的零部件装配而成，只有采用合格零件才能使其装配后达到规

图 8-8　Mac Pro 主机箱壳体生产过程

定的性能要求，并满足相互间的配合关系和互换性，所以加工质量是否达到技术要求就变得非常重要。零件的加工质量指标包括加工精度和表面质量（表面粗糙度）两方面。

1. 加工精度

加工精度是指零件在加工后尺寸、形状和相互位置等参数的实际数值与设计时确定的数值相符合的程度。加工精度包括尺寸精度、形状精度和位置精度。

（1）尺寸精度　尺寸精度是指零件实际加工的尺寸与设计给定的尺寸相符合的程度，它由尺寸公差控制。公差是尺寸允许的变动量，公差越小，精度越高。国家标准 GB/T 1800.2—2020《产品几何技术规范（GPS）线性尺寸公差 ISO 代号体系　第 2 部分：标准公差带代号和孔、轴的极限偏差表》规定尺寸精度从 IT01、IT0、IT1 直至 IT18 共 20 个标准等级，公差值由小到大。比如 IT01 为精度最高的等级，公称尺寸 3mm 内的尺寸精度要求达到 0.3μm，400～500mm 尺寸精度要求达到 4μm。

设计零件时，应根据零件结构尺寸的重要程度以及生产设备条件和加工费用等因素，选用相应的公差等级，一般在保证产品能达到技术要求的前提下，应选用较低精度的公差等级。

（2）形状精度与位置精度　形状精度与位置精度是指零件表面实际形状和位置与理想形状和位置相符合的程度。有些零部件的加工尺寸精度虽能达到要求，但是却不能正确装配，是因为加工后可能产生与设计不一致的形状变化或者形体相对位置关系的偏移。所以在加工过程中，除了尺寸精度以外还必须有形状精度和位置精度来控制零件的几何形状。几何公差的具体分类、项目、符号可参见国家标准 GB/T 1182—2018《产品几何技术规范（GPS）　几何公差形状、方向、位置和跳动公差标注》及 GB/T 1184—1996《形状和位置公差　未注公差值》。几何公差除圆度、圆柱度从 0 至 12 共 13 级外，其他诸如直线度、平面度、平行度、垂直度、同轴度、对称度等均从 1 至 12 分为 12 个等级，数字越小等级越高，公差值越小。对于同级精度，几何公差的实际值也随零件公称尺寸的增大而增大。选择几何公差时，应在满足零件功能要求的前提下尽可能考虑最经济的等级。

2. 表面粗糙度

由于切削加工中存在振动以及切削刃或者磨粒摩擦，工件表面总会留下一些痕迹。即使是看起来光滑如镜的加工表面，若在显微镜下进行观察，就会发现其表面仍然有许多坑坑洼洼。这种零件加工表面存在的由较小间距的峰谷组成的微量高低不平就称为表面粗糙度。它与零件的耐磨性、配合性质、耐蚀性有密切关系，会影响到机器的使用性能、寿命和制造成本，是切削加工的重要质量要求之一。

（1）表面粗糙度的评定参数　国家标准 GB/T 1031—2009《产品几何技术规范（GPS）表面结构　轮廓法　表面粗糙度参数及其数值》规定了表面粗糙度的评定参数及数值。评定参数主要有以下两种：

轮廓算术平均偏差 Ra　是在取样长度 lr 内，取轮廓偏距 Zx 绝对值的算术平均值。

轮廓最大高度 Rz　是在取样长度 lr 内，取五个最大轮廓峰高的平均值与五个最大轮廓谷深的平均值之和。

图 8-9 所示为两种粗糙度评定参数的示意图。

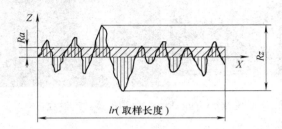

图 8-9　Ra、Rz 参数示意图

两种参数的数值单位是 μm，例如 Ra1.6 指的是 R 轮廓，粗糙度算术平均偏差为 1.6μm。

（2）表面粗糙度的标注方法及其含义　根据国家标准 GB/T 131—2006《产品几何技术规范（GPS）技术产品文件中表面结构的表示法》的规范要求，表面粗糙度图形标注见表 8-3。

表 8-3　表面粗糙度图形标注

符号名称	符号样式	含义及说明
基本图形符号		未指定工艺方法的表面；基本图形符号仅用于简化代号标注，当通过一个注释解释时可单独使用，没有补充说明时不能单独使用
扩展图形符号		用去除材料的方法获得表面，如通过车、铣、刨、磨等机械加工的表面；仅当其含义是"被加工表面"时可单独使用
		用不去除材料的方法获得表面，如铸、锻等；也可用于保持上道工序形成的表面，不管这种状况是通过去除材料或不去除材料形成的
完整图形符号		在基本图形符号或扩展图形符号的长边上加一横线，用于标注表面结构特征的补充信息
工件轮廓各表面图形符号		当在某个视图上组成封闭轮廓的各表面有相同的表面结构要求时，应在完整图形符号上加一圆圈，标注在图样中工件的封闭轮廓线上

表 8-4 列举了一些表面结构要求在图样中的标注实例。

表 8-4　表面结构要求标注实例

说明	实例
表面结构要求对每一表面一般只标注一次，并尽可能注在相应的尺寸及其公差的同一视图上　表面结构的注写和读取方向与尺寸的注写和读取方向一致	

（续）

说明	实例
表面结构要求可标注在轮廓线或其延长线上，其符号应从材料外指向并接触表面。必要时，也可用带箭头和黑点的指引线引出标注	
在不致引起误解时，表面结构要求可以标注在给定的尺寸线上	
表面结构要求也可以标注在几何公差框格的上方	
如果在工件的多数表面有相同的表面结构要求，则其表面结构要求可统一标注在图样的标题栏附近，此时，表面结构要求的代号后面应有以下两种情况：①在圆括号内给出无任何其他标注的基本符号（图 a）；②在圆括号内给出不同的表面结构要求（图 b）	

表面粗糙度也是 CMF 的重要因素之一。机械抛光就是依靠非常细小的抛光粉的磨削、滚压作用，除去磨面上的极薄一层金属，使工件表面粗糙度降低，以获得光亮、平整表面的加工方法。铝件采用机械抛光和电解抛光后能获得接近不锈钢镜面的效果，给人以高档的感觉。而用砂板等加工出一些特殊纹理又能让金属在亚光中泛出细密的发丝光泽，使产品兼备时尚和科技感。图 8-10 所示是表面粗糙度及纹理样板，图 8-11 所示的 B&O 公司 H95 耳机铝合金金属就使用了具有多种肌理质感的表面处理工艺。

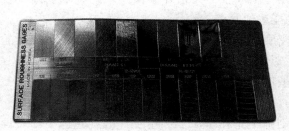

图 8-10　表面粗糙度及纹理样板

图 8-11　B&O 公司的 H95 耳机

175

8.2.2 外圆表面加工

1. 加工方案

外圆面是轴、套、盘等类零件的主要表面或辅助表面，不同零件上的外圆面或同一零件上不同的外圆面，往往具有不同的技术要求，需要结合具体的生产条件拟定合理的加工方案。

对于一般的钢铁零件，外圆表面加工的主要方法是车削和磨削。当要求加工精度高、表面粗糙度值小时，往往还要进行研磨、超级光磨等光整加工。对于某些精度要求不高，仅要求光亮的表面，可以通过抛光来获得，但在抛光前要达到较小的表面粗糙度值。对于塑性较大的非铁合金（如铜、铝合金等）零件，由于其精加工不宜用磨削，故常采用精细车削。图 8-12 所示为外圆面加工方案框图。

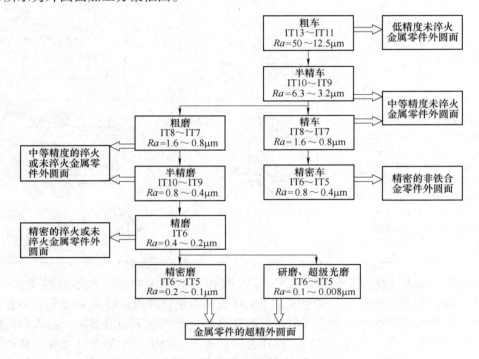

图 8-12 外圆面加工方案框图

1）粗车—半精车。应用于中等精度和表面质量要求不高的未淬硬工件外圆面。

2）粗车—半精车—磨（粗磨或半精磨）。适用于加工精度稍高、表面粗糙度值要求较低且淬硬的钢件外圆表面，也广泛应用于加工未淬硬的钢件或铸铁件。

3）粗车—半精车—粗磨—精磨。适用范围同上，只是外圆面要求的精度更高、表面粗糙度值更低，需将磨削分为粗磨和精磨才能达到要求。

4）粗车—半精车—粗磨—精磨—精密磨（或超级光磨、镜面磨削）。可达到很高的精度和很低的表面粗糙度值，但不宜用于加工塑性好的非铁合金零件。

5）粗车—精车—精密车。适用于硬度低、精度要求高的非铁合金零件的加工。

2. 加工方法及其特点

（1）车削外圆　如图 8-13 所示，车削加工是在车床上利用工件的旋转运动和刀具的移动来加工工件，工件旋转为主运动，刀具做直线的进给运动。车削外圆是一种最常见、最基本的加工方法，一般可分为粗车、半精车和精车。

图 8-13　车削外圆

车削加工　　　　　车削外圆　　　　　电镜下的车削加工

粗车外圆适用于毛坯件的加工，工件表面公差等级可达 IT13~IT11，表面粗糙度 Ra 值为 50~12.5μm。

半精车外圆是在粗车的基础上进行的，以提高工件的精度，降低表面粗糙度值。通常作为只有中等精度要求的零件表面的最终加工，也可作为精车或精磨工件之前的预加工。半精车工件表面公差等级为 IT10~IT9，表面粗糙度 Ra 值为 6.3~3.2μm。

精车外圆在半精车的基础上进行，目的在于使工件获得较高的精度和较低的表面粗糙度值。精车后工件表面公差等级可达 IT8~IT7，表面粗糙度 Ra 值为 1.6~0.8μm。

车削的工艺特点有：

1）能在一次装夹中车出短轴或套类零件的各加工面，由于各加工面具有同一回转轴线，故易于保证轴、套、盘等零件各表面之间的位置精度。

2）当非铁合金的轴类零件要求较高精度和较低表面粗糙度值时，若用磨削加工容易堵塞砂轮，加工困难。可用金刚石车刀或细颗粒结构的硬质合金刀具精密车，表面粗糙度 Ra 值可达 0.4μm，公差等级可达 IT6~IT5。

3）车削时切削过程一般是连续的，切削力变化小，切削过程比刨削、铣削等平稳。因此在生产实践中可以采用较大的切削用量，例如，可采用高速切削和强力切削等以提高生产效率。

4）车刀是刀具中最简单的一种，制造、刃磨和装夹均较方便，便于根据具体加工要求选用合理的刀具角度，利于提高加工质量和生产效率。

（2）磨削外圆　如图 8-14 所示，外圆磨削是外圆精加工的主要方法之一，通常半精车后在外圆磨床、万能外圆磨床或无心磨床上进行，用砂轮作刀具以较高的线速度对工件表面进行加工。磨削时砂轮表面可以看作有极多微小锋利的切削刃，能够切下很薄的一层金属，切削厚度可小到数微米。磨床本身的精度也比一般机床精度高，刚性、稳定性也较好，且有微量进给机构，因此磨削可以达到较高的精度，并获得较小的表面粗糙度值，一般可达 IT7~IT6，表面粗糙度 Ra 值为 0.2~0.8μm。一般磨削常采用中软至中硬级砂轮。非铁合金塑性大，砂轮孔隙易被磨屑堵塞，一般不宜磨削。

磨削的工艺特点有：

磨削外圆

图 8-14 磨削外圆

1）磨削过程中，磨削速度一般都很高，会产生大量磨削热，而砂轮本身的传热性又很差，大量的热在短时间内传不出去，会在磨削区形成瞬时高温，有时高达 800～1000℃，容易烧伤工件表面，使淬火钢表面退火，硬度降低。另外，工件材料在高温下变软极易堵塞砂轮。因此，在磨削过程中应使用大量切削液进行冷却，降低温度，同时还可以起到冲洗砂轮的作用。

2）磨粒在磨削过程中受力破碎后仍然能形成锋利的刃口对工件进行切削，称为砂轮的自锐作用。在实际生产中，可以利用此原理进行强力连续磨削以提高生产效率。

3）磨削加工的工件材料范围很广，既可以加工铸铁、碳钢、合金钢等一般材料，也能加工高硬度的淬硬钢、硬质合金和玻璃等难切削材料。但是，磨削不能加工塑性较大的非铁合金材料。

8.2.3 内圆表面加工

内圆表面（孔）也是组成零件的基本表面之一。零件上有多种多样的孔，常见的有：紧固孔，如螺钉、螺栓孔等；回转体零件上的孔，如套筒、法兰盘及齿轮上的轴孔等；箱体零件上的孔，如主轴箱体上主轴及传动轴的轴承孔等；$L/D \geqslant 10$ 的深孔，如炮筒、空心轴孔等；圆锥孔，此类孔常用来保证零件间配合的准确性，如机床主轴的锥孔等。

1. 加工方案

常见的孔加工方法有钻孔、扩孔、铰孔、镗孔、拉孔和磨孔等。与外圆加工相比虽然在切削机理上有许多共同点，但具体加工条件却有着很大差异，如受到被加工孔本身尺寸的限制，一般所用刀具呈细长状，刚性较差。此外，孔内排屑、散热、冷却、润滑等相对困难，所以在选择内圆面加工方案时，应考虑孔径大小、深度、精度、工件形状、尺寸、重量、材料、生产批量及设备等具体条件，对照实际要求经济地选择。内圆表面加工方案如图 8-15所示。

在实体材料上加工孔，对于 IT10 以下较低精度的孔，一般采用钻孔的方法。对于铸或锻件上已有的孔，可直接进行扩孔或镗孔，而直径在 100mm 以上的孔以镗孔比较方便。

2. 加工方法及其特点

（1）钻削加工 钻削通常是在实体材料上加工孔的方法，主要在钻床上进行。常用的钻床有台式钻床、立式钻床和摇臂钻床，钻床还可用于扩孔、铰孔等。主要钻削形式如图 8-16所示。

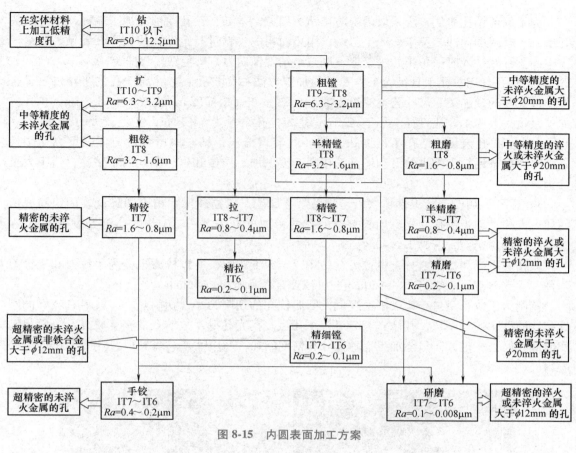

图 8-15　内圆表面加工方案

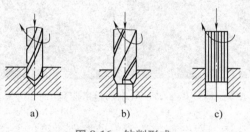

图 8-16　钻削形式

a) 钻孔　b) 扩孔　c) 铰孔

车床钻削

伊斯卡铰刀加工

钻床钻孔

1）钻孔。用钻头在实体材料上加工孔的方法称为钻孔，它是一种最基本的孔加工方法。钻孔的公差等级为 IT13~IT11，表面粗糙度 Ra 值为 50~12.5μm。

钻孔时，易形成被加工孔轴线偏斜或者加工孔径变化，产生误差，同时钻孔时的切削条件差，排屑困难，切屑与孔壁发生较大的摩擦和挤压，容易刮伤已加工表面，所以钻孔表面粗糙度值大且精度低。另外，由于钻削产生的切削热较多，且切削液难以注入切削部位，所以切削温度高，限制了切削速度的提高，生产率较低。

为了保证钻孔质量，应采取措施防止钻头引偏。例如：钻孔前预先加工端面，以免钻头开始钻入时因端面凹凸不平而产生引偏；用短而粗的尖钻进行预钻，使钻头开始钻入时易对正中心；开始钻入时采用小的进给量，以减小钻削轴向力，避免钻头弯曲等。

2) 扩孔。用扩孔工具扩大工件孔径的加工方法称为扩孔。扩孔属于孔的半精加工，也可作铰孔前的预加工。尺寸公差等级为IT10~IT9，表面粗糙度 Ra 值为 $6.3~3.2\mu m$。扩孔的加工余量一般为 1/8 孔直径。小于 $\phi25mm$ 孔的扩孔余量为 $1~3mm$，孔径较大时余量为 $3~6mm$。由于扩孔余量比钻孔小，扩孔刀需要的容屑槽浅，钻心厚度大，刀体强度高、刚性好，因而能采用较大的进给量和较高的切削速度，加工质量和生产率均高于钻孔，适于大批量生产。

3) 铰孔。用铰刀从工件孔壁上切除微量金属层，以提高尺寸精度和降低表面粗糙度值的加工方法，称为铰孔，是应用较普遍的孔的精加工方法之一。铰孔的公差等级可达 IT8~IT7，表面粗糙度 Ra 值为 $1.6~0.4\mu m$。

铰孔有手铰和机铰之分，机铰可在钻床、车床上进行。所以铰刀也分为手铰刀和机铰刀两种，手铰刀直径一般为 $\phi1~\phi50mm$，机铰刀直径为 $\phi10~\phi80mm$。

铰削由于铰孔余量小，铰削速度低，因而铰孔的切削力小，切削热小；铰刀有较好的刚性和导向性，切削平稳，其修光部分可校正孔径及刮光孔壁，故铰孔的精度较高，表面粗糙度值低。但是一把铰刀只能加工一种尺寸和精度的孔，适应性差。图8-17所示是铰削的生产应用。

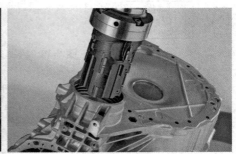

图 8-17　铰削的生产应用

（2）镗削加工　镗孔是镗刀在已加工孔的工件上使孔径扩大并达到精度、表面粗糙度要求的加工方法。镗孔可在多种机床上进行，回转体零件上的孔多用于车床加工；而箱体类零件上的孔或孔系则常在镗床上加工。镗削加工如图8-18所示，图8-19所示是镗削的生产应用。

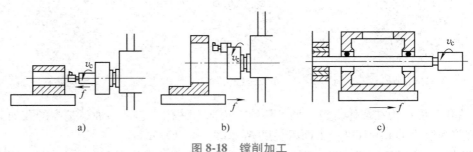

图 8-18　镗削加工
a）镗孔　b）镗大孔　c）镗组合孔

镗孔的质量主要取决于机床的精度，普通镗床的镗孔公差等级可达 IT8~IT7，表面粗糙度 Ra 值可达 $1.6~0.8\mu m$。若用金刚镗床或坐标镗床，可获得更高的精度或更小的表面粗糙度值。

图 8-19 镗削的生产应用

机械零件镗削

（3）拉削加工 在拉床上用拉刀加工工件的工艺过程叫作拉削加工。拉削不但可以加工各种截面形状的型孔，还可以拉削平面、半圆弧面和其他组合表面，如图 8-20 所示。

拉刀由许多刀齿组成，如图 8-21 所示，后面的刀齿比前面的刀齿高出一个齿升量（一般为 0.02~0.1mm）。每一个刀齿只负担很小的切削量，加工时依次切去一层金属，所以拉刀的切削部分很长。

内齿圈花键拉削

图 8-20 适于拉削的各种型孔

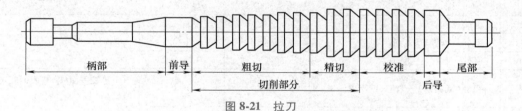

图 8-21 拉刀

加工过程中，拉刀的头部先通过工件上已有的孔，然后由拉床夹头将拉刀头部夹住，将拉刀自工件孔中拉过。由拉刀上一圈圈不同尺寸的刀齿分别逐层切除金属层，而形成与拉刀最后的刀齿同形状的孔。

由于拉削速度低，切削深度很小，拉削过程平稳，所以加工精度高、表面粗糙度值小。一次行程即可完成拉削加工，生产率高。拉削过程中由于速度小，温度低，所以拉刀磨损慢，使用寿命较长。但是拉刀的制造及刃磨复杂，成本高，所以拉孔只适用于大批量生产或定型产品的成批生产。

（4）磨削加工 磨孔是用磨削方法加工工件的孔，它是精加工孔的一种方法。磨孔公差等级可达 IT8~IT6，表面粗糙度 Ra 值为 0.8~0.4μm。磨孔一般在内圆磨床和万能外圆磨床上进行，对于大尺寸薄壁孔，则可在无心内圆磨床上加工。

与外圆磨削相比，内圆磨削因砂轮直径小，线速度低，故磨削加工的生产率低。磨料的单位时间切削次数增加，砂轮容易磨损。砂轮轴细而长，刚性差，容易产生弹性变形和振动，加工表面质量较差。工件与砂轮之间的接触弧长，磨削力大，磨削区温度高，冷却条件差，热量不易散发。此外磨屑排除较困难，容易积聚在内孔中，引起砂轮的堵塞。内圆磨削虽然有以上缺点，但适应性好，在单件、小批量生产中应用很广，特别是对淬硬的孔、不通孔、大直径的孔及断续表面的孔（如花键孔），内圆磨削是主要的精加工方法。

8.2.4 平面切削加工

平面是盘、板和箱体类零件的主要表面，大致可分为非结合面（属低精度表面，只是在外观或耐蚀需要时才进行加工）、结合面和重要结合面（属中等精度平面，如零部件的固定连接面等）、导向平面（属高精度平面，如机床的导轨面等）、精密测量工具的工作面等（属精密平面）。

平面的作用不同，其技术要求也不同，所以采用的加工方案也不一样。

1. 加工方案

平面加工的方法有车削、铣削、刨削、磨削、拉削、研磨、刮研等。应根据工件平面的技术要求以及零件的结构形状、尺寸、材料和毛坯种类、原材料状况及生产规模等不同条件合理选用。

非结合面一般采用粗铣、粗刨或粗车即可。对于平面要求光洁美观时，粗加工后仍需要进行精加工或光整加工。结合面和重要结合面经粗刨（铣）—精刨（铣）即可。精度要求较高的平面，如车床主轴箱与床身结合面还需要磨削或刮研。盘类零件的连接平面一般采用粗车—精车方案。导向平面常在粗刨（铣）—精刨（铣）之后进行刮研或宽刃细刨，也常在导轨磨床上磨削。精密测量工具的工作面常采用粗铣—精铣—磨削—研磨的加工方案。对于韧性较大的非铁合金平面，刨削时容易扎刀，磨削时容易堵塞砂轮，宜采用粗铣—精铣—高速精铣方案，且生产率高。表8-5可作为拟定平面加工方案的参考。

表8-5 平面加工方案

序号	加工方案	经济加工公差等级 IT	表面粗糙度 Ra 值$/\mu m$	适用范围
1	粗车—半精车	9~8	6.3~3.2	端面
2	粗车—半精车—精车	7~6	1.6~0.8	端面
3	粗车—半精车—磨削	9~7	0.8~0.2	
4	粗刨（或粗铣）—精刨（或精铣）	9~7	6.3~1.6	不淬硬平面(端铣表面粗糙度值较小)
5	粗刨（或粗铣）—精刨（或精铣）—刮研	6~5	0.8~0.1	精度要求较高的不淬硬平面，批量较大时宜采用宽刃刨削方案
6	粗刨（或粗铣）—精刨（或精铣）—宽刃精刨	7~6	0.8~0.2	
7	粗刨（或粗铣）—精刨（或精铣）—磨削	7~6	0.8~0.2	精度要求较高的淬硬平面或不淬硬平面
8	粗刨（或粗铣）—精刨（或精铣）—粗磨—精磨	6~5	0.4~0.25	
9	粗铣—拉	9~6	0.8~0.2	大量生产，较小的平面
10	粗铣—精铣—磨削—研磨	5以上	<0.1	高精度平面

2. 加工方法及其特点

（1）铣削加工 铣削是平面加工的主要方法之一，它可以加工水平面、垂直面、斜面、沟槽、成形表面、螺纹和齿形等，也可以用来切断材料，加工的范围相当广。铣床的种类很多，常用的是升降台卧式和立式铣床。铣削原理如图8-22所示，铣削加工平面的主要形式如

图 8-23 所示。

图 8-22　铣削原理

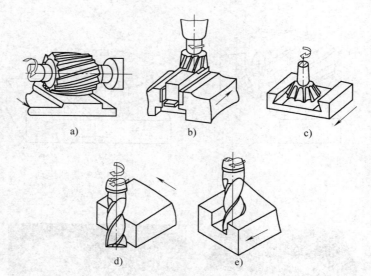

图 8-23　铣削加工平面的主要形式
a）圆柱铣刀铣平面　b）面铣刀铣平面
c）角度铣刀铣角度槽　d）、e）立铣刀加工沟槽或平面

如图 8-24 所示，铣刀是典型的多齿刀具。铣削时有几个刀齿同时参加工作，总切削宽度较大，利于高速铣削，所以生产率一般比刨削高。

图 8-24　各式铣刀

铣削加工平面时可以用端铣法，也可以用周铣法，如图 8-25 所示。周铣法是指用圆柱形铣刀的刀齿加工平面，而用面铣刀的端面刀齿加工平面就称为端铣法。面铣刀可直接装夹在刚性很高的主轴上，可采用较大的切削用量，此外还有其他一些优点，因而端铣已成为加工平面的主要方式。另外，随着装备工艺和材料技术的进步，综合端铣周铣加工的方式也日渐普及。

铣削工艺

铣削加工在产品零件制造及模具生产中有非常多的应用，MacBook 系列产品就是对铝块进行铣削得到产品型腔，图 8-26 所示是 MacBook 的 C 壳加工流程。

（2）刨削加工　刨削可以在牛头刨床或龙门刨床上进行。中小型零件加工，一般多在牛头刨床上进行；龙门刨床主要用于大型零件（如机床床身和箱体零件）的平面加工。

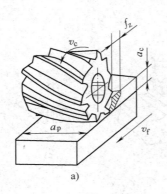
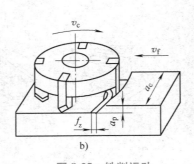

图 8-25 铣削运动

a）周铣法 b）端铣法 c）综合法

图 8-26 MacBook 的 C 壳加工流程

刨削加工精度较低，公差等级一般为 IT9～IT8，表面粗糙度 Ra 值为 $6.3～1.6\mu m$。但刨削加工可以在工件一次装夹中，逐个加工出工件几个方向上的平面，能保证位置精度。刨削速度低，生产率低，但刨狭长平面（如车床导轨面）或在龙门刨床上进行多件或多刀刨削时，生产率仍然很高。由于刨刀结构简单，便于刃磨，刨床的调整也比较方便，因此刨削加工在单件小批生产及修配工作中应用较广。

宽刃精刨是在精刨的基础上，使用直线度很高的宽刃刨刀，使其主切削刃平行于加工表面，用很低的切削速度，在工件表面上切去极薄的一层金属。宽刃精刨可使表面粗糙度 Ra 值达到 $1.6～0.8\mu m$（铸铁件 Ra 值可达 $0.8\mu m$ 以下），直线度误差在 1m 长度上不大于 0.02mm。

宽刃精刨可以代替刮研或磨削，用以保证平面间的贴合度，因此，常被用于机床导轨面或其他重要连接表面的精加工。

（3）磨削加工 高精度平面及淬火零件的平面加工大多采用平面磨削方法，主要在平面磨床上进行。形状简单的铁磁性材料工件采用电磁吸盘装夹，对于形状复杂或非铁磁性材料的工件可采用精密机用虎钳或专用夹具装夹。

8.2.5 成形面加工

产品中有些零件的表面不是简单的平面、圆柱面、圆锥面或它们的组合，而是复杂型面。成形面的加工方法较多，一般也有车削、铣削、刨削或磨削等，可归纳为以下两种基本方式。

1. 用成形刀具加工

用切削刃形状与零件表面轮廓形状相符合的刀具，直接加工出成形面，如图 8-27 所示。

用成形刀具加工成形面，机床的结构、运动和操作均比较简单方便。工件成形面的精度取决于刀具的精度，公差等级能达到 IT10～IT9，表面粗糙度 Ra 值可达 $12.5～6.3\mu m$。用一

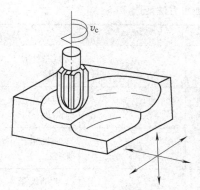

图 8-27　用成形刀具加工

把成形刀具加工，可以保证各工件被加工表面形状、尺寸的一致性和互换性，加工质量比较稳定，具有较高的生产效率。成形刀具可以多次重磨，使用寿命较长，但其设计、制造和刃磨都比较复杂，成本较高。由于这些特点，这种方法适宜在成形面精度要求低、尺寸较小、零件批量较大的场合使用。

2. 利用刀具和工件做特定的相对运动加工

利用刀具和工件做特定的相对运动来加工成形面，刀具比较简单，并且加工成形面的尺寸范围较大，但是机床的运动和结构都较复杂，成本也高。如图 8-28 所示，用靠模装置车削成形面就是其中的一种。此外，还可以利用手动、液压仿形装置或数控装置等来控制刀具与工件之间特定的相对运动，图 8-29 所示为一种手动车削圆弧方式。

成形面的加工方法应根据零件的尺寸、形状及生产批量等来选择。

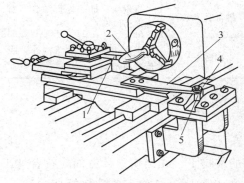

图 8-28　用靠模装置车削成形面

1—车刀　2—工件　3—连接板　4—靠模　5—滑块

图 8-29　手动车削圆弧

小型回转体零件上形状不太复杂的成形面，在大批量生产时，常用成形车刀在自动或半自动车床上加工；当批量较小时，可用成形车刀在卧式车床上加工。成形的直槽和螺旋槽等，一般可用成形铣刀在万能铣床上加工。

尺寸较大的成形面，在大批量生产时，多采用仿形车床或仿形铣床加工；单件小批量生产时，可借助样板在卧式车床上加工，或者依据划线在铣床或刨床上加工，但这种方法加工的质量和效率较低。为了保证加工质量和提高生产效率，在单件小批量生产时，可应用数控机床加工成形面。

大批量生产中，通常设计和制造专用的拉刀或专门化的机床来加工成形面，如用凸轮轴车床、凸轮轴磨床等加工凸轮轴。对于淬硬的成形面或精度高、表面粗糙度值小的成形面，其精加工则采用磨削甚至光整加工。成形面常用的加工方法及选择见表 8-6。

185

表 8-6　成形面加工方法及选择

加工方法		精度	表面粗糙度值	生产率	机床	适用范围
成形面的切削加工	成形刀具					
	车削	较高	较小	较高	车床	成批生产尺寸较小的回转成形面
	铣削	较高	较小	较高	铣床	成批生产尺寸较小的外直线成形面
	刨削	较低	较大	较高	刨床	成批生产小尺寸的外直线成形面
	拉削	较高	较小	高	拉床	大批大量生产各种小型直线成形面
	手动进给	较低	较大	低	普通机床	单件小批生产各种成形面
	靠模装置	较低	较大	较低	普通机床	成批生产各种直线成形面
	仿形装置	较高	较大	较低	仿形机床	单件小批生产各种成形面
	数控装置	高	较小	较高	数控机床	单件及中、小批生产各种成形面
成形面磨削加工	成形砂轮磨削	较高	小	较高	平面、工具、外圆磨床	成批生产加工外直线成形面和回转成形面
	成形夹具磨削	高	小	较低	成形磨床、平面磨床	单件小批生产外直线成形面
	光学曲线磨床磨削	高	小	较低	光学曲线磨床	单件小批生产加工外直线成形面
	砂带磨削	高	小	高	砂带磨床	批量生产加工外直线成形面和回转成形面
	连续轨迹数控坐标磨削	很高	很小	较高	坐标磨床	单件小批生产加工内外直线成形面

8.2.6　产品结构工艺性

结构工艺性是指产品零部件在保证产品使用性能的前提下，在结构设计方面应符合加工方便、生产率高、劳动量少、材料消耗少、生产成本低的原则。结构工艺性包括切削加工、装配结构工艺性等。

为了使零件具有良好的切削工艺性，设计者不仅要熟悉传统加工方法的工艺特点、典型和特型表面的加工方案，以及工艺过程的基本知识，还应了解新材料、新设备、新技术和新工艺的知识。

零件结构设计的一般原则有：

（1）合理确定零件的技术要求　不需要加工的表面，不要设计成加工面；要求不高的表面不要设计成高精度和较小表面粗糙度值的表面，以免增加材料消耗和制造成本。

（2）遵循结构设计的标准化　尽量采用标准化参数、标准化零件等；尽可能减少加工量和精加工面积；零件上作用相同的结构要素应尽量保持一致；零件上孔的轴线应与钻入、钻出表面垂直，避免深孔加工；尽量避免内表面加工等。

设计零件还必须使其具备良好的装配工艺性，使装配和维修便利，保证产品的质量。

表 8-7、表 8-8 分别是切削加工工艺性示例和装配工艺性示例。

表 8-7　零件结构切削加工工艺性示例

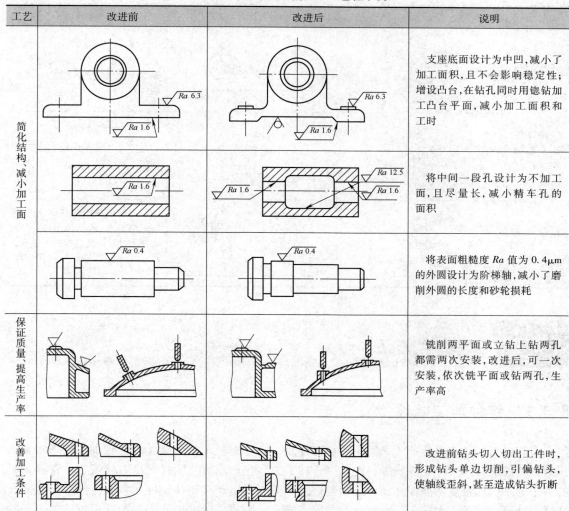

工艺	改进前	改进后	说明
简化结构、减小加工面			支座底面设计为中凹,减小了加工面积,且不会影响稳定性;增设凸台,在钻孔同时用锪钻加工凸台平面,减小加工面积和工时
			将中间一段孔设计为不加工面,且尽量长,减小精车孔的面积
			将表面粗糙度 Ra 值为 $0.4\mu m$ 的外圆设计为阶梯轴,减小了磨削外圆的长度和砂轮损耗
保证质量、提高生产率			铣削两平面或立钻上钻两孔都需两次安装,改进后,可一次安装,依次铣平面或钻两孔,生产率高
改善加工条件			改进前钻头切入切出工件时,形成钻头单边切削,引偏钻头,使轴线歪斜,甚至造成钻头折断

表 8-8　零件结构装配工艺性示例

工艺	改进前	改进后	说明
减少不必要配合面,使装配准确可靠			改进前两件在轴向有两对配合表面,对孔深和台阶套长度的加工精度要求很高
			改进前两件在径向有两对配合表面,对阶梯轴外圆和阶梯孔的精度要求很高
	端面无法贴紧	孔端倒角　轴肩切槽	改进前轴肩和孔的端面无法贴紧,应在孔端设倒角或在轴肩根部切槽,见改进后的图

（续）

工艺	改进前	改进后	说明
预留拆装工艺结构，便于装配	距离过小		改进前螺钉位置距机壁太近，无法使用扳手。改进后，扳手活动空间增大，便于拧紧或松开螺钉
			改进前空间小于螺钉长度，无法装入螺钉
			改进前连接机体和底座的螺栓安装困难，若结构允许，可在底座上设计出装螺栓的工艺孔，或在底座上加工螺纹孔，用螺柱连接

8.3　特种加工

8.3.1　特种加工概述

常规的机械加工是依靠刀具对工件相互作用，去除工件上多余金属以达到加工要求。要求刀具材料硬度必须大于工件硬度，而且由于加工中存在切削力，因此无论刀具或工件都必须具有一定的刚度和强度才能保证加工的顺利进行。但随着生产和科技发展的需要，许多产品向高精度、高速、高压、大功率、小型化等方向发展，它们越来越多地使用各种硬质难熔或有特殊物理、力学性能的材料，而常规的切削加工方法无法实现。而且这些产品中有些零部件精密细小、结构复杂，尺寸、形状、位置和表面粗糙度等几何精度要求很高。如零件上的微孔、异形孔、窄缝、精密细杆、弹性元件，各类模具上的特殊型腔、孔槽等，采用常规切削方法加工已难以满足要求。为了解决这些加工困难，人们不断探索研究新的加工方法，特种加工就是在这种前提下产生和发展起来的。

特种加工是指那些不属于常规加工工艺范畴且主要是利用电能、光能、声能、热能、化学能等去除材料的加工方法。特种加工不产生宏观切屑，不产生强烈的弹、塑性变形，因此可获得很低的表面粗糙度值，其残余应力、冷作硬化、热影响度等也远比一般金属切削加工小。特种加工的工具与被加工零件基本不接触，加工时不受工件强度和硬度制约，所以可加工超硬脆材料和精密微细零件，工具材料的硬度可低于工件材料的硬度。同时特种加工的能量易于控制和转换，故加工范围广，适应性强。

一般按能量来源和作用原理来区分，特种加工有以下几种不同类型，见表8-9。

表8-9　常用特种加工方法分类

特种加工方法		能量来源及形式	作用原理	英文缩写
电火花加工	电火花成形加工	电能、热能	熔化、汽化	EDM
	电火花线切割加工	电能、热能	熔化、汽化	WEDM

（续）

特种加工方法		能量来源及形式	作用原理	英文缩写
电化学加工	电解加工	电化学能	金属离子阳极溶解	ECM（ELM）
	电解磨削	电化学能、机械能	阳极溶解、磨削	EGM（ECG）
	电解研磨	电化学能、机械能	阳极溶解、研磨	ECH
	电铸	电化学能	金属离子阴极沉积	EFM
	涂镀	电化学能	金属离子阴极沉积	EPM
激光加工	激光切割、打孔	光能、热能	熔化、汽化	LBM
	激光打标	光能、热能	熔化、汽化	LBM
	激光处理、表面改性	光能、热能	熔化、相变	LBT
电子束加工	切割、打孔、焊接	电能、热能	熔化、汽化	EBM
离子束加工	蚀刻、镀覆、注入	电能、动能	原子撞击	IBM
等离子弧加工	切割（喷镀）	电能、热能	熔化、汽化（涂覆）	PAM
超声加工	切割、打孔、雕刻	电能、机械能	磨料高频撞击	USM
化学加工	化学铣削	化学能	腐蚀	CHM
	化学抛光	化学能	腐蚀	CHP
	光刻	光能、化学能	光化学腐蚀	PCM

表 8-10 是几种常用特种加工方法的综合比较，可为具体的设计加工提供参考。

表 8-10　常用特种加工方法综合比较

加工方法	可加工材料	工具损耗率（%）（最低/平均）	材料去除率/mm³·min⁻¹（平均/最高）	尺寸精度/mm（平均/最高）	表面粗糙度Ra/μm（平均/最低）	主要适用范围
电火花	任何导电材料,如硬质合金、耐热钢、不锈钢、淬火钢、钛合金等	0.1/10	30/3000	0.03/0.003	10/0.04	从数微米的孔、槽到数米的超大型模具、工件等。如圆孔、方孔、异形孔、深孔、微孔、弯孔、螺纹孔以及冲模、锻模、压铸模、塑料模、拉丝模等,还可刻字、表面强化、涂覆加工
电火花线切割		较小（可补偿）	20/200 mm²/min	0.02/0.002	5/0.32	切割各种冲模、塑料模、粉末冶金模等二维及三维直纹面组成的模具及零件。可直接切割各种样板、磁钢、硅钢冲片。也常用于钼、钨、半导体材料或贵重金属的切割
电解	任何导电材料,如硬质合金、耐热钢、不锈钢、淬火钢、钛合金等	不损耗	100/10000	0.1/0.01	1.25/0.16	从细小零件到1t的超大型工件及模具。如仪表微型小轴、齿轮上的毛刺,蜗轮叶片、炮管膛线、螺旋花键孔、各种异形孔、锻造模、铸造模,以及抛光、去毛刺等
电解磨削		1/50	1/100	0.02/0.001	1.25/0.04	难加工材料的磨削。如硬质合金刀具、量具、轧辊、小孔、深孔、细长杆磨削,以及超精光整研磨、珩磨
超声	任何脆性材料	0.1/10	1/50	0.03/0.005	0.63/0.16	加工、切割脆硬材料。如玻璃、石英、宝石、金刚石、半导体单晶锗、硅等。可加工型孔、型腔、小孔、深孔及切割等

（续）

加工方法	可加工材料	工具损耗率（％）（最低/平均）	材料去除率/mm³·min⁻¹（平均/最高）	尺寸精度/mm（平均/最高）	表面粗糙度Ra/μm（平均/最低）	主要适用范围
激光	任何材料	不损耗	瞬时去除率很高，受功率限制，平均去除率不高	0.01/0.001	10/1.25	精密加工小孔、窄缝及成形切割、刻蚀。如金刚石拉丝模、钟表宝石轴承、化纤喷丝孔、镍、不锈钢板上打小孔，切割钢板、石棉、纺织品、纸张，还可焊接、热处理
电子束						在各种难加工材料上打微孔、切缝、蚀刻、曝光以及焊接等，现常用于制造中、大规模集成电路微电子器件
离子束			很低	/0.01μm	/0.01	对零件表面进行超精密、超微量加工、抛光、蚀刻、掺杂、镀覆等
水切割	钢铁、石材	无损耗	>300	0.2/0.1	20/5	下料、成形切割、剪裁

　　单纯从材料去除率看，特种加工一般要低于常规的切削方法。因此，在现阶段的机械加工领域中，还是以常规的切削加工为主，特种加工主要用于难切削材料的加工、微细加工、特殊复杂形状及高精度和有特殊质量要求的加工。

8.3.2　电火花加工

1. 电火花加工原理与设备

　　电火花加工是一种利用电、热能量进行加工的方法。电火花加工的原理是基于工件和工具之间不断产生脉冲火花放电，产生的局部、瞬时高温把金属蚀除，以达到对零件的尺寸和表面预定要求的加工方法，也称放电加工或电蚀加工。

　　电火花加工原理如图 8-30 所示，电火花加工时，工具和工件作为电极分别与脉冲电源的两极连接，自动进给调节装置使工具和工件间保持 0.01~0.02mm 的放电间隙，在两者之间加上直流 100V 左右的脉冲电压。由于工具和工件的表面呈微观凸凹不平形状，故两表面各点之间的实际间隙是大小不等的。当脉冲电压由低升高时，使间隙最小处首先被击穿，产生火花放电。在微小的区域内由放电产生的瞬时高温使工件和工具表面的材料产生程度不同的

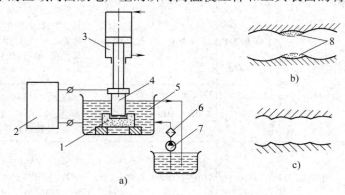

图 8-30　电火花加工原理示意图

a）电火花加工原理示意　b）、c）电火花加工表面局部放大图

1—工件电极　2—脉冲电源　3—自动进给调节装置　4—工具电极　5—工作液　6—过滤器
7—工作液泵　8—被蚀除的材料

熔化和汽化现象，在放电处的绝缘液体也被局部加热，迅速汽化，体积膨胀，随之产生很高的压力，将已经熔化、汽化的材料从工件和工具的表面蚀除，脉冲放电周而复始，直至工件的形状尺寸和表面质量达到所规定的技术要求为止。

为使电蚀产物在间隙中及时排除，工作液过滤循环系统采用强迫循环，并过滤，以保持工作液的清洁，防止因工作液中电蚀产物过多而引起短路和电弧。

根据电火花加工原理设计制造的电火花加工机床主要由四部分组成，即脉冲电源、间隙自动调节系统、机床本体及工作液过滤循环系统。图 8-31 所示为电火花成形机。

图 8-31　电火花成形机

2. 电火花加工的特点

1）能加工任何导电材料。电火花加工中材料的可加工性主要取决于材料的导电性及热学特性。

2）适合加工低刚度工件及微细加工。由于可以将工具电极的形状复制到工件上，因此特别适合复杂表面工件的加工。

3）适合加工模具。电火花加工的表面由无数小坑和硬凸边组成，其硬度比机械加工表面硬度高，且有利于保护润滑油，在相同表面粗糙度下其表面润滑性和耐磨性也比机械加工表面好，特别适用于模具制造。

4）电火花加工的速度较慢。

3. 电火花加工方法及应用

（1）电火花穿孔　穿孔加工是电火花加工中应用最广的一种，常用于加工型孔（圆孔、方孔、多边形孔、异形孔）、曲线孔、小孔、微孔等，如冷冲模、拉丝模、挤压模、喷嘴、喷丝头上的各种型孔和小孔。

穿孔尺寸精度主要靠工具电极的尺寸和火花放电的间隙来保证，电极的截面轮廓尺寸要比预定加工的型孔尺寸均匀缩小一个加工间隙，其尺寸精度要比工件高一级，一般不低于 IT7 级，表面粗糙度值要比工件小，Ra 值小于 $1.25\mu m$，且直线度、平面度和平行度在 100 mm 长度上不大于 $0.01mm$。

（2）电火花型腔加工　电火花型腔加工包括锻模、压铸模、挤压模、胶木模、塑料模等。型腔加工比较困难，主要因为是不通孔加工，金属蚀除量大，工作液循环和电蚀产物排除条件差，工具电极损耗后无法靠进给补偿；其次是加工面积变化大，由于型腔复杂，电极损耗不均匀，对加工精度影响很大，因此型腔加工生产率低，质量难以保证。为了提高型腔的加工精度，在电极方面，要使用耐蚀性高的纯铜和石墨作电极。此外，一些小型塑料模具的表面磨砂处理也可使用电火花加工。图 8-32 所示为电火花型腔加工。

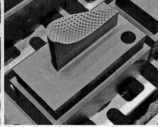

图 8-32　电火花型腔加工　　　　　　　　　　　模具电火花加工

图 8-32　电火花型腔加工（续）

8.3.3　电火花线切割加工

1. 线切割加工原理与设备

电火花线切割加工简称线切割加工，如图 8-33 所示。电火花线切割加工是利用一根运动的细金属丝（$\phi0.02\sim\phi0.3$mm 的钼丝或铜丝）作工具电极，在工件与金属丝间通以脉冲电流，靠火花放电对工件进行切割加工。

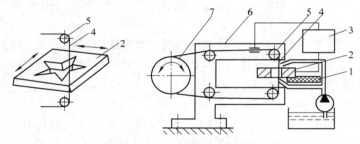

图 8-33　电火花线切割原理图

1—绝缘底板　2—工件　3—脉冲电源　4—电极丝　5—导向轮　6—支架　7—贮丝

线切割加工设备由机床本体、脉冲电源、控制系统、工作液循环系统和机床附件等部分组成。控制系统自动控制电极丝相对工件的运动轨迹和进给速度，实现工件的形状和尺寸加工。控制系统包括：①轨迹控制，精确控制电极丝相对工件的运动轨迹；②加工控制，包括对伺服进给速度、电源装置、走丝机构、工作液系统等的操作控制以及自诊断、安全失效、信息显示等。图 8-34 所示为北京凝华 NHS 系列线切割机床。

图 8-34　NHS 系列线切割机床

2. 线切割加工的特点

线切割加工可以加工一切导电金属，其加工机理、表面粗糙度、材料的可加工性等与电火花加工相似，加工生产率更高、加工成本低，其特点如下：

1）无须成形工具电极，降低了电极设计、制造费用，缩短了生产准备时间。

2）电蚀余量小，蚀除金属量少，适用于加工和切割稀有、贵重金属。

3）工具电极损耗很小，加工精度高。

4）加工小孔、小槽、窄缝、凸凹模可一次完成，可以多个工件叠起来加工，能获得一致的尺寸。

5）便于实现自动控制。

3. 线切割加工的应用

线切割加工主要应用于以下几个方面：

（1）加工模具　适用于各种形状的冲模。只需一次编程就可以切割凸模、凸模固定板、凹模及卸料板等。模具配合间隙、加工精度通常都能达到 $10\sim20\mu m$（快走丝机）和 $2\sim5\mu m$（慢走丝机）的要求。此外，还可加工挤压模、粉末冶金模、弯曲模、压塑模等，也可加工带锥度的模具。

（2）加工电火花成形用电极　用线切割加工一般穿孔加工用的电极、带锥度型腔加工用的电极以及铜钨、银钨合金材料的电极特别经济，同时也适用于加工微细复杂形状的电极。

（3）加工零件　在试制新产品时，可用线切割在坯料上直接割出零件，另外，修改设计、变更加工程序比较方便，加工薄件时还可多片叠在一起加工。在零件制造方面，可用于加工品种多、数量少的零件，特殊难加工材料的零件，材料试验样件，各种型孔、型面、特殊齿轮、凸轮、样板、成形刀具。有些具有锥度切割的线切割机床，可以加工出"天圆地方"等上下异形面的零件。同时还可进行微细加工、异形槽的加工等。图 8-35 所示是部分线切割加工零件。

图 8-35　线切割加工零件　　　　　　　　　　电火花线切割工作原理

8.3.4　激光加工

激光是一种在激光器中受激辐射产生的光源，它不仅具有普通光的反射、折射、衍射等共性，还具有极高的亮度和能量密度，极好的单色性、方向性和相干性。

1. 激光加工原理和设备

由于激光的方向性好，发散角很小，透镜聚焦后，可以得到直径很小的焦点，焦点处能量高度集中，能量密度可达 $10^7\sim10^{10}W/cm^2$，温度可达上万摄氏度，而金属材料达到沸点所需能量密度为 $10^5\sim10^6W/cm^2$。激光加工就是将这种高能量密度的激光束照射到工件表面，导致光斑处的材料瞬间熔化、汽化、膨胀，使熔融物爆炸式地喷射出来，高速喷射产生的反冲压力又在工件内部形成一个方向性很强的冲击波。工件材料在高温熔融和冲击波的作用下被蚀除，经多次照射就可完成预定加工。

激光加工设备由激光器、电源、光学系统和机械系统等部分组成。激光器是激光加工的重要设备，它把电能转变成光能，产生激光束。光学系统包括激光聚焦系统和观察瞄准系统，能将光束聚焦并能观察和调整焦点位置，并将加工位置显示在投影仪上等。机械系统主要包括床身、工作台及机电控制系统等。

2. 激光加工的特点

激光加工具有以下特点：

1）能量密度高，应用广泛。激光加工几乎能加工所有的材料，如各种金属材料、陶瓷、石英、金刚石等。

2）加工速度快，效率高，可控性好，容易实现自动化。

3）能透过空气、惰性气体或透明体对工件进行加工。因此，可通过由玻璃等制成的窗口对被封闭零件进行加工。

4）激光光斑大小可以聚焦到微米级，输出功率可调节，因此可用于精密微细加工。

3. 激光加工的应用

（1）激光打孔　利用激光打微型小孔，目前已广泛应用于金刚石拉丝模、钟表仪器的宝石轴承、陶瓷与玻璃等无机非金属材料和硬质合金、不锈钢等金属材料的小孔加工等方面。激光打孔的效率非常高，激光打孔能加工的最小孔径在 0.01mm 左右，表面粗糙度 Ra 值可达 $0.16 \sim 0.08 \mu m$。图 8-36 所示为激光打孔加工产品的实例图。

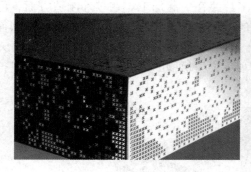

图 8-36　激光打孔实例

（2）激光切割　激光切割原理和激光打孔原理基本相同。不同的是，工件与激光束要相对移动，激光切割大都采用重复频率较高的脉冲激光器或连续输出的激光器。

激光可用于切割各种材料，由于激光对被切割材料不产生机械冲击力，故适宜切割玻璃、陶瓷和半导体等硬脆材料。再加上激光光斑小、切缝窄且便于自动控制，所以更适宜对细小部件做各种精密切割。例如应用于切割硅片，还有化学纤维喷丝头的 Y 形、十字形等型孔加工，精密零件的窄缝切割与划线以及雕刻等。图 8-37 所示是激光切割应用于零件加工和西雅图 CENTERCAL 酒店外立面装饰板。

图 8-37　激光切割应用实例

激光加工还可应用于激光焊接、激光热处理、激光微雕和激光存储等方面。激光束聚焦到物体表面或内部时，聚焦点处物质吸收激光能量产生物理或化学反应，从而在物体上留下痕迹或显示图案文字，就是俗称的"镭雕"。图 8-38 所示是玻璃工艺品的激光微雕，图 8-39 所示为激光焊接在汽车工业中的应用，图 8-40 所示是激光雕刻技术加工的部分产品实例。

图 8-38　玻璃工艺品的激光微雕

图 8-39　激光焊接在汽车工业中的应用

图 8-40　激光雕刻技术加工的部分产品实例

8.3.5　光化学腐蚀加工

光化学腐蚀加工简称光化学加工，是光学照相制版和光刻相结合的一种精密微细加工技术。它是用照相感光来确定工件表面要蚀除的图形、线条，因此可以加工出非常精细的文字图案，目前已在工艺美术、机械及电子工业中获得应用。

1. 照相制版的原理和工艺

照相制版是把所需的图像摄影到照相底片上，经过光化学反应，将图像复制到涂有感光胶的铜板或锌板上，再经过坚膜固化处理，使感光胶具有一定的耐蚀能力，最后经过化学腐蚀即可获得所需图形的金属板。照相制版是印刷工业的关键工艺，利用它可以加工一些机械加工难以解决的具有复杂图形的薄板、薄片或在金属表面上刻蚀图案、花纹等。

照相制版的工艺流程如图 8-41 所示。

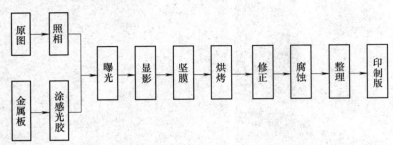

图 8-41　照相制版工艺流程

（1）原图和照相　原图是将所需图形按照一定比例放大描绘在纸上或刻在玻璃上，然后通过照相，将原图按需要缩小在照相底片上，照相底片一般采用涂有卤化银的感光版。

（2）金属板和涂感光胶　金属板多采用微晶锌板和纯铜板，要求具有一定的硬度和耐磨性，表面光整，无杂质、氧化层、油垢等，以增强对感光胶膜的吸附能力。常用感光胶有聚乙烯醇、明胶等。

（3）曝光、显影和坚膜　曝光是将原图照相底片紧紧密合在已涂覆感光胶的金属板上，通过紫外光照射，使金属板上的感光胶膜按图像感光。照相底片上的不透光部分，由于挡住了光线照射，胶膜不参与光化学反应，仍是水溶性的，照相底片上的透光部分，由于参与了化学反应，使胶膜变成不溶于水的络合物，然后经过显影，把未感光的胶膜用水冲洗掉，使胶膜呈现清晰的图像，其原理如图 8-42 所示。为提高显影后胶膜的耐蚀性，还要将制版放在坚膜液中进行处理。

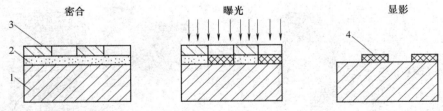

图 8-42　照相制版曝光及显影示意图
1—金属板　2—感光胶膜　3—照相底片　4—成像胶膜

（4）固化和腐蚀　经过感光坚膜后的胶膜，耐蚀能力仍不强，必须进一步固化。坚膜固化后的金属板放在腐蚀液中进行腐蚀，即可获得所需图像，其原理如图 8-43 所示。

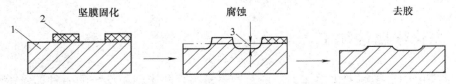

图 8-43　照相制版腐蚀原理示意图
1—显影后的金属片　2—成像胶膜　3—腐蚀深度

图 8-44 所示是正在制作曝光显影过程中的铜板，图 8-45 所示是利用这种技术制成的工艺品。

图 8-44　铜板曝光显影

图 8-45　凹凸板工艺品

2. 光刻加工的原理和工艺

光刻是利用光致抗蚀剂的光化学反应特点，将掩模版上的图形精确印制在涂有光致抗蚀剂的衬底表面，再利用光致抗蚀剂的耐蚀特性，对衬底表面进行腐蚀，可获得极为复杂的精细图形。

图 8-46 所示为光刻的主要工艺过程。图 8-47 所示为半导体光刻工艺过程示意图。

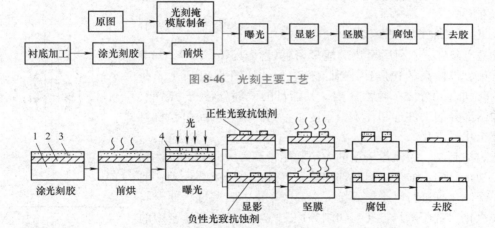

图 8-46　光刻主要工艺

图 8-47　半导体光刻工艺过程

1—衬底（硅）　2—光刻薄膜（氧化硅）　3—光致抗蚀剂　4—掩模版

首先在透明或半透明的聚酯基板上，涂覆一层醋酸乙烯树脂系的红色可剥性薄膜，然后把所需的图形按一定比例放大，用绘图机刻制可剥性薄膜，去除不需要的部分薄膜制成原图。

在半导体集成电路的光刻中，为了获得精确的掩模版，需要先利用初缩照相机把原图缩小制成初缩版，然后采用分步重复照相机精缩，使图形进一步缩小从而获得尺寸精确的照相底版。再把照相底版用接触复印法，将图形印制到涂有光刻胶的高纯度铬薄膜板上，腐蚀后获得金属薄膜图形掩模版。

然后在衬底上涂覆光致抗蚀剂，光致抗蚀剂是一种对光敏感的有机高分子溶液，根据其光化学特点，可分为正性和负性两类。曝光一般采用紫外光，波长约为 $0.4\mu m$。随着电子工业的发展，对精度要求更高的精细图形进行光刻时，其最细的线条宽度要求到 $1\mu m$ 以下，紫外光已不能满足要求，需采用电子束、离子束或 X 射线等。电子束曝光可以刻出宽度为

0.25μm 的细线条。

再然后对带有光致抗蚀剂层的衬底表面进行腐蚀。不同的光刻材料，需采用不同的腐蚀液。腐蚀的方法有多种，如化学腐蚀、电解腐蚀、离子腐蚀等，其中采用化学溶液腐蚀较为常用。最后，去除腐蚀后残留在衬底表面的抗蚀胶膜。

光刻的尺寸精度可达到 0.01 ~ 0.005mm，是半导体器件和集成电路制造中的关键工艺之一。

利用光刻原理还可制造一些精密产品的零部件，如刻线尺、刻度盘、光栅、细孔金属网板、电路布线板等。图 8-48 所示为应用光刻技术制作的 PCB 电路板及装饰金属网板。

图 8-48　PCB 电路板及装饰金属网板

8.3.6　电子束加工

1. 电子束加工原理及设备

在真空条件下，利用聚焦后能量密度极高（$10^6 \sim 10^9 \mathrm{W/cm^2}$）的电子束，以极高的速度冲击到工件表面，如图 8-49 所示。在极短的时间（几分之一微秒）内，其能量的大部分转变为热能，使被冲击部分的工件达到几千摄氏度以上的高温，从而引起材料的局部熔化或汽化。

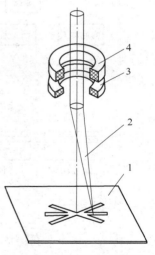

通过控制电子束能量密度的大小和能量注入时间，可以达到不同的加工目的：如使材料局部加热就可进行电子束热处理；使材料局部熔化可进行电子束焊接；提高电子束能量密度，使材料熔化和汽化，就可进行打孔、切割等加工；利用较低能量密度的电子束轰击有机高分子材料时产生化学变化的原理，进行电子束光刻加工。

2. 电子束加工的特点

1）由于电子束能够非常微细地聚焦，所以加工面积可以很小，能加工微孔、窄缝、半导体集成电路等，是一种精密微细加工方法。

图 8-49　电子束加工原理
1—工件　2—电子束　3—偏
转线圈　4—电磁透镜

2）加工材料范围很广，对脆性、韧性、导体、非导体及半导体材料都可加工。

3）通过磁场或电场对电子束的强度、位置、聚焦等进行控制，整个加工过程便于实现自动化。

4）由于电子束加工是在真空中进行，因而污染少，加工表面在高温时也不易氧化，特别适用于加工易氧化的金属及合金材料，以及纯度要求极高的半导体材料。

3. 电子束加工应用

电子束加工按其功率密度和能量注入时间的不同，可用于打孔、切割、刻蚀、焊接和光刻加工等。

1）高速打孔。高速打孔可在工件运动中进行，如在 0.01mm 厚的不锈钢上加工直径 0.2mm 的孔，速度为 3000 孔/s。玻璃纤维喷丝头要打 6000 个直径 0.8mm、深度 3mm 的孔，用电子束打孔可达 20 孔/s。

2）加工型孔及特殊表面。电子束可以用来切割各种复杂型面，切口宽度为 3~6μm，边缘表面粗糙度 Ra 值可控制在 0.5μm 左右。

3）刻蚀。在微电子器件生产中，为了制造多层固体组件，可利用电子束在陶瓷或半导体材料上刻出许多微细沟槽和孔，如在硅片上刻出宽 2.5μm、深 0.25μm 的细槽。电子束刻蚀还可用于制版，在铜制印滚筒上按色调深浅刻出许多大小与深浅不一的沟槽或凹坑。图 8-50 所示是应用电子束焊接加工的某工件材料表面微观放大图片，图例是 1μm。

4）焊接。电子束的能量密度高，焊接速度快，焊缝深而窄，工件热影响区小，变形小。电子束焊接一般不用焊条，焊接过程在真空中进行，因此焊缝化学成分纯净，焊接接头的强度往往高于母材。

电子束焊接可以焊接难熔金属，如钽、铌、钼等，也可焊接钛、锆、铀等化学性能活泼的金属。实现一般焊接方法难以完成的异种金属焊接，图 8-51 所示是异种金属电子束焊接的剖面图。

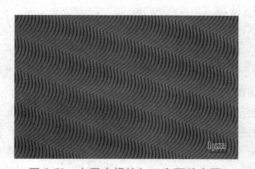

图 8-50 电子束焊接加工表面放大图

图 8-51 异种金属电子束焊接剖面图

8.3.7 离子束加工

1. 离子束加工原理与设备

离子束加工原理和电子束加工基本类似，也是在真空条件下，将离子源产生的离子束加速聚焦，使之撞击到工件表面。离子束具有比电子束更大的撞击动能，它是靠微观机械撞击能量而不是靠动能转化为热能来加工。

按照利用的物理效应和达到目的的不同，离子束加工可以分为四类，即利用离子撞击和溅射效应的离子刻蚀、溅射沉积和离子镀，以及利用注入效应的离子注入，如图 8-52 所示。

离子束加工装置与电子束加工装置类似，它也包括离子源、真空系统、控制系统和电源等部分，主要的不同部分是离子源系统。

2. 离子束加工特点

由于离子束可以通过电子光学系统进行聚焦扫描，离子束轰击材料是逐层去除原子的，离子束流密度及离子能量可以精确控制，所以离子刻蚀可以达到毫微米即纳米级的加工精度。离子镀膜可以控制在亚微米级精度，离子注入的深度和浓度也可以精确控制。因此，离子束加工是所有特种加工方法中最精密、最细微的加工方法。

离子束加工在高真空中进行，适用于对易氧化金属、合金和高纯度半导体材料的加工。

3. 离子束加工的应用

（1）刻蚀加工　离子刻蚀是从工件上去除材料，是一个撞击溅射过程。当离子束轰击工件，入射离子的动量传递到工件表面的原子，传递能量超过了原子间的键合力时，原子就从工件表面撞击溅射出来，达到刻蚀的目的。

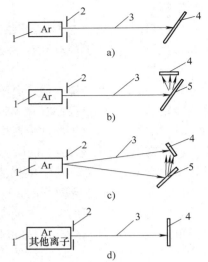

离子刻蚀用于加工陀螺仪空气轴承和动压马达上的沟槽，分辨率高，精度、重复一致性好。加工非球面透镜能达到其他方法不能达到的精度。离子束刻蚀还能刻蚀高精度图形，如集成电路、声波器件、磁泡器件、光电器件和光集成器件等微电子学器件亚微米图形。

（2）镀膜加工　离子镀膜加工有溅射沉积和离子镀两种。离子镀时，工件不仅接受靶材溅射来的原子，同时还受到离子的轰击，这使离子镀具有许多独特的优点。离子镀膜附着力强、膜层不易脱落。用离子镀对工件镀膜时，其绕射性好，使基板的所有暴露表面均能被镀覆。离子镀的可镀材料广泛，可在金属或非金属表面上镀制金属或非金属材料，各种合金、化合物、某些合成材料、半导体材料、高熔点材料均可镀覆。离子镀技术已用于镀制润滑膜、耐热膜、耐蚀膜、耐磨膜、装饰膜和电气膜等。

图 8-52　各类离子束加工示意图
a) 离子刻蚀　b) 溅射沉积
c) 离子镀　d) 离子注入
1—离子源　2—吸极（吸收电子，引出离子）　3—离子束
4—工件　5—靶材

真空离子镀膜 PVD 工艺是目前广泛应用的先进表面处理技术，特别适合于金属外观处理，膜层附着力强，可以折弯 90° 以上不发生裂化或剥落，远优于电镀及喷涂，具有良好的抗氧化性、耐蚀性，在空气中暴露、阳光直射环境下能永久保持良好外观，清洁便利。真空离子镀膜工艺可在不锈钢、铜、钛、铝合金等金属上镀制 CrN、TiN、TiAlN 等，颜色均匀、光亮，可呈现出金、黄铜、紫铜、古铜、玫瑰金、棕、酒红、银白、烟灰等丰富色彩。其广泛应用于电子产品、灯具、门窗厨卫五金及首饰、景泰蓝等工艺美术品，膜厚 $1.5\sim2\mu m$。例如，在表壳或表带上镀的氮化钛膜，呈金黄色，反射率与 18K 金镀膜相近，而耐磨性和耐蚀性又优于镀金膜和不锈钢，其价格仅为黄金的 1/60，经济性良好。图 8-53 所示是应用离子镀的两件金属制品，分别是紫铜色和蓝色镀膜。图 8-54 所示是曾广受用户喜爱的极光渐变色手机后壳。

图 8-53　彩色离子镀膜金属环

图 8-54　极光渐变色手机后壳

（3）离子注入加工　离子注入是向工件表面直接注入离子，它不受热力学限制，可以注入任何离子，且注入量可以精确控制，注入的离子固溶在工件材料中，质量分数可达 10%～40%，注入深度可达 1μm 甚至更深。

离子注入在半导体方面的应用，在国内外都很普遍，它是用硼、磷等"杂质"离子注入半导体，用以改变导电形式，是制作半导体器件和大面积集成电路的重要手段。

利用离子注入可以改变金属表面的物理化学性能，制得新的合金，从而改善金属表面的耐蚀性能、抗疲劳性能、润滑性能和耐磨性能等。

8.3.8　水切割加工

水切割又称水刀切割，是一种利用高压水流切割材料的加工方式。水切割加工原理比较简单。通过加压泵将水加压，经高压管从切割喷头射出来，利用接近甚至超过声速的射流冲击工件材料表面达到切割材料的目的。也有部分水切割设备在射流中加入砂粒等磨料，以起到增大切削能力、磨削切割表面的双重作用，故水切割可分成无砂切割和有砂切割两种，图 8-55 是加磨料切割机喷嘴剖面图。

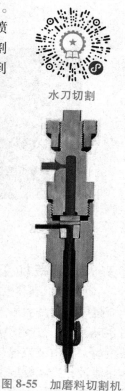

水刀切割

水切割设备与数控技术结合，使水刀喷嘴在计算机控制下能任意移动位置切割材料，雕琢工件，因为此种加工方式受材料质地影响小，因此在加工领域得到广泛应用。

水切割设备一般按压力不同分为高压型和低压型，通常以 100MPa 为界限。100MPa 以上为高压型，100MPa 以下为低压型。而 200MPa 以上为超高压型。100MPa 以下低压型水切割可应用于特种行业，如危化、石油、煤矿、爆炸危险物处理等方面。而 200MPa 以上的水切割则主要应用在机械加工行业。

超高压水刀可切割各种厚度大、坚硬程度高的材料，如不锈钢、铝、铜、钢铁、大理石、玻璃、塑料、陶瓷、瓷砖等各种材料。通常具有复杂图案、厚、难切、易碎与怕热的材料，适合应用水刀切割加工方式。

水切割加工精度通常为 0.1～0.25mm，受机器精度、切割工件的大小及厚度等综合因素影响。切隙宽度同样需视切割工件材质、大小、厚薄与所使用的喷嘴而定。一般而言，加砂切割的切口为 1.0～1.2mm。

图 8-55　加磨料切割机喷嘴剖面图

水切割加工的主要特点有：

1）可切割范围广，能加工玻璃、陶瓷、不锈钢等各种高硬度材料，比较柔软的皮革、橡胶、纸尿布等材料；是一些复合材料、易碎瓷材料复杂加工的唯一手段。

2）属于冷切割，不产生热变形或热效应，适合加工对热影响敏感的材料，如钛金属。

3）环保无污染，不产生有毒气体及粉尘。

4）切割质量好，采用磨料砂的水刀切割，切口光滑、无熔渣，不会产生粗糙边缘，因为细致光滑的切口，所以能减少材料耗费。

5）无须更换刀具，一个喷嘴可以加工不同类型的材料和形状，可一次完成穿孔、切割、成形等工作，能大量节约成本和时间。

6）CNC 编程迅速，可以数控成形各种复杂图案。

图 8-56 所示为利用水切割加工零件，图 8-57 所示是水切割在工艺品制造、装饰材料里的应用。

图 8-56 水切割零件加工

图 8-57 水切割工艺品和装饰石材

8.3.9 超声加工

超声加工是利用工具头做超声振动,通过悬浮液中磨料的高速轰击进行加工的方法,如图 8-58 所示。由超声波发生器将交流电转变为超声频电振荡,由换能器转换成超声频纵向机械振动,再由变幅棒把振幅放大到 0.05~0.1mm。加工时,在工具头和工件之间不断注入磨料悬浮液,变幅棒驱动工具端面做超声振动,迫使悬浮液中的磨粒以很大的速度不断撞击、抛磨被加工表面,把工件加工区域的材料粉碎成很细的微粒,从工件上脱落下来,被粉碎下来的工件材料被悬浮液带走,工具不断进给使加工继续进行,最后工具的形状便复印于工件上,达到尺寸加工的目的。

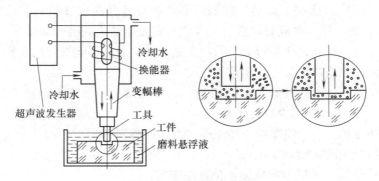

图 8-58 超声加工原理图

超声加工适合加工各种脆硬非金属材料,如玻璃、陶瓷、半导体、石英、锗、硅、石墨、玛瑙、宝石、金刚石等。超声加工热影响小，可加工形状复杂的型腔、型孔、薄壁零件、窄缝、小孔等，且能获得较好的表面质量，一般加工精度可达 0.01~0.02mm，表面粗糙度 Ra 值可达 0.8~0.1μm。

为了提高生产率，降低刀具损耗，常将超声振动和其他加工方法结合进行复合加工。例如，切削加工中引入超声振动可以降低切削力，改善表面质量，延长刀具寿命和提高加工速度。

8.4　数控加工

在宇航、造船和军工生产等领域，需要加工的零件多具有精度高、形状复杂、批量小、经常变动等特点，现代产品形态多为非规则曲面形式，且更新换代速度不断加快，这对机床设备不仅提出了精度与效率的要求，同时也提出了通用性与灵活性的要求。如图 8-59 所示形状复杂、质量要求高的零件使用传统机床加工时，不仅劳动强度大，效率低，而且难以保证加工精度，有些零件甚至无法加工。伴随计算机技术、网络技术的发展，现代工业制造产生了数控加工技术。

8.4.1　数控加工原理与分类

图 8-59　数控加工复杂零件

1. 数控加工原理

数字控制（Numerical Control，NC）是目前高度发展和广泛应用的一种自动控制技术，是用数字信号对机床各运动部件在加工过程中的活动进行控制的方法，简称数控（NC）。所谓数控机床是用数控装置或电子计算机进行程序控制的一种高效能自动化机床，通过数控系统处理数字编码程序，控制机床的动作来加工零件。其中计算机数控机床由于主要功能基本上全部由软件来实现，不同的数控机床只需编制不同软件，而硬件基本可以通用，所以应用日益广泛，此类数控机床简称为 CNC 机床。

数控机床加工时，按加工零件的要求，把加工所需的机床运动部件的动作顺序、速度、位移量及各种辅助功能，用数控装置能接受的代码表示出来，记载在特定信息载体上，通过信息载体输入数控装置，数控装置根据这些代码（指令信息）进行处理和运算，发出各种指令，控制机床的伺服系统和执行元件动作，自动完成预先规定的工作循环。

数控机床的自动控制包括刀具和工件之间相对运动的程序控制；主轴转速、进给速度的变换，更换刀具和开关冷却系统等辅助功能的控制；机床有关工作部件相对位移量和相对位移关系的坐标控制。

尽管零件的轮廓形状千变万化，但大多由直线和圆弧组成，而各种复杂的曲线也可以用直线或圆弧近似替代。数控机床的加工方法就是利用逼近轮廓的方法（插补法）来加工工件，可加工出各种复杂的曲面。

2. 数控机床的组成

数控机床主要由控制介质、数控装置、伺服系统、机床本体等几部分组成，如图 8-60 所示。

（1）机床本体　数控机床的主体，包括床身、立柱、主轴、进给机构等机械部件以及保证数控机床运行所必需的配套部件，如液压和气动装置、冷却装置、排屑装置、数控转台、

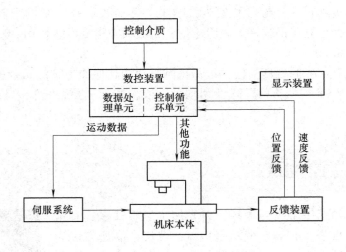

图 8-60 数控机床的组成

数控分度头、刀具等。

（2）控制介质 也称信息载体，是用于记载各种加工信息的媒体，多为磁盘、存储盘或其他载体。由信号输出装置把控制介质上的指令信息转换为数控装置能识别和处理的电信号，并传送到数控装置中去。

（3）数控装置 通常由输入装置、控制器、运算器、输出装置四部分组成。输入装置接收来自信息载体的各种指令信息，经译码后将控制指令送入控制器，再将数据送到运算器，作为运算和控制的原始依据。控制器接收输入装置送来的控制指令，控制运算器与输出装置实现对机床各种操作的控制。例如，机床主轴的转速和进给速度的变换、刀具的更换等。运算器接收控制器的指令，将输入的数据信息进行处理，将结果不断输送到输出装置，输出装置根据控制器的指令，将运算器处理结果以脉冲的形式经放大或转换成模拟电压量之后，输送到伺服系统。

（4）伺服系统 由伺服驱动装置和进给传动装置组成，是数控系统的执行部分。由机床上的执行部件和机械传动部件组成数控机床的进给伺服系统和主轴伺服系统。数控装置每发出一个脉冲，伺服系统就驱动机床运动部件沿某一坐标轴进给一定位移量。在加工过程中，伺服系统严格按照指令信息，驱动机床部件以确定的速度、方向和位移量移动，实现加工过程的自动循环。

3. 数控加工设备分类

（1）按机床运动轨迹分类 按机床运动轨迹分类可分为点位控制、点位直线控制和轮廓控制数控机床。

点位控制数控机床的数控装置只能控制机床运动部件从一个点精确移动到另一个点，而点与点之间运动的轨迹不需要严格控制，移动部件在移动过程中不进行切削，如图 8-61 所示。数控钻床、镗床、压力机均采用点位控制。

点位直线控制数控机床的数控装置不仅控制机床的移动部件从一个点准确移动到另一个点，而且保证在两点之间的运动轨迹是一条直线，移动部件在移动过程中进行切削，如图 8-62 所示。这类机床有数控车床、数控镗铣床等。

轮廓控制数控机床的数控装置能同时对两个或两个以上的坐标轴进行严格连续控制。加工时不仅能控制机床移动部件从一个点准确移动到另一个点，而且还能控制加工过程中每点的速度与位移量，即可以控制机床移动部件的移动轨迹，用于加工各种复杂形状的工件，如图 8-63 所示。这类机床有数控车床、数控铣床、数控磨床等。

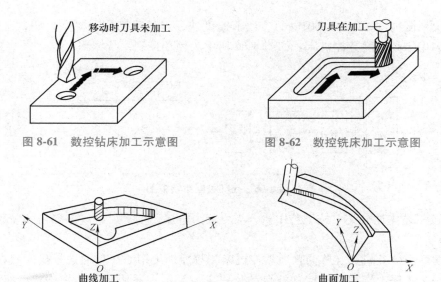

图 8-61 数控钻床加工示意图   图 8-62 数控铣床加工示意图

曲线加工   曲面加工

图 8-63 轮廓控制数控加工

（2）按数控系统有无检测和反馈装置分类 按数控系统有无检测和反馈装置分类可分为开环控制、半闭环控制和闭环控制数控机床。

开环控制数控机床的数控系统不带反馈检测装置。数控系统根据控制介质中的指令，经过控制运算，把一定数量的脉冲信号输送给伺服驱动装置，驱动工作台移动一定的距离。由于没有检测和反馈装置，所以对移动部件实际位移量与指令位移量不进行比较，也就不进行位移误差校正，因此该机床加工精度较低（0.02mm）。但它的优点是控制系统结构简单、工作稳定、调试维修方便、成本低。主要适用于精度要求不高的中小型机床。如图 8-64 所示为开环控制系统框图。

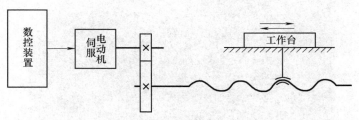

图 8-64 开环控制系统框图

半闭环控制数控机床是在开环控制系统的滚珠丝杠上安装角位移检测装置，通过检测滚珠丝杠转角间接检测移动部件的位移，然后反馈到数控装置与原输入指令位移值进行比较，用比较后的差值进行控制，使移动部件补偿一定位移，直至差值消除。由于反馈量是间接获取得到的，而非工作台的实际位移量，机床工作台未包括在闭环之内，所以称该系统为半闭环控制系统。该系统调试方便，稳定性好，目前应用较多。如图 8-65 所示为半闭环控制系统框图。

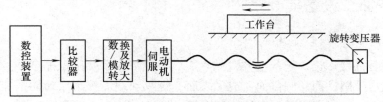

图 8-65 半闭环控制系统框图

闭环控制数控机床则在机床移动部件上安装了直线位移检测装置，将检测到的实际位移反馈到数控装置中进行比较，用比较后的差值控制移动部件做补充位移，直至差值消除。这种系统定位精度高（0.01~0.001mm），调节速度快，但机床结构较复杂，调试维修较困难，成本高，多用于高精度数控机床。如图 8-66 所示为闭环控制系统框图。

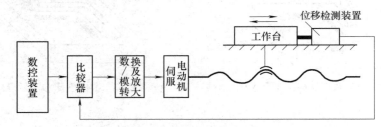

图 8-66 闭环控制系统框图

（3）按工艺用途分类　按工艺用途分类可分为金属切削类、金属成形类和特种加工类数控机床。

金属切削类数控机床又分为普通数控机床和数控加工中心。普通数控机床指在加工工艺过程中的一个工序上实现数字控制的自动化机床。与传统通用机床品种一样，有数控车床、数控铣床、数控钻床、数控磨床等，工艺范围与普通机床相似，但能加工形状复杂的工件。

数控加工中心是带有刀具库和自动换刀装置的数控机床，加工中心的最大优点是工件一次装夹后，机床能自动更换刀具，从而对工件各加工面自动完成铣、镗、钻、扩、铰及攻螺纹等多工序加工，工序较集中，因此减少了机床的台数，有效避免了工件由于多次安装造成的定位误差。它适用于加工产品变型频繁、零件形状复杂、精度要求高、生产批量不大而生产周期短的产品，如新产品的试制等。图 8-67 所示的复杂零件就适合数控加工中心加工。

图 8-67 复杂零件加工

金属成形类数控机床有数控压力机、数控折弯机、数控弯管机等。

特种加工类数控机床有数控线切割机床、数控电火花成形机床、数控激光切割机床等。

8.4.2　数控加工设备简介

1. 数控车床

数控车床是目前使用最广泛的数控机床之一。数控车床主要用于加工轴类、盘类等回转体零件，能完成内外圆柱面、圆锥面、成形表面、螺纹和端面等工序的切削加工，还能加工一些复杂的回转面，如双曲面等，并能进行车槽、钻孔、扩孔、铰孔等工作。

数控车床的外形与普通车床相似，即由床身、主轴箱、刀架、进给系统、液压系统、冷却和润滑系统等部分组成。数控车床的进给系统与普通车床有质的区别，传统普通车床有进给箱和交换齿轮架，而数控车床是直接用伺服电动机通过滚珠丝杠驱动溜板和刀架实现进给运动，进给系统的结构大为简化。数控车床和普通车床的工件安装方式基本相同，为提高加工效率，数控车床多采用液压、气动和电动卡盘。

数控车床按功能分为经济型数控车床、普通数控车床和车削加工中心。

（1）经济型数控车床　采用步进电动机和单片机对普通车床的进给系统进行改造后形成的简易型数控车床，成本低，但自动化程度和功能比较差，车削加工精度不高，适用于要求不高的回转类零件的车削加工。

（2）普通数控车床　根据车削加工要求进行专门设计并配备通用数控系统而形成的数控车床，数控系统功能强，自动化程度和加工精度也比较高，适用于一般回转类零件的车削加工。这种数控车床可同时控制两个坐标轴，即 X 轴和 Z 轴。

（3）车削加工中心　在普通数控车床的基础上，增加 C 轴和动力头，更高级的数控车床带有刀库，可控制 X、Z 和 C 三个坐标轴，联动控制轴可以是 $(X、Z)$、$(X、C)$ 或 $(Z、C)$。由于增加了 C 轴和铣削动力头，这种数控车床的加工功能大大增强，除可以进行一般车削外还可以进行径向和轴向铣削、曲面铣削、中心线不在零件回转中心的孔和径向孔的钻削等加工。车削加工中心可在一次装夹中完成更多的加工工序，特别适合于复杂形状回转类零件的加工。图 8-68 所示为四轴 CNC 数控车削加工中心。

图 8-68　四轴 CNC 数控车削加工中心　　　　　数控车床

2. 数控铣床

数控铣床能够完成直线、斜线、曲线轮廓等的铣削加工；可以组成各种往复循环和框式循环；还可以加工具有复杂型面的工件，如凸轮、样板、模具、叶片、螺旋槽等。

图 8-69 所示为立式数控铣床，图 8-70 所示为数控铣床加工的零件。

图 8-69　立式数控铣床　　　　　图 8-70　数控铣床加工的零件

3. 数控加工中心

加工中心（MC）是一种备有刀库和自动换刀装置（ATC），对工件进行多工序加工的数控机床。工件经一次装夹后，数控系统能控制机床按不同工序自动选择和更换刀具，如图 8-71 所示；可自动改变机床主轴转速、进给量和刀具相对工件的运动轨迹以及完成其他辅助功能；依次完成工件几个面上多工序的加工。这样，减少了工件装夹、测量和机床调整时间，缩短了工件存放、搬运时间，提高了生产效率及机床的利用率，是数控机床的重要发展方向。

图 8-71　刀库及自动换刀装置

加工中心通常以主轴在加工时的空间位置不同分为卧式、立式和万能加工中心。

为改善加工中心的功能，出现了自动更换刀库、自动更换主轴头和自动更换主轴箱的加工中心等。自动更换刀库的加工中心，刀库容量大，便于进行多工序复杂箱体类零件的加工。自动更换主轴头的加工中心可以进行卧铣、立铣、磨削和转位铣削等加工。这种加工中心除刀库外，还有主轴头库，由工业机器人进行更换。自动更换主轴箱的加工中心一般有粗加工主轴箱和精加工主轴箱，以提高加工精度和扩大加工范围。图 8-72 所示为德国德马吉公司生产的 DMG60 卧式加工中心，图 8-73 所示为美国 White Sundstrand 公司生产的 OMNIMIL80 卧式加工中心，它按模块化原理设计，机床由主轴头、换刀机构和刀库、立柱、立柱底座、工作台、工作台底座六大部件组成。

图 8-72　DMG60 卧式加工中心及内部结构

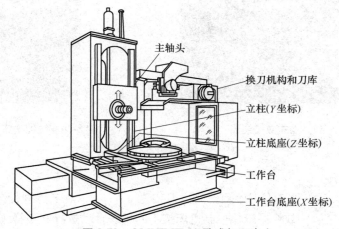

图 8-73　OMNIMIL80 卧式加工中心

高级数控加工中心一般采用五轴联动，能提供更加复杂的加工功能，可以一次装夹完成复杂零件的成形，图 8-74 所示为应用实例。

图 8-74   五轴联动

五轴联动加工

8.4.3   数控加工特点与应用

1. 数控加工的特点

数控机床较好地解决了复杂、精密、小批多变的零件加工问题，是一种灵活、高效的自动化机床，因此在机械加工中得到了越来越广泛的应用。其主要特点有：

（1）加工精度高，质量稳定   数控机床本身精度和刚度较高，很容易保证零件尺寸的一致性，同时大大减少了通用机床加工时的人为误差。

（2）自动化程度高，工人劳动强度小   数控机床加工过程是按输入程序自动完成的，操作者只在机床旁观察和监视机床的运行情况，仅进行装卸工件、更换刀具等工作。

（3）生产率高   数控机床能在一次装夹中完成多道工序的加工，免去了划线等辅助工序，缩短了辅助时间。数控机床的刚度大，功率大，各道工序能选择较大的切削用量，减少了通用机床频繁停机检测的时间。

（4）利于产品的更新改型   数控机床加工零件一般无须复杂的工艺装备，在产品更新改型时，只需重新编制程序就能对新零件进行加工，为单件、小批量生产以及新产品的试制提供了极大的方便。

（5）便于实现计算机辅助制造   计算机辅助设计与制造（CAD/CAM）在航空航天、汽车、船舶及其他机械工业中得到了日益广泛的应用，生产中将计算机辅助设计的产品图样及数据采用计算机辅助制造技术加工出相应的零部件，而数控机床及其加工技术是计算机辅助制造系统的基础。

当然，数控加工也有一些不足之处，加工成本和设备费用较高，加工准备周期较长，难以适应大批量生产。此外，它在加工过程中难以调整，维修困难。

2. 数控机床的应用

数控机床通常最适合加工具有以下特点的零件：

1）多品种、小批量生产的零件。

2）结构复杂、精度要求高的零件。通常数控机床适于加工结构较复杂的零件，在非数控机床上加工则需昂贵工艺装备的零件。

3）加工频繁改型的零件。利用数控机床可省大量的工装费用，使综合成本下降。

4）价值昂贵、不允许轻易报废的关键零件。

5）需最短生产周期的急需件。

就现代工业设计而言，技术进步使得设计越来越容易被实现。大量与人们生活密切相关的产品都使用了塑料等复合材料，虽然这些塑料部件多数不需要数控设备来直接加工，但是要得到准确的部件形态及其构造，对模具开发就提出了很高的要求。而这些正是数控加工设备的专长，图8-75所示是CNC模具加工图。

图8-75　CNC模具加工

虽然数控加工在金属机械加工领域的应用最为普及，但其原理本身同样能适用于其他材料加工。因此出现了一类采用小刀具和高速主轴电动机，可加工软质金属和其他非金属材料的数控加工设备，可雕刻，可铣削，成为雕铣机或者精雕机，在雕塑、工业设计、家具设计、动漫设计中有着广泛运用。

图8-76所示是汽车设计过程中，通过三维雕铣制作油泥模型芯料及模型初坯。图8-77所示为硬质泡沫塑料冲浪板的成形过程。

图8-76　汽车油泥模型芯料及模型初坯数控成形

图8-78所示是雕铣在家具设计中的应用，图8-79所示是雕铣在雕塑工艺中的应用。

图 8-77　硬质泡沫塑料冲浪板成形

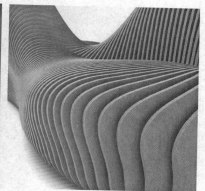

图 8-78　雕铣在家具设计中的应用

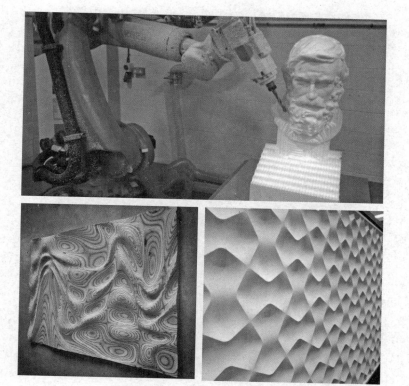

图 8-79　雕铣在雕塑工艺中的应用

复习思考题

8-1 什么是工艺流程？

8-2 铣削加工的特点是什么？举例说明雕铣加工技术在产品设计中的应用。

8-3 数控机床有哪些类别？其外观设计有何特点？

8-4 数控加工中心与普通数控机床的差别是什么？

8-5 特种加工与切削加工相比有何特点？

8-6 激光加工在现代产品中的应用有哪些？

8-7 数控加工给产品设计样机生产带来哪些便利？

8-8 举例说明特种加工技术在产品设计制造中的应用。

第 9 章

逆向工程与快速成形技术

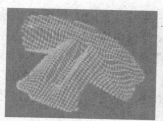

9.1 / 逆向工程

1. 逆向工程原理

工业设计正朝着数字化和网络化方向迈进，CAD 技术已成为产品设计人员进行研究开发的重要工具，其中三维造型技术已被制造业广泛应用于产品造型及模具设计、方案评审、自动化加工制造及管理维护等方面。在实际开发制造过程中，设计人员接收的技术资料可能是各种数据类型的三维模型，但很多时候是产品的实物模型，没有可以参考的图样，这就为后续采用先进设计和制造技术带来了很大的障碍。设计人员必须通过各种测量手段及三维几何建模方法，将原有实物（产品原型或油泥模型）转化为计算机上的三维数字模型，这就应用到逆向工程技术。

逆向工程技术（Reverse Engineering，RE，也称为反求工程、反向工程），是指用一定的测量手段对实物或模型进行测量，根据测量数据重构实物三维 CAD 模型的过程。逆向工程技术综合了三维测量、计算机辅助设计、快速成形等高新技术，从产品原型出发，进而获取产品的三维数字模型，使得能够进一步利用 CAD/CAE/CAM 等现代工具对其进行处理。一般来说，产品逆向工程包括形状反求、工艺反求和材料反求等。

逆向工程是一系列分析方法和应用技术的结合，是数字化与快速响应制造的一项重要技术，是 CAD 领域中一个相对独立的范畴。目前有关逆向工程的研究和应用大多针对实物模型几何形状的反求，逆向工程是根据已有实物模型的测量数据重新建立实物的数字化模型，而后进行分析加工等。实物模型可以是机械产品、人体、动植物、艺术品等。通过实物模型转化为数字化模型，可以充分利用数字化的优势，提高设计、制造、分析的质量和效率，并适应智能化、集成化、并行化、网络化产品设计制造过程中的信息存储与交换。

逆向工程将现代坐标测量设备作为产品设计的前置输入装置，通过对原型或产品制造后的检测手段与 RPM（快速原型制造）、CAD/CAM 相结合并形成产品设计制造系统，将有效提高产品制造的快速响应能力，丰富几何造型方法和产品设计手段。逆向工程技术为应用现代设计方法和快速原型制造技术提供了很好的支持。

逆向工程技术与传统的正向设计存在很大差别。传统的产品设计一般需要经过如图 9-1 所示的设计过程。

图 9-1　传统的产品设计过程

逆向工程则是从产品原型出发，进而获取产品的三维数字模型，它的工程系统流程如图 9-2 所示，与图 9-1 的不同之处在于设计起点不同，相应的设计自由度和设计要求也不相同。逆向工程根据实物测量数据重构其 CAD 模型，运用现代设计理论、方法和技术对模型进行再设计，并与现代快速制造技术有机结合最终制造出产品。它是交叉学科融合的成果，涉及计算机视觉学、计算机图形学、现代测量方法等学科。图 9-3 为逆向工程建模过程示意图。

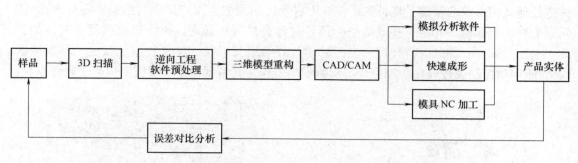

图 9-2　逆向工程系统流程图

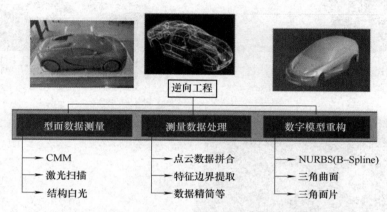

图 9-3　逆向工程建模过程示意图

2. 逆向工程方法

作为一种新的工业设计概念，逆向工程综合了三维测量、计算机辅助设计、快速成形等高新技术，对样品、模型进行高速精确扫描，得到其三维轮廓数据，结合专门的逆向工程软件进行三维设计重构，生成实体，通过快速成形及硅胶复模，实现小批量生产和快速投放、验证市场，为抢占商机、赢得市场，节省了大量宝贵的时间，并且有效避免了风险，缩短了工业设计的周期。采用逆向工程可以在原件的基础上，利用原件的架构重新进行正向设计，为快速创新提供条件。逆向工程具有与传统设计制造过程截然不同的设计流程。传统正向设计从概念设计到最终形成 CAD 模型是一个从无到有的过程，而逆向工程对现有零件原形（或油泥模型等）数字化再形成 CAD 模型，是一个推理、逼近的创新过程。

（1）数据采集　数据采集就是快速准确测量出实物零件或模型的三维轮廓坐标数据，在逆向设计时，需要从设计对象中提取三维数据信息，即利用测量装置采集实物、模型表面数据。坐标测量技术和众多学科都有紧密的联系，如光学、机械、电子、计算机视觉、计算机图形学、图像处理、模式识别等，其应用领域极为广阔，也是实现逆向工程的基础。

常用三维数据测量方式可分为接触式三坐标、非接触式激光扫描测量以及断层扫描测量等方式。接触式测量时，测头与被测物体直接接触，获取数据信息，常采用图 9-4 所示的接触式三坐标测量机（Coordinate Measuring Machine，CMM）、图 9-5 所示的关节臂三坐标测量机进行测量。也有一些是在数控铣床或机器人末端安装测量部件，接触被测物体的表面完成数据采集工作。非接触式测量方法则利用声、光、电或磁等现象进行测量，测量时与物体表面无机械接触。常用的非接触式测量仪器有图 9-6 所示的三维激光扫描仪，图 9-7 所示的便携式光栅三维扫描仪，图 9-8 所示的手持式三维激光扫描仪。

三坐标测量机主要用于精密测量，如尺寸、形状和位置精度等。其原理是任何形状都是由空间点组成，因此所有几何量的测量都可以归结为空间点的测量。精确采集空间点坐标是评定任何几何形状的基础。将被测零件放入它允许的测量空间，精确测出被测零件表面各空间点的三个坐标值，并将这些点的坐标值经过计算机数据处理，拟合形成测量元素，如圆、球、曲面、圆柱、圆锥等，经过一定的数学计算得出其形状、位置公差及其他几何量数据。CMM 能手动控制或按程序数控完成自动测量等工作，其精度在很大程度上依赖于软件系统。

图 9-4　接触式三坐标测量机

图 9-5　关节臂三坐标测量机

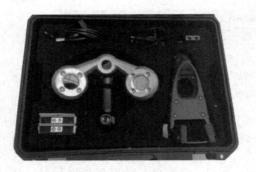

图 9-6　三维激光扫描仪

手持式三维激光扫描仪

图 9-7　便携式光栅三维扫描仪

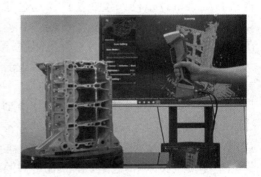

图 9-8　手持式三维激光扫描仪扫描零件

　　光学三维扫描系统的原理是由光栅发生器将多组光栅条纹投影到物体表面，不同角度的两个 CCD 相机同时拍摄物体表面的条纹图案，并将条纹图像输入到计算机中，根据条纹曲率变化利用相位法和三角法等，精确计算出物体表面每一点的空间坐标（X、Y、Z）三维点云数据（Point Cloud）。激光扫描是基于激光三角法测量原理，采用激光作为光源，发射具有规则几何形状的激光束照射到被测物体上，并沿样品表面连续扫描。被测表面形成漫反射光点（光带），再利用 CCD 接受漫反射光成像点，根据光源、物体表面反射点和成像点之间的三角关系，计算出表面反射点的三维坐标，即可得出被测点的空间坐标。光学三维扫描系统具有测量速度快、数据点密集、精度高的特点。

接触式测量的优点是：

1）准确性及可靠性高，精度可达 0.002mm。

2）对被测物体的材质和反射特性无特殊要求，不受工件表面颜色及曲率的影响。

接触式测量的缺点是：

1）测量速度慢。

2）不能对软质材料和超薄物件进行测量，而且对细微部分的测量受限制等。

非接触式测量的优点是：

1）测量速度快，可快速扫描各种复杂物体表面的三维数据，如光学式在 4s 内可获得 130 万点云数据。

2）能对软质材料和超薄物件进行测量。

3）测量零件不像接触式设备受工作台限制，可获得大尺寸的零件数据，多次、分块扫描的数据能自动拼接。

4）体积小、重量轻，便于携带到不同地点进行扫描。

非接触式测量的缺点是：

1）测量精度没有接触式高，一般为 0.015~0.05mm。

2）受工件表面颜色及曲率影响大。

下面以图 9-9 所示手持式三维激光扫描仪为例介绍数据采集过程。图 9-10 所示为对花盆进行扫描，扫描后获得的点云数据保存为 IGS 文件格式，图 9-11 所示为用 Imageware 软件打开扫描获得的花盆 IGS 文件格式的三维图，图 9-12 所示为最后在 Creo 软件中完成的三维造型。

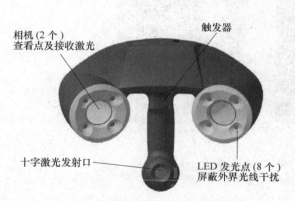

图 9-9　手持式三维激光扫描仪主机

图 9-10　手持式三维激光扫描仪扫描花盆

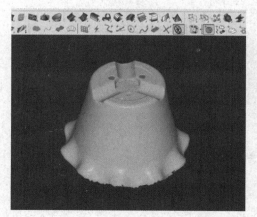

图 9-11　扫描获得的花盆 IGS 文件格式的三维图

图 9-12　在 Creo 软件中完成的三维造型

近年来，由于非接触式测量可对软质、薄形、有复杂外部形状和大尺寸工件进行测量，还可对易碎、易变形的形体及精细花纹进行扫描，所以发展很快，为实现从实物→建立数学模型→CAD/CAE/CAM一体化提供了良好的硬件条件。根据测量对象和测量目的的不同，测量过程和测量方法也不同。在实际三坐标测量采集数据时，应根据测量对象的特点以及设计工作的要求确定合适的扫描方法，并选择相应的扫描设备。例如，材质为硬质且形状较为简单、容易定位的物体，可使用接触式测量方法，对橡胶、油泥、人体头像或超薄物体进行扫描时，则需采用非接触式测量方法。图9-13~图9-15为非接触扫描获得的表面数据实例。

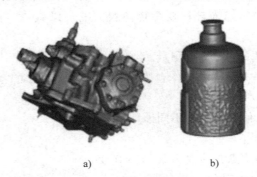

a) b)

图9-13 非接触扫描实例

a) 机械产品部件 b) 酒瓶

a) b)

图9-14 植物树叶扫描

a) 现实中的树叶 b) 扫描结果

 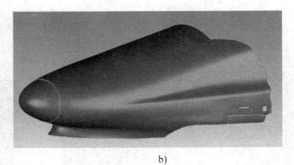

a) b)

图9-15 动车头扫描

a) 对动车头扫描 b) 扫描结果

（2）重构曲面 曲线、曲面拟合是逆向工程的另一个核心技术，即用处理的数据重构曲面模型，从而实现对零件的分析和加工。曲面重构是根据测量得到的反映几何形体特征的一系列离散数据，在计算机上获得形体曲线、曲面方程或直接建立 CAD 模型的过程。建立的 CAD 模型还可以进行体积和面积等物理特性的计算分析、修改等。目前，处理大量点云的步骤是先处理数据点→从数据点提取曲线→由曲线构建线框模型→曲面重构。图 9-16 所示为 RE 流程图，图 9-17 所示为实物→点数据采集→数据处理→三维造型全过程。

目前常用的通用逆向工程软件有 Imageware、Surfacer、Geomagic 等，此外，一些大型参数化 CAD 软件也为逆向工程提供了设计模块。例如 Creo、UG、SolidWorks、Rhino 等软件也可以接受点云数据进行三维实体模型重构，如图 9-18、图 9-19 及上述图 9-11、图 9-12 所示。

图 9-16　RE 流程图

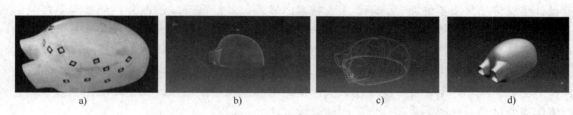

图 9-17　实物到三维建模过程
a）实物　b）点数据采集　c）数据处理　d）三维造型

图 9-18　基于三维激光扫描技术设计的零件三维图

图 9-19　用 UG 软件设计的产品三维效果图

3. 逆向工程应用

逆向工程最早应用于汽车、飞机等制造业，产品表面多为自由曲面，大多难以用精确的数学模型描述。设计时首先按照比例制作实物模型，然后进行设计分析和设计评价并进行修改，直至满足各方面的要求，最后测量模型，依次进行产品的试制。

早期受条件限制，采用传统手工测量的方法对模型进行测量，存在效率低、拟合精度差、对测绘人员要求高的缺点，很大程度上制约了逆向工程的应用和发展。从20世纪60年代开始，随着计算机技术、CAD/CAM技术及高精度坐标测量仪的不断发展，数据采集可以借助坐标测量仪自动或半自动完成，提高了测量效率和精度，使逆向工程技术在实践中获得了十分广泛的应用。

（1）产品数字化　在实际开发制造过程中，设计人员接收的技术资料可能是各种数据类型的三维模型，但很多时候，却只能得到产品的样品或实物模型，传统的机械仿制技术，一般是采用靠模铣，在仿制工程中只能等比例复制。采用数控仿形铣后，虽然可以进行不同比例的缩放，但无法进行设计的改变，更无法建立工件尺寸图档，因而无法用现有的CAD软件对其进行修改，所以设计人员需要通过一定的途径，将这些实物信息转化为CAD模型，实现了产品数字化。

（2）新产品设计　逆向工程技术为快速设计和制造提供了很好的技术支持，它已成为工业设计信息传递最重要的途径。随着工业技术的发展以及经济环境的改善，消费者对产品的要求越来越高。为赢得市场竞争，不仅要求产品在功能上要先进，而且在产品外观上也要美观。而在造型中针对产品外形的美观化设计，已不是传统训练下的机械工程师所能胜任的。一些具有美工背景的设计师可利用CAD技术构想出创新的美观外形，再以不同方式制造出样件。例如，汽车外形设计广泛采用真实比例的木制或泥塑模型来评估设计的美学效果和进行流体风洞试验，此时需采用逆向工程的设计方法。

（3）旧产品改进　在工业设计中，很多新产品的设计都是从旧产品的改进而来。为了用CAD软件对原设计进行改进，首先要有原产品的CAD模型，然后在原产品的基础上进行改进设计。

（4）产品修复　对于破损的艺术品或局部损坏的机械零部件，此时不需要对整个零件原型进行复制，而是借助逆向工程技术抽取零件原型的设计数据，完成产品修复。

（5）数字化检测　对于有复杂曲面外形的零件，可以扫描实际制造出的零件，用获得的数据与CAD设计模型进行比较分析，则可得出各部分的误差。图9-20所示为逆向工程应用示意图，图9-21所示为扫描点云数据与CAD设计模型的比较结果，不同颜色表示误差大小。

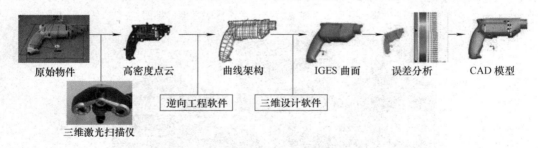

图9-20　逆向工程应用示意图

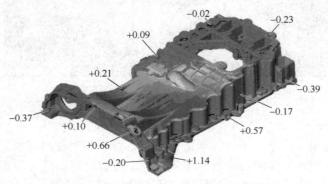

图9-21　点云数据与CAD设计模型比较结果

（6）辅助定型 当设计需要通过试验测试才能定型时，通常采用逆向工程的方法。例如，航空航天领域，为了满足产品对空气动力学的要求，首先要求在初始设计模型的基础上，经过风洞试验等各种性能测试，通过不断修改设计建立符合要求的产品模型。

（7）柔性制度 产品的单件、小批量生产和用户对产品各自不同的特殊要求，也需要根据模型制作产品。例如，具有个人特征的太空服、头盔、假肢等。

此外，在计算机图形和动画建模、工艺美术、虚拟现实、医学、文物保护和考古等领域，也经常需要根据实物快速建立三维几何模型，即要用到逆向工程技术。

4. 逆向工程应用实例

以塑料油壶制造为例说明逆向工程的应用。

（1）油壶三维数据获取 图 9-22 为装油用的塑料油壶样件实体，油壶容量 3.5L，材料为聚氯乙烯，吹塑成形，形状较复杂，不规则曲面较多。由于油壶外形由多曲面构成，采用常规方法无法测量，所以零件原型的最初数字化采用激光扫描仪。图 9-23 所示为油壶三维激光扫描采集的数据点云图。

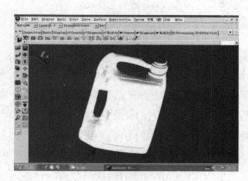

图 9-22 塑料油壶样件实体　　　　图 9-23 油壶三维激光扫描采集的数据点云图

（2）数据处理及三维模型重构 由三维激光扫描仪获得的数据可利用 Imageware、Surfacer、Geomagic 等软件进行三角网络计算、修补等，形成由油壶模型扫描数据构成的外形面模型，由两次测量数据所构成的实体模型在拼合时，只需分别在两个面上选取若干个位置相近的点，则面与面就会自动拼合成一整体。由逆向工程设计软件提取线框模型，转换成 IGES 格式文件，再到三维 CAD 软件（如 Creo、SolidWorks、UG、Rhino 等）中进行再设计。图 9-24 所示即为在 Imageware 软件中处理、提取出线框特征保存为 IGES 文件后，用 Creo 打开的线框实体模型。

图 9-24 在 Creo 中打开的
油壶线框实体模型

在 Creo 中打开经 Imageware 处理的 IGES 文件，在修改和再设计的基础上进行曲面重构，生成曲面模型，再由曲面模型生成实体模型，图 9-25 所示为在 Creo 中生成的油壶实体模型。生成的实体模型可供用户参考和修改，也可生成 STL 数据经曲面断层处理后，采用快速成形技术制作出实物。

（3）模具加工及吹塑成形 随着 CAD/CAM 软件和数控加工技术的发展，塑料模具制造时间越来越短、质量越来越高、形状越来越复杂。在 Creo 中完成实体模型设计后，可根据需要加放所需的收缩余量和脱模斜度等，还可使用软件中塑料模具设计模块完成模具设计，最后生成 IGES 数据文件，再传输给 MasterCAM 等 CAM 软件，进行刀具路径设定，产生数控代码，最后传送到加工中心将模具型腔加工出来。图 9-26 所示为采用逆向工程技术和通过挤出-吹塑成形工艺制造的塑料油壶。

图 9-25　在 Creo 中生成的油壶实体模型

图 9-26　塑料油壶

9.2　快速成形技术

1. 快速成形技术概述

快速成形技术（Rapid Prototyping，RP，又称快速原型制造技术）是 20 世纪 80 年代后期发展起来的，被认为是制造领域的一次重大突破。快速成形技术综合了机械工程、CAD/CAM、数控技术、激光技术及材料科学技术，可以自动、直接、快速、精确地将设计思想转变为具有一定功能的原型或直接制造出零件，从而可以对产品设计进行快速评估、修改和功能试验，大大缩短了产品的研制周期。特别是可以制造一些形状复杂、常规机械加工无法加工的零件，图9-27所示为采用 RP 制造的一些复杂形状模型。

a)

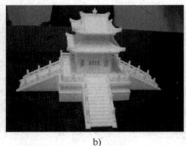
b)

c)

图 9-27　采用 RP 制造的复杂形状模型

a）DNA 结构　b）建筑模型　c）工艺品

相对传统切削加工制造技术，快速成形基于一种全新的制造概念——增材制造技术。它不同于传统的在模腔（型腔）内成形——"受迫成形"，如铸、锻、挤压和注塑成形等；也不同于切削掉毛坯上的余量而成形——"去除成形"，如车、铣、钻等；而是逐步添加材料成形——"添加成形"。它的基本原理是：根据计算机辅助设计所产生的零件三维数据进行处理，按高度方向离散化（即分层），用每一层的层面信息控制成形机对层面进行加工，当一层制作完后，再制造新的一层，这样层层堆积、重复进行，直至整个零件加工完毕，相当于由许多二维体叠加成一个三维体。快速成形工艺过程如图9-28所示。与传统材料加工技术相比，快速成形具有以下特点：

1）数字化制造。

2）高度柔性和适应性，可以制造任意复杂形状的零件。

3）直接 CAD 模型驱动，和使用打印机一样方便快捷。

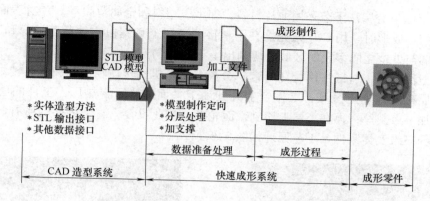

图 9-28　快速成形工艺过程示意图

4）快速，从 CAD 设计到原型（或零件）加工完毕，只需几十分钟至几十小时。

5）材料类型丰富多样，包括树脂、纸、工程蜡、工程塑料、陶瓷粉、金属粉、型砂等，可以在航空、机械、家电、建筑、医疗、工业设计等各个领域得到应用。

2. 快速成形技术方法与工艺

目前国内外的快速成形方法主要有 SLA（Stereo Lithography Apparatus，光固化成形法，又称树脂型）、LOM（Laminated Object Manufacturing，叠层法，又称切纸型）、SLS（Selective Laser Sintering，选择性激光烧结法，又称烧粉型）、FDM（Fused Deposition Modeling，熔融沉积成形法，又称喷丝型）、3DP（Three Dimension Printing，三维打印法，又称粘粉型）。

（1）光固化成形法　光固化成形法是最早出现的快速成形工艺。其原理是基于液态光敏树脂的光聚合原理。这种液态材料在一定波长和强度紫外光的照射下能迅速发生光聚合反应，相对分子质量急剧增大，材料从液态转变成固态。图 9-29 为光固化工艺原理图。其液槽中盛满液态光固化树脂，紫外激光束在液体表面上扫描，扫描的轨迹及紫外激光的有无均由计算机控制，光点扫描到的地方液体就固化。成形开始时，工作平台在液面下一个确定的深度，液面始终处于紫外激光的焦平面，聚焦后的

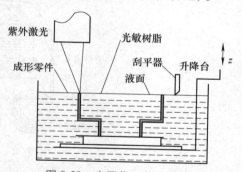

图 9-29　光固化工艺原理图

光斑在液面上按计算机的指令逐点扫描即逐点固化。当一层扫描完成后，未被照射的地方仍是液态树脂。然后升降台带动平台下降一层高度，已成形的层面上又布满一层树脂，刮平器将黏度较大的树脂液面刮平，然后再进行下一层的扫描，新固化的一层牢固地粘在前一层上，如此重复直到整个零件制造完毕，得到三维实体原型。

光固化成形法是目前 RP 技术领域中研究最多的方法，也是技术最为成熟的方法。该工艺成形的零件精度较高。通过改进截面扫描方式和树脂成形性能，使该工艺的精度达到 0.1mm，同时表面质量好、原材料利用率将近 100%，能制造形状特别复杂（如空心零件）、特别精细（如首饰、工艺品等）的零件。光敏树脂液相固化成形的应用有很多方面：可直接制作各种树脂功能件，用作结构验证和功能测试；可制作比较精细和复杂的零件；可制造出有透明效果的零件；制作出来的原型件还可快速翻制各种模具，如硅橡胶模、塑料模、陶瓷模、合金模、电铸模、环氧树脂模和气化模等。光固化工艺制作的零件后续可打磨，以将堆积的痕迹去除。光固化制造的零件常需要在紫外光的固化箱中二次固化，以保证零件的强度。由于激光头寿命有限且价格高，所以，光固化的设备费和运行费都高。图 9-30 所示为光固化成形设备，图 9-31 所示为光固化成形制造的样件。

（2）叠层法 叠层法工艺采用薄片材料，如纸、塑料和金属薄膜等。片材表面事先涂覆上一层热熔胶。成形时，用 CO_2 激光器在刚粘接的新层上切割出零件截面轮廓和工件外框，并在截面轮廓与外框之间多余的区域内切割出上下对齐的网格；激光切割完成后，工作台带动已成形的工件下降，与带状片材（料带）分离；供料机构转动收料轴和供料轴，带动料带移动，使新层移动到加工区域；工作台上升到加工平面；热压辊热压，工件的层数增加一层，高度增加一个料厚；再在新层上切割截面轮廓。如此反复，直至零件的所有截面切割粘接完成，得到三维实体零件，工艺原理如图 9-32 所示。

图 9-30　光固化成形设备

图 9-31　光固化成形制造的样件

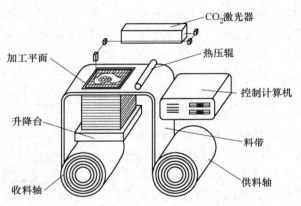

图 9-32　叠层法成形工艺原理图

叠层法工艺只需在片材上切割出零件截面的轮廓，而不用扫描整个截面。因此易于制造大型、实体零件，零件的精度较高（<0.15mm）。工件外框与截面轮廓之间的多余材料在加工中起支撑作用，所以叠层法工艺无须加支撑。叠层法工艺的成形材料常用成卷的纸，纸的一面事先涂覆一层热熔胶，所以，对纸材有抗湿性、稳定性、涂胶浸润性和抗拉强度要求。这种薄片分层叠加的快速成形工艺和设备，由于其成形材料纸张较便宜，运行成本和设备投资较低，故获得了一定的应用，可以用来制作汽车发动机曲轴、连杆、各类箱体、盖板等零部件的原型样件。但叠层法使用的材料品种单一、不适宜做薄壁原型，受湿度影响容易变形，强度差，材料利用率很低，无法制造内部有空腔的制品。此外 CO_2 激光器的使用寿命约为 1 万 h，二次投入大，所以近年来应用较少。图 9-33 所示为叠层法成形设备，图 9-34 所示为叠层法成形制造的电话机样件。

（3）选择性激光烧结法 激光烧结工艺是利用金属材料粉末或非金属材料粉末，在激光照射下烧结而达到粘结的原理，在计算机控制下层层堆积成形。如图 9-35 所示，采用 CO_2 激光器作为能源，在工作台上均匀铺上一层 0.1~0.2mm 的粉末，激光束在计算机控制下按照零件分层轮廓有选择性地进行烧结，一层完成后再进行下一层烧结。全部烧结完后去掉多余的粉末便获得零件。

图 9-33　叠层法成形设备

图 9-34　叠层法成形制造的电话机样件

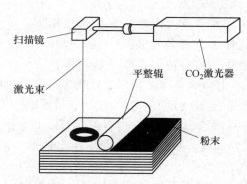

扫描镜

激光束

平整辊

CO_2激光器

粉末

图 9-35　激光烧结成形工艺原理图

　　激光烧结工艺的特点是材料适应面广，不仅能制造塑料零件，还能制造陶瓷、石蜡等材料的零件，特别是可以直接制造金属零件。因为没有被烧结的粉末起到了支撑作用，故激光烧结工艺无须加支撑。因此可以烧结制造空心、多层镂空的复杂零件。激光烧结成形所用的材料，最初采用蜡粉及高分子塑料粉，现在更多采用金属或陶瓷粉进行粘接或烧结。近年来，激光烧结工艺采用金属和陶瓷材料已应用在制造飞机、航空发动机的零部件。激光烧结工艺还可以采用其他粉末，比如聚碳酸酯粉末，当烧结环境温度控制在聚碳酸酯软化点附近时，其线胀系数较小，进行激光烧结后，被烧结的聚碳酸酯材料翘曲较小，具有很好的工艺性能，其精度可达到 0.1 mm。

　　激光粉末烧结的应用范围与光固化成形工艺类似，可直接制作各种高分子粉末材料的功能件，用作结构验证和功能测试，并可用于装配样机。制件可直接作精密铸造用的蜡模和砂型、型芯，制作出来的原型件可快速翻制各种模具，如硅橡胶模、金属模、陶瓷模、环氧树脂模和汽化模等。图 9-36 所示为激光烧结成形设备，图 9-37 所示为激光烧结法制造的金属零件。

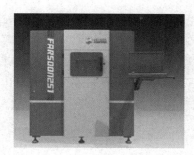

图 9-36　激光烧结成形设备

图 9-37　激光烧结法制造的金属零件

　　（4）熔融沉积成形法　熔融沉积成形工艺是利用热塑性塑料的热熔性、粘结性，在计算机控制下层层堆积成形。熔融沉积成形法的原理是材料先抽成丝状，通过送丝机构送进喷头，在喷头内被加热熔化，喷头沿零件截面轮廓和填充轨迹运动，同时将熔化的材料挤出，材料迅速固化，并与周围的材料粘结，层层堆积成形。图9-38所示为熔融沉积成形原理图。该方法不用激光，因此使用、维护简单，成本较低。用石蜡成形的零件原型，可以直接用于熔模铸造，用 ABS 工程塑料制造的原型具有较高强度，在产品设计、测试与评估等方面得到广泛应用。由于以熔融沉积成形工艺为代表的熔融材料堆积成形工艺具有显著优点，所以该工艺发展极为迅速。

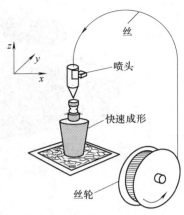

图 9-38　熔融沉积成形原理图

熔融沉积成形设备的优点是其是国内外现有快速成形设备中运行成本最低的。此种工艺设备无须激光器，省掉了二次投入的大量费用。此种工艺的特点是既可以将零件的壁做成网状结构，也可以将其做成实体结构。这样当零件壁是网状结构时可以节省大量材料。由于原材料为经过改性适合 3D 打印的 ABS 塑料，或 PLA（PolyLactice Acid，聚乳酸，是一种生物降解绿色环保塑料）等，所以 1kg 材料可以制作大量原型。原材料的品种多，更换原材料时只需要将丝盘更换即可，操作方便，利于用户根据不同的零件选择不同的材料。熔融沉积成形的零件成形样件强度好、易于装配，且在产品设计、测试与评估等方面得到广泛应用。图 9-39 所示为熔融沉积成形设备，图 9-40 所示为熔融沉积成形制造的样件。FDM工艺的一大优点是可以成形任意复杂程度的零件，经常用于成形具有复杂内腔、孔等的零件，其成形精度可以达到 0.15mm。

图 9-39　熔融沉积成形设备

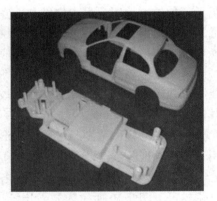

图 9-40　熔融沉积成形制造的样件

近年来，FDM 还在生命科学和医学领域得到发展应用。研究出的生物 3D 打印机（3D-Bioprinter）具有低温工作台、无菌化等特殊功能，打印用的材料为生物材料、水凝胶材料和活细胞等，应用于组织工程、药物开发、再生医学等生物医学领域。在 FDM 基础上发展的三维绘图打印技术（3D Plotting）则与 FDM 不同，三维绘图打印不是连续微流挤出材料，而是采用微滴喷射技术（类似激光打印机），按需喷射出热塑性塑料堆积出零件，其精度高于 FDM。

随着科技的进步，FDM 在设备和打印技术方面发展很快，可实现多色打印，出现了小型、低价格（小于 1 万元）的桌面式 3D 打印机，如图 9-41 所示，具有打印成本低、速度快、精度高的优点，为 3D 打印技术推广应用发挥了重要作用。桌面 3D 打印机典型操作步骤为：①在 Creo、Rhino 等三维设计软件中设计零件三维模型；②保存为 3D 打印所需的 STL 文件格式；③启动 3D 打印机程序进入操作界面；④载入待打印 STL 格式的 3D 模型；⑤调整模型（可通过菜单栏上的旋转、移动、缩放等命令对模型进行调整）；⑥喷嘴与工作台位置调整，打印平台预热；⑦设置打印参数（设置层片厚度，一般在 0.15~0.4mm 可调，支撑设置等），厚度小、打印精度高但时间长，厚度大、打印精度低但时间短；⑧预估打印（根据打印零件设定的尺寸大小、厚度和支撑设置等，可预测打印时间）；⑨开始打印（喷头加热，温度达到约 260℃ 后，开始打印）。图9-42所示为该 3D 打印机采用彩色丝料打印零件。

　　（5）三维打印法　三维打印法工艺与激光烧结法工艺类似，采用粉末材料成形，如石膏粉末、陶瓷粉末和金属粉末。不同的是材料粉末不是通过烧结连接起来，而是类似办公用的激光打印机通过喷头喷出墨水，只是这里喷头喷出的是粘结剂，将零件截面"印刷"在材料粉末上面。其具体工艺过程如下：上一层粘结完毕后，成形箱下降一个层厚距离（0.013~0.1mm 可调），供粉桶上升一高度，推出粉末并被铺粉辊推到成形箱，铺平粉末并压实；喷头在计算机的控制下，有选择地喷射粘结剂建造层面；铺粉辊铺粉时多余的粉末被集粉装置收集。如此周而复始地送粉、铺粉和喷射粘结剂，最终完成三维粉体的粘结，如图 9-43 所示。未被喷射粘结剂的地方为干粉，在成形过程中起支撑作用，这样当成形结束后，干粉比较容易去除。该工艺的特点是成形速度快，成形材料价格低，适合作桌面型的快速成形设备，并且可以在粘结剂中添加颜料，制作彩色三维实物，这是该工艺最具竞争力的特点之一。彩色原型能使交流更加有效，还能用于应力分析和热力分析，显示产品标签，能够更准确地反映最终产品的外观。

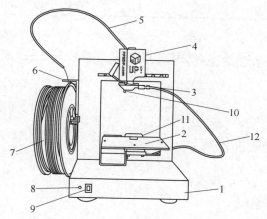

图 9-41　小型桌面式 3D 打印机

1—基座　2—打印平台　3—喷嘴　4—喷头　5—丝管
6—材料挂轴　7—丝材　8—信号灯　9—初始化按钮
10—水平校准器　11—自动对高块　12—3.5mm 双头线

图 9-42　桌面式 3D 打印机采用彩色丝料打印零件

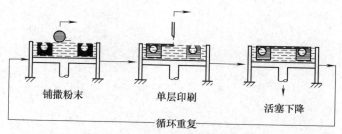

铺撒粉末　　　　单层印刷　　　　活塞下降

循环重复

图 9-43　三维打印法工艺原理图

　　图 9-44 所示为三维打印设备，其成形精度可以达到 0.15mm，图 9-45 所示为三维打印法

制造的彩色房屋模型。三维打印法的不足是成形件的强度较低。表 9-1 为上述几种不同 RP 工艺的比较。

图 9-44 三维打印设备

图 9-45 三维打印法制造的彩色房屋模型

表 9-1 不同 RP 工艺比较

RP 工艺	精度	表面质量	材料成本	材料利用率	运行成本	生产率	设备费用	适用范围
SLA	好	优	较贵	接近100%	较高	高	贵	广
LOM	一般	较差	较便宜	10%~30%	较低	一般	较便宜	窄
SLS	一般	一般	较贵	接近100%	较高	一般	贵	较广
FDM	一般	一般	便宜	接近100%	低	较低	便宜	较广
3DP	一般	一般	较便宜	接近100%	较低	高	较贵	较广

复习思考题

9-1 试述逆向工程技术的方法。

9-2 逆向工程技术与传统的复制方法相比有哪些优点？

9-3 试述逆向工程技术在工业设计中的应用。

9-4 试述快速成形制造的基本原理。

9-5 快速成形制造与传统机械加工相比有哪些优点？

9-6 试述快速成形制造在工业设计中的应用。

9-7 在工业设计中如何应用快速成形技术？

第 10 章

新材料新技术新工艺

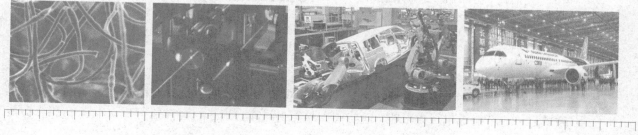

新材料是指新出现或已在发展中、具有传统材料所不具备的优异性能和特殊功能的材料。新材料与传统材料之间并没有截然的分界，新材料往往是在传统材料基础上发展而成的，传统材料经过组成、结构设计和工艺上的改进，从而提高材料性能或出现新的特性都可发展成为新材料。新材料作为高新技术的基础和先导，应用范围非常广泛，它同信息技术、生物技术一起成为 21 世纪最重要和最具发展潜力的领域。同传统材料一样，新材料可以从结构组成、功能和应用领域等多种不同角度对其进行分类，不同的分类之间相互交叉和嵌套，目前，新材料一般按应用领域和研究热点进行分类，主要有：电子信息材料、新能源材料、纳米材料、先进复合材料、先进陶瓷材料、生态环境材料、新型功能材料（含高温超导材料、磁性材料、金刚石薄膜、功能高分子材料等）、生物医用材料、高性能结构材料、智能材料、新型建筑及化工材料等。

1. 电子信息材料

电子信息材料是指在微电子、光电子技术和新型元器件基础产品领域中所用的材料，主要包括以单晶硅为代表的半导体微电子材料，图 10-1 所示为制造集成电路用的硅晶圆片及芯片；以激光晶体为代表的光电子材料；以介质陶瓷和热敏陶瓷为代表的电子陶瓷材料；以钕铁硼（NdFeB）永磁材料为代表的磁性材料；光纤通信材料；以磁存储和光盘存储为主的数据存储材料；压电晶体与薄膜材料；以储氢材料和锂离子嵌入材料为代表的绿色电池材料等。这些基础材料及其产品支撑着通信、计算机、信息家电与网络技术等现代信息产业的发展。电子信息材料的总体发展趋势是向着大尺寸、高均匀性、高完整性以及薄膜化、多功能化和集成化方向发展。当前的研究热点和技术前沿包括以柔性晶体管、光子晶体、碳纳米管、石墨烯、SiC、GaN、ZnSe 等半导体材料为代表的第三代半导体材料、有机显示材料以及各种纳米电子材料等。高分子材料将在高性能结构材料、信息记录材料、功能膜及非线性光学材料等方面发挥越来越重要的作用，液晶材料将在液晶平板显示、生物膜理论、液晶温度传感器、液晶压力传感器、分析化学中得到广泛应用。

a)　　　　　　　　　　　　b)

图 10-1　硅晶圆片及芯片

a）硅晶圆片　b）芯片

2. 新能源材料

新能源和可再生清洁能源技术是 21 世纪世界经济发展中最具有决定性影响的五个技术领域之一，新能源包括太阳能、生物能、核能、风能、地热、海洋能等一次能源以及二次能源中的氢能等。新能源材料则是指实现新能源的转化和利用以及发展新能源技术所要用到的关键材料。新能源材料主要包括以储氢材料为代表的镍氢电池材料、嵌锂碳负极，以 $LiCoO_2$ 正极为代表的锂离子电池材料、燃料电池材料，以硅半导体材料为代表的太阳能电池材料，以及以铀、氘、氚为代表的反应堆核能材料等。当前的研究热点和技术前沿包括高能储氢材料、聚合物电池材料、中温固体氧化物燃料电池电解质材料、燃料电池材料、多晶薄膜材料等。图 10-2 所示为安装在建筑物上的太阳能电池板。

图 10-2　安装在建筑物上的太阳能电池板

3．纳米材料

纳米材料是指由尺寸小于100nm（0.1~100nm）的超细颗粒构成的具有小尺寸效应的零维、一维、二维、三维材料的总称。由于纳米材料具有特异的光、电、磁、热、力学等性能，纳米技术迅速渗透到材料的各个领域，成为当前世界科学研究的热点。按物理形态分，纳米材料大致可分为纳米粉末、纳米纤维、纳米膜、纳米块体和纳米相分离液体五类，以纳米材料为代表的纳米科技必将对经济和社会发展产生重大的影响。当前的研究热点和技术前沿包括以碳纳米管为代表的纳米组装材料，纳米陶瓷和纳米复合材料等高性能纳米结构材料，纳米涂层材料的设计与合成，单电子晶体管、纳米激光器和纳米开关等纳米电子器件的研制，超高密度信息存储材料等。

4．先进复合材料

复合材料按用途主要可分为结构复合材料和功能复合材料两大类。结构复合材料主要作为承力结构使用，由能承受载荷的增强体组元（如玻璃、陶瓷、碳素纤维、高聚物、金属、天然纤维、织物、晶须、片材和颗粒等）与能连接增强体的基体组元（如树脂、金属、陶瓷、玻璃、碳和水泥等）结合成为整体材料。图 10-3 所示为采用复合材料制造的飞机涡扇发动机风扇叶片。功能复合材料是指除力学性能以外还提供其他物理、化学、生物等性能的复

图 10-3　复合材料制造的飞机涡扇发动机风扇叶片

合材料，包括压电、导电、雷达隐身、永磁、光致变色、吸声、阻燃、生物自吸收等种类繁多的复合材料，具有广阔的发展前景。未来功能复合材料的比例将超过结构复合材料，成为复合材料发展的主流。未来复合材料的研究方向主要集中在纳米复合材料、仿生复合材料和发展多功能、机敏、智能复合材料等领域。

5．生态环境材料

生态环境材料是人类在认识到生态环境保护的重要战略意义和世界各国纷纷走可持续发展道路的背景下提出来的，是材料科学与工程研究发展的必然趋势。一般认为，生态环境材

料是具有满意的使用性能，同时又被赋予优异的环境协调性的材料。这类材料的特点是消耗的资源和能源少，对生态和环境污染小，再生利用率高，而且从材料制造、使用、废弃直到再生循环利用的整个寿命过程，都与生态环境相协调。主要包括：环境相容材料，如纯天然材料（木材、石材等）、仿生物材料（人工骨、人工器脏等）、绿色包装材料（绿色包装袋、包装容器）、生态建材（无毒装饰材料等）、环境降解材料（生物降解塑料等）和环境工程材料，如环境修复材料、环境净化材料（分子筛、离子筛材料）、环境替代材料（无磷洗衣粉助剂）等。生态环境材料的研究热点和发展方向包括再生聚合物（塑料）的设计、材料环境协调性评价的理论体系、降低材料环境负荷的新工艺、新技术和新方法等。

6. 生物医用材料

生物医用材料是一类用于诊断、治疗或替换人体组织、器官或增进其功能的新型高技术材料，是材料科学技术中的新领域，不仅技术含量和经济价值高，而且与患者生命和健康密切相关。近年来，生物医用材料及制品市场一直保持每年20%左右的增长率。生物医用材料按材料组成和性质分为医用金属材料、医用有机高分子材料、生物陶瓷材料和生物医学复合材料等。金属、陶瓷、有机高分子及其复合材料是应用最广的生物医用材料。按应用生物医用材料又可分为可降解与吸收材料、组织工程材料与人工器官、控制释放材料、仿生智能材料等。如采用可吸收材料，用3D打印技术制造的人工骨，通过成骨细胞因子的作用，患者的缺损骨会自行生长，而植入的"人造骨"会慢慢降解、吸收，直至消失，被自身生长骨替代。图10-4所示为采用3D打印技术制造人体器官。

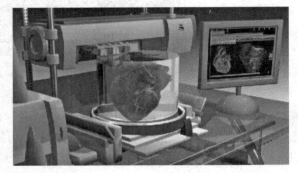

图10-4 采用3D打印技术制造人体器官

生物医用材料的研究和发展方向主要为：

1）改进和发展生物医用材料的生物相容性评价。
2）研究新的降解材料。
3）研究具有全面生理功能的人工器官和组织材料。
4）研究新的药物载体材料。
5）材料表面改性研究。

7. 智能材料

智能材料是模仿生命系统，能感知环境变化并能实时改变自身的一种或多种性能参数，做出所期望的、能与变化后的环境相适应的复合材料或材料的复合。智能材料是一种集材料与结构、智能处理、执行系统、控制系统和传感系统于一体的复杂的材料体系。它的设计与合成几乎横跨所有的高技术学科领域。构成智能材料的基本材料组元有压电材料、形状记忆材料、光导纤维、电（磁）流变液、磁致伸缩材料和智能高分子材料等。智能材料的出现将使人类文明进入一个新的高度，其研究重点为：①智能材料概念设计的仿生学理论研究；②材料智能特性及智能评价体系的研究；③耗散结构理论应用于智能材料的研究；④机敏材料的复合——集成原理及设计理论；⑤智能结构集成的非线性理论；⑥仿人工智能控制理论。

8. 高性能结构材料

结构材料指以力学性能为主的工程材料，它是国民经济中应用最为广泛的材料，从日用品、建筑到汽车、军舰、飞机、卫星和火箭等，均以某种形式的结构框架获得其外形、大小和强度。钢铁、非铁合金等传统材料都属于此类。高性能结构材料一般指具有更高的强度、硬度、塑性、韧性等力学性能，并适应特殊环境要求的结构材料。包括新型金属材料、高性能结构陶瓷材料和高分子材料等。图 10-5 所示为我国先进的歼-20 隐身战机，其发动机、机体等部件，采用了许多高性能结构材料制造而成。当前高性能结构材料的研究热点包括：高温合金、新型铝合金和镁合金、高温结构陶瓷材料和高分子材料等。

图 10-5　歼-20 隐身战机

9．新型功能材料

功能材料是指表现出除力学性能以外的电、磁、光、生物、化学等特殊性质的材料。除前面介绍过的信息、能源、纳米、生物医用等材料外，新型功能材料主要还包括高温超导材料、磁性材料、金刚石薄膜、功能高分子材料等。当前的研究热点包括纳米功能材料、纳米晶稀土永磁和稀土储氢合金材料、大块非晶材料、特殊光学材料、锂电池材料、超导材料、记忆合金材料、磁性高分子材料及金刚石薄膜的制备技术等。

10．新型建筑材料

新型建筑材料主要包括新型墙体材料、化学建材、新型保温隔热材料、建筑装饰装修材料等。其中化学建材包括建筑塑料、建筑涂料、建筑防水、密封材料、隔热保温材料、隔声材料、特种陶瓷、建筑胶粘剂等。图 10-6 所示为在桥墩、斜拉钢绳、桥面沥青等采用了新型建筑材料建成的苏通长江大桥，其桥梁钢强度从南京长江大桥的345MPa 提高到世界水平的 500MPa。

图 10-6　采用新型建筑材料建成的苏通长江大桥

11．先进陶瓷材料

先进陶瓷材料是指采用特殊的无机化合物为原料，用先进的制备工艺技术制造、性能优异的产品。根据工程技术对产品使用性能的要求，制造的产品可以具有压电、铁电、导电、半导体、磁等或具有高强、高韧、高硬、耐磨、耐蚀、耐高温、高热导、绝热和良好生物相容性等优异性能。先进陶瓷材料一般分为结构陶瓷、陶瓷基复合材料和功能陶瓷三类。大部分功能陶瓷在电子工业中的应用十分广泛，通常也称为电子陶瓷材料。如用于制造芯片的陶瓷绝缘材料、陶瓷基板材料、陶瓷封装材料以及用于制造电子器件的电容器陶瓷、压电陶瓷、铁氧体磁性材料等。当前的研究热点包括陶瓷材料的强韧化技术、纳米陶瓷材料的制备合成技术、先进结构陶瓷材料体系的设计以及电子陶瓷材料的高匀、超细技术。图 10-7 所示为飞船返回舱正与中国空间站分离及返回地球，返回舱外层为耐高温陶瓷材料，能够经受重返大气层时表面高达 1600℃ 的高温。

图 10-7　飞船返回舱

10.2　新技术

　　新技术泛指根据生产实践经验和自然科学原理而发展成的各种新的工艺方法与技能，或者在原有技术上的改进与革新。新技术是在产品生产过程中采用新的技术原理、新的设计构思及新的工艺装备等，对提高生产率、降低生产成本、改善生产环境、提高产品质量以及节能降耗等某一方面较原技术有明显改进，并对提高经济效益具有一定作用的技术，如现代制造技术中的纳米加工技术、快速成形技术、逆向工程技术及绿色制造技术等。现代制造技术是传统制造技术不断吸收机械、电子、信息、材料、能源及现代管理技术的最新成果，将其综合应用于制造全过程，实现优质、高效、低能耗、清洁、灵活生产，取得理想技术经济效果的制造技术总称。而新产品是指在一定区域或行业范围内具有先进性、新颖性和适用性的产品，是指采用新技术原理、新设计构思研制生产的全新产品，或在结构、材质、工艺等某一方面有所突破或比原产品有明显改进，从而显著提高产品性能或扩大使用功能，并对提高经济效益具有一定作用的产品。从市场营销的角度看，凡是过去没有生产过的产品也都叫新产品。

　　市场上推出的谷歌眼镜，可以通过声音控制拍照、上网冲浪、用视频通话和识别方向等。把计算机的处理器、电池、小屏幕戴在了脸上，使互联网近在眼前。汽车自动驾驶技术，使其不仅能在高速、狭小城市街道中自如穿梭，也可以在弯曲的山路上疾驰，还可以在停车场上找位子、在收费站自动停车，还曾精确地完成了驾驶桩考，图 10-8 所示为自动驾驶

图 10-8　自动驾驶汽车

汽车。

4D 打印技术是在传统 3D 打印的概念中加入了时间元素，被打印物体可以随着时间的推移而在形态上发生自我调整，打印过程不再是创造过程的终结，而仅仅是一个开始。眼球追踪屏幕技术，用眼球来操纵手机屏幕，用户可利用眼球运动来滚动页面。当软件探测到用户眼睛已注视手机屏幕可视文本的最末端时，将自动滚屏，显示下一页面。计算机应用软件能探测眼球运动，并根据这样的运动来滚动移动设备，包括智能手机和平板电脑的显示屏，也可以帮助用户缩放、居中及打开窗口等。屏幕可弯曲的手机，它的显示器采用有机发光二极管显示屏，并用塑料取代玻璃作为表层。可弯曲的智能手机相比现在所用的智能手机重量更轻、更耐用和便于携带。以下介绍在工业设计中常需考虑的绿色产品及绿色制造技术。

1．绿色产品

绿色产品就是在生命周期（设计、制造、使用和销毁过程）中，符合环境保护和人类健康的要求，对生态环境无害或危害极小，资源利用率最高，能源消耗最低的产品。未来市场竞争的焦点不仅是产品的质量、寿命、功能和价格，同时更加关心产品对环境的影响。

绿色产品的特征是小型化（少用材料）、多功能（一物多用）、使用安全和方便（对健康无害）、可回收利用（减少废弃物和污染）。

产品的"绿色度"是衡量产品满足上述特征的程度，目前还不能定量地加以描述。但是，绿色度将是未来产品设计主要考虑的因素，它包括：

（1）制造过程的绿色度　材料的选用、管理、制造过程和工艺都要利于环境保护和工人健康，废弃物和污染排放少，节约资源，减少能耗。

（2）使用过程的绿色度　产品在使用过程中能耗低，使用方便，不对使用者造成不便和危害，不产生新的环境污染。

（3）回收处理的绿色度　产品在使用寿命完结或废弃淘汰时易于降解、销毁和回收再利用。

2．绿色制造技术

制造业是创造财富的主要产业，但同时又大量消耗人类社会有限的资源，并且是污染环境的主要根源。20 世纪 70 年代以来，工业污染所导致的全球性环境恶化达到了前所未有的程度，整个地球面临资源短缺、环境恶化、生态系统失衡的全球性危机。近 100 多年消耗掉了几千年甚至上亿年才能形成的自然资源。工业界已逐渐认识到，工业生产对环境质量的损害不仅严重影响了企业形象，而且不利于市场竞争，直接制约着企业的发展。可持续发展的制造业应是以不损害当前生态环境和不危害子孙后代的生存环境为前提，应是最有效地利用自然资源（能源和材料），使用可再生能源和最低限度产生废弃物和排放污染物，以更清洁的工艺制造绿色产品的产业。一种干净而有效的工业经济，应是能够模仿自然界具有材料再循环利用能力，同时又产生最少废弃物的经济。

绿色制造是综合考虑环境影响和资源利用效率的现代制造模式，其目标是使产品从设计、制造、包装、运输、使用到报废处理的整个生命周期内，废弃资源和有害排放物最少，即对环境的负面影响最小，对健康无害，资源利用率最高。

绿色制造的核心内容是用绿色材料、绿色能源，经过绿色生产过程（绿色设计、绿色工艺技术、绿色生产设备、绿色包装、绿色管理等）生产出绿色产品。

实现绿色制造的途径有三条：一是改变观念，树立良好的环境保护意识，并体现在具体行动上，可通过加强立法、宣传教育来实现；二是针对具体产品的环境问题，采取技术措施，即采用绿色设计、绿色制造工艺、产品绿色程度的评价机制等解决所出现的问题；三是加强管理，利用市场机制和法律手段，促进绿色技术、绿色产品的发展和延伸。

10.3 新工艺

工艺是劳动者利用生产工具对各种原材料、半成品进行增值加工或处理，最终使之成为产品的方法和过程，新工艺就是新的方法或程序。机械制造工艺是将各种原材料、半成品加工成机械产品的方法和过程，是机械工业的基础技术之一。机械制造工艺可以用图10-9的机械制造工艺流程图来表示。

从图10-9可见，机械制造工艺流程主要由原材料和能源供应、毛坯和零件成形、零件机械加工、材料改性与防护、装配与包装、搬运与储存、检测与质量监控、自动控制装置与系统八个工艺环节组成。按其功能不同，主要分为三类：①直接改变工件的形状、尺寸、性能以及决定零件相互位置关系的加工过程，如毛坯制造、机械加工、热处理、表面处理、装配等，它们直接创造附加价值；②搬运、储存、包装等辅助工艺过程，它们间接创造附加价值；③如检测、自动控制等，并不独立构成工艺过程，而是通过提高前两类工艺过程的技术水平及质量来发挥作用。新工艺则是在原有工艺基础上进行改进或新研发出的方法、过程或流程。

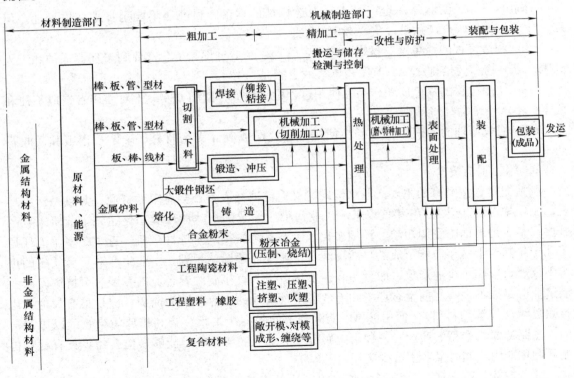

图 10-9 机械制造工艺流程图

新材料、新技术和新工艺往往是相互关联而不严格区分的，往往新材料、新产品中包含着新技术和新工艺。无论是飞机、高铁、高楼、大桥、汽车、超级工程和大国重器，还是数码电器、日常用品，"三新"无处不在，无时不在。作为一名工业产品造型设计师，应注意关心和把握这些科技发展的最新成果和动向，并应用到造型设计中，使自己设计出的产品实现"三好"，即好用、好看、好造。

硅橡胶模及塑料件的制作过程如图10-10所示。其工艺流程如下：

　　用三维设计软件设计产品三维模型（或油泥模型通过激光扫描仪获得数据后，逆向重构三维模型)→转成 STL 格式文件→用 3D 打印机生产出原型件作为母件（或其他实物样品直接作为母件，如图 10-10a 所示)→采用硫化有机硅橡胶进行真空浇注、烘干、固化，之后沿分型面切开硅橡胶，取出母件，即得硅橡胶模具（图 10-10b)→再应用制成的硅橡胶模具可翻制出塑料件（图 10-10c)。硅橡胶真空浇注机如图 10-11 所示。由于硅橡胶本身具有良好的柔韧性和弹性，用硅橡胶模具可以轻易翻制出结构复杂、花纹精细的零件。一个快速硅橡胶模具根据所翻制产品的复杂程度有不同的使用寿命，一般情况下可达 40 件以上，可以满足小批量和试生产的需要。

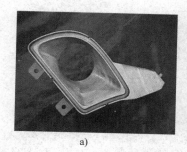
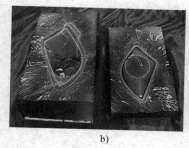
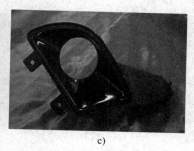

a)　　　　　　　　　　　　　　b)　　　　　　　　　　　　　c)

图 10-10　硅橡胶模及塑料件的制作过程

a）RP 样件　b）硅橡胶模具　c）塑料件

图 10-11　硅橡胶真空浇注机

复习思考题

　　10-1　什么是新材料？主要有哪些应用领域？举例说明它们在国民经济和国防建设中的作用。

　　10-2　举例说明什么是新技术和新工艺。

　　10-3　简述绿色制造的目的。

　　10-4　简述新材料、新技术和新工艺对工业设计的作用。

第 11 章

产品造型材料与工艺实例

11.1 运动会火炬

1. 造型设计

对于大型国际性运动会，其运动会会标、吉祥物和火炬的设计，成为主办国和城市的历史、特色和民族文化的载体，也反映了主办国的工业设计、材料和制造水平，所以往往成为世界关注的焦点。其中运动会火炬由于其在各地首先开始传递，备受大家瞩目。如北京在成功举办 2008 年夏奥会 13 年后，2022 年又成功举办了冬奥会，成为首个"双奥之城"，其两次火炬设计及制造，就是奥运体育与文化、艺术和科技的巧妙结合，既有文化传承又有科技创新，体现了北京作为世界首个"双奥之城"的独特魅力，中国的文化艺术也得到完美展现。

对于运动会火炬设计一般有三点要求：一是要能够反映当代风采和该国人的精神面貌；二是有利于电视转播；三是要有特色，放到博物馆与历届运动会火炬在一起，能够醒目而易于辨认。

2008 年北京奥运会"祥云"火炬符合了这三点要求，使它从全球 388 个竞标方案中脱颖而出获选。北京奥运会火炬的主题元素包括作为传统的云纹符号，代表中国四大发明的纸以及承载千年中国印象的漆红。其最初的设计理念来自蕴含"渊源共生，和谐共融"的中国传统"云纹"符号，通过"天地自然，人本内在，宽容豁达"的东方精神，借祥云之势，传播祥和文化，传递东方文明。北京奥运会火炬以漆红为主体色，红色祥云图纹在亮银底色下从火炬正中部向上升腾。和谐而鲜明的设计，不仅强烈体现出中国传统艺术与现代设计的交融，而且与北京奥运会的主景观保持了完美的一致。

火炬在外形设计中融合了四大元素——云纹、漆红、人文和科技。"祥云"火炬在整体上采用了类似纸卷和画轴极富中国特色的别致造型。纸是中国古代四大发明之一，通过丝绸之路传到西方，用卷轴的创意能充分体现中国文化的精髓，又能与火炬精神相契合，并且这种造型简洁大方。将中国古代四大发明之一的纸，融入奥运火炬设计中，在西方文化中也能够得到很好的诠释。整个火炬由长度相等的两段拼接而成，这一方面体现了中国传统美学中对称平衡的观念，同时便于安装火炬芯、换气罐等。火炬主体以银红两色为主，上半部以银色为基色，立体浮雕为漆红色的祥云花纹，预示"祥云升腾"，印有奥运五环、会徽"中国印"及"Beijing2008"等标志。

火炬设计需考虑人机工程，如在把手部分设计时，除要考虑尺寸便于手把握外，还要考虑防滑。尺寸大小、手感如何，对火炬的传递活动有着很大的影响。如果火炬太重，火炬手很可能拿不了多久手就会发酸，一般在 1kg 左右。火炬长度一般在 70cm 左右，下端适宜手握和传递。

火炬结构通常由上、下两个外壳及燃烧器和燃料罐四部分组成。有的燃烧器设计借鉴了火箭发动机技术，采用了预燃和主燃"双火焰"结构，燃烧稳定可靠，抗风雨能力很强，即使上层的主火焰熄灭，下层的预燃火焰仍能立即将其重新点燃。

2022 年北京冬奥会火炬外形设计上和 2008 年北京奥运会主火炬造型有相似之处，整体上仍是一个大卷轴，既有传承又有创新，如火炬的颜色以及手柄部位的祥云图案代表着 2008

年北京奥运会的延续，火炬主体上的祥云纹样，巧妙渐变到剪纸风格的雪花图案则表现本次冬奥会特征，也体现了北京作为世界首个"双奥之城"的独特魅力，特别是其"飞扬"造型设计完美实现了创新。北京冬奥会"飞扬"火炬的设计灵感来源于落叶，大自然的线条，自然界的流线力量与生机，是计算机设计软件中无法实现的。受自然生长的叶子启发，每一根线条都是有韵律、有节奏、挥洒和自由的，而火炬正需要这种生命力。设计师将空心螺旋上升式的飘带作为主特征，出火口则改在了内外飘带的边缘上，又通过不断临摹树叶的形态，经过无数次尝试，终于赋予了火炬飘带造型以天然柔和的姿态和生命的张力。最终的"飞扬"内外飘带结合的造型，突破了传统火炬的封闭造型，把火炬从原来比较完整的封闭形状变成了一个开放的形状，设计"没有一根直线条"让火炬呈现出动感，蜿蜒的红色主线贯穿整个火炬，像赛道，也有山峦的感觉，还像长城，体现主办城市的特色。火炬盘旋向上的造型有生生不息的寓意，也决定了火燃烧的形态将不同以往。传统的火炬是一团火，但"飞扬"像一条火龙一样盘旋上升，而且可以通过一些设计的小细节去控制，让火从小慢慢变大，到顶端的时候变得更有活力。两支火炬的顶部曲面还可紧密相扣，就像握手一般，象征着不同文明的交流和互鉴，体现了让世界更相知相融、让奥运更团结的北京冬奥愿景。其云锦祥云纹样和中国剪纸风格的雪花图案，则从中国非物质文化遗产的财富中汲取设计灵感，燃烧管上24朵火焰象征着二十四节气，也预示第24届冬奥会，体现了冬奥火炬设计紧扣中华文化。

2. 材料设计

根据火炬使用条件，对外壳材料要求有：重量轻、有一定强度、成形工艺性好、材料质感好、耐蚀和一定的耐高低温度性能（燃烧的火焰高温和北部零下几十摄氏度低温）。塑料和不锈钢不能同时满足上述要求，所以一般选用高质量的铝合金，可满足重量、强度、防锈、耐一定的高低温、成形工艺性好的要求。火炬下部把手为了防滑和美观，同时手握上去不会有冰冷感，而是传递给人一种温暖亲切的感觉，可喷涂橡胶漆。燃料罐可选用耐压和塑性好的铝合金材料，需承受十几MPa以上压强。燃料可选用环保性好的液体丙烷，燃烧后生成二氧化碳和水。火炬外形制作材料可回收。

对于冬季运动会火炬，外壳部分考虑到户外传递时气温较低，与金属材料相比，碳纤维复合材料不会冰冷粘手，使用触感更好，可以采用重量轻的耐高温碳纤维材料（保证800℃不起泡开裂），呈现出以下特点：轻——碳纤维复合材料与相同体积的铝合金相比轻了20%以上；固——具有高强度、耐蚀、耐高温、耐摩擦、耐紫外线辐射的性能；美——应用三维立体编织成形技术，将高性能纤维编织成具有复杂形状的优美整体。采用氢作为燃料，氢气的燃烧产物只有水，没有二氧化碳，是完全零排放能源。但这一选择虽然符合环保要求，却也带来了不少新难题，如火焰的颜色问题，正常氢气燃烧时火焰呈淡蓝色，在日光下接近透明，为了使观众能看清火焰，让火焰有较高显色度，可在火炬上涂具有显色功能的钠盐，钠盐被火焰灼烧时会发生焰色反应，使火焰变为鲜艳明亮的金黄色，在日光下具有可见的火焰颜色。此外，手持火炬内部空间狭小，高压储氢是现实问题，若要维持同样的燃烧时间，氢气的存储空间比传统液态丙烷燃料大一倍，这也意味着氢燃料的燃烧罐需要能够承受更大的压力，还要解决氢气火焰的稳定性。由于手持火炬体型小，限制了氢气瓶的体积，为储存足量的氢气，需将几十MPa的高压将十几克氢气压缩进氢气瓶，能保证在高速运动场景或者大风环境下火焰能持久稳定燃烧，并兼顾了轻量化、小型化外形匹配要求。

3. 工艺设计

火炬外壳成形难度在于：①设计为异形结构，火炬口形状复杂；②在异形壳体外表做出立体纹路，这对蚀刻和着色都有非常大的难度；③壳体壁厚不到1mm，这给中间连接件的设计以及上下壳体配合造成很大困难。异形结构成形可采用冲压工艺，由于是弯形自由曲面，所以在模具设计制造上可应用从模型到模具的逆向工程技术，用模具实现轻薄高品质铝合金锥体曲面一次整体成形。立体纹路可采用蚀刻方法，防腐和染色可采用双色阳极氧化着色工艺，使防腐、着色和增加表面硬度结合在一起。火炬铝合金外壳制造工艺为经压延、立体蚀纹、双色氧化着色以及橡胶漆喷涂工艺加工。燃料罐可由整块材料冷拉深直接成形，壁厚可小于 1mm。燃料罐与稳压装置以螺纹接口方式连接，不仅定位精确，而且密封和更换方便。

对于采用碳纤维材料的火炬主体，一般金属材料成形方法不适用，对于高维曲面体，工程化制造来说是一种极其复杂的异形结构件，可以采用航空航天高端制造技术——碳纤维复合材料 3D 编织成形技术。火炬外壳通过异形结构件三维高精度球面立体编织机制造。该编织机可编织大飞机、高铁等大尺寸结构承力件，也可编织螺旋桨、无人机、火炬外飘带等精密异形结构件。设备工作时，在环形球面轨道内，几百个高速运动锭子不断变轨飞速交叉、穿梭，实现了火炬外飘带的三维自动化立体编织，再经过机器人自动化打磨、机器人喷涂（耐火、无烟、无毒的水性陶瓷环保涂料）、固化、智能化激光雕刻等。图 11-1 所示为碳纤维复合材料外壳 3D 编织成形。

图 11-1　碳纤维复合材料外壳 3D 编织成形

4. 小结

运动会火炬设计成功的关键因素之一是构建一个多专业协同创新平台，设计团队由工业设计、平面设计、材料工程、机械工程、人类学和社会学等跨学科专业人员组成，在火炬设计的创作过程中，工程师不断给工业设计师提出各种建议，帮助工业设计师更好地把设计和工艺结合起来，去实现创意。设计人员不仅要美学、工业造型功底深厚，而且对材料和制造工艺也要有足够的了解。运动会火炬不仅体现了文化的哲学理念，同时也象征着科技、人文和绿色的和谐统一。所以，火炬设计及其制造是一系列先进设计理念和工艺、美术、工业设计、材料设计、工艺设计完美结合的典范。

11.2　哈雷·戴维森 Sportster S

哈雷·戴维森（Harley Davidson）Sportster 系列自 1957 年以来一直在生产，是哈雷历史上持续生产时间最长的摩托车之一，也是最具代表性的摩托车品牌。Sportster S 是哈雷·戴维森 2021 年推出的接续车型，其在外观、动力系统、操控性、驾乘体验等方面均有重大改进。Sportster S 是一款基于 Revolution Max 发动机平台打造的全新摩托车，为 Sportster 系列树立了新的性能标准。

1. 外观造型设计

哈雷·戴维森全新的 Revolution Max 发动机平台，为 Sportster S 提供了灵活的性能，更窄的动力总成，最大限度减小了该车的重量。整车形象经典而又现代，外观设计大胆且轮廓鲜明，既是对 Sportster 系列车型的延续，更是一次脱胎换骨。

作为 Sportster 系列里程碑式的车型，Sportster S 个性张扬、特立独行，代表了哈雷对于性能和风格的把控。自 1909 年以来，V 型双缸一直是哈雷·戴维森的核心技术，随着 Revolution Max 的诞生，这一血统继续被植入中量级摩托。车侧腰线高挂的排气以及单车座的设计源自知名的 XR750 概念车，肥大的前轮与体积相对小的前叉，让车子充满复古的 Bobber 车型风格，更加紧密一体的车身充满现代气息，改变了哈雷摩托车给人的固有印象，更具科技感，如图 11-2 所示。

图 11-2　哈雷·戴维森 Sportster S

（1）车体　哈雷·戴维森 Sportster S 采用全新的底盘结构以及动力总成（Revolution Max 1250T），发动机本体也成为车架结构的一部分，排气系统造型和位置做出了重大调整，形成更现代的整体车身结构。Sportster S 车身长宽高分别为 2265mm×843mm×1089mm，配合 1518mm 的轴距及 228kg 的车重，轻量化车身和澎湃动力完美结合，实现了更好的运动性能和操控性，如图 11-3 所示。

图 11-3　行驶中的哈雷·戴维森 Sportster S

（2）车头　哈雷·戴维森 Sportster S 一改以往延续的经典圆形前照灯设计，采用更具现代气息的圆角矩形 LED 照灯。车头一块圆形 TFT 液晶显示器，将车辆信息进行汇总，提供仪表、指示器、导航等功能，这种经典和现代的结合，增加了车辆的科技感，如图 11-4 所示。

图 11-4　哈雷·戴维森 Sportster S 车头

（3）色彩　哈雷·戴维森 Sportster S 在车身色彩方面做出了较大调整，除了延续传统经典配色外，增添了更多的变化，发动机盖具有巧克力色缎面效果，而不是选择传统黑色、银色等中性色，尾气处理系统采用亚光黑和银色搭配，摆脱了之前的纯黑或亮银色，更具有现代气息。在沿袭品牌色设计、保留品牌辨识度基础上，增加了新的流行色元素，如图 11-5 所示。

图 11-5　哈雷·戴维森 Sportster S 配色

2. 材料与工艺

哈雷·戴维森 Sportster S 在发动机、轮毂等部件材料轻量化上也得到了很好的应用。

（1）轻量化处理　基于全新 Revolution Max 发动机平台打造的 Sportster S，不仅通过将发动机作为底盘的中心部件集成到车辆中，以减轻车辆重量，而且在发动机上使用了轻质材料以实现理想的功率重量比。带有镍碳化硅表面电镀层的单体式铝制气缸，锻造铝合金活塞，轻质镁合金的摇臂盖、凸轮轴盖等突出了轻质设计特征。同时，发动机气缸部分，通过复杂的铸造技术，在封头内形成悬浮油道，由于封头壁厚的最小化而减轻了重量。此外，车身中间的连接件、轮毂等部件，均选择了轻质铝合金材料，进一步突出了整车的轻量化特点。

（2）材料与工艺配合 从整车材料搭配来看，车身虽然大部分部件选择了铝合金，但是却涉及不同的制造工艺，比较典型的工艺是铸造铝合金轮毂和锻造铝合金连接件。铸造铝合金轮毂有易加工成形，重量轻，涂装后色彩多样等特点，制作成本较低。锻件要比铸件有更好的抗冲击能力，但是这种工艺成本也更高，不过作为发动机与车身的连接件，保障车身牢固性是非常必要的。

（3）表面处理工艺 图11-6所示的哈雷·戴维森Sportster S时尚现代的巧克力色缎面镁合金发动机盖，个性十足，使整车看起来像一辆高级定制车。缎面效果拥有中等光泽度，光线反射度较低，表面反射分布有细小的纹理光泽，显得轻快、新颖。其常见的制备方式是在油漆中添加不同粒径的珠光颜料，其中，粒径大闪烁效果好，反之呈柔和缎面效果。

Sportster S车身的其他部分多采用亚光喷漆处理，不仅烘托出缎面发动机盖，而且亚光漆使产品更有质感，改变了传统Sportster系列车型采用镀铬亮面的表面处理方式，整车表现出一种沉稳有力之感。

图11-6 巧克力色缎面镁合金发动机盖

3. 小结

哈雷·戴维森摩托车在摩托车史上成就了一个不朽的传奇，成为世界上最受青睐的摩托车品牌之一，而随着时间流转，经典的摩托车造型逐渐被市场所排斥，它们的受众不断老去，对哈雷群体的印象似乎都是一些痴迷摩托车文化的老人。

2021年推出的Sportster S是哈雷·戴维森摩托车公司面对这一问题做出的对策，一方面延续品牌的设计基因，如经典的V型双缸发动机、宽大且极具冲击力的轮胎等，彰显美系肌肉摩托车特质；另一方面，在外观造型、操控系统、材料、性能等方面为经典车型注入现代感和科技感，以吸引新的年轻消费者，提高其在摩托车市场的竞争力。

11.3 华帝近拢吸橱柜烟机 J6018H

华帝近拢吸橱柜烟机J6018H是华帝公司2021年推出的产品，是体现"智慧时尚家"品牌理念的代表之作，集颜值美学、功能体验、智能化于一体，解决了油烟问题，实现一键开启无烟厨房。其具有"超薄一体化设计""超静音""自清洁油渍""手势智能操作"等功能，让烹饪者享受到下厨乐趣的同时，更保障了家人的身心健康。

1. 外观造型设计

如今厨房已不仅仅是日常烹饪美食的场所，随着开放式厨房概念的兴起，厨房日渐成为家人、好友聚会聊天的开放社交空间。开放式厨房空间宽敞，规划布置轻松又富于表现力，用户对于开放式厨房的需求量越来越大，很多家庭倾向于使用嵌入式厨电。华帝近拢吸橱柜烟机 J6018H 超薄橱柜一体化设计，厚度仅为 215mm，拢烟腔推出深度为 330mm，与厨房吊柜厚度契合，关机状态与厨壁紧贴不碰头，如图 11-7 所示。

产品视觉形象建构中的色彩运用，既要符合美学需求，又要整合设计概念、市场营销、形象战略等内容。华帝这款烟机选择银色金属壳体搭配黑色操控屏幕，外观极致简约，适合各类厨房装修风格。结合华帝其他厨电产品，可以看出产品色彩设计的延续性。

图 11-7　华帝近拢吸橱柜烟机 J6018H

2. 材料设计

卫生条件对油烟机很重要，油烟机必须便于使用化学清洗剂，因此要求材质耐酸碱。华帝近拢吸橱柜烟机 J6018H 机体主要选择不锈钢和钢化玻璃，如图 11-8 所示。

图 11-8　烟机机体材料搭配

不锈钢表面光滑不容易积垢、不容易被腐蚀，适于油烟环境使用。钢化玻璃属于安全玻璃，热稳定性好，适于油烟环境使用，同时光亮易清理。透光性的钢化玻璃，能够提升油烟机的品质，同时保护面板上的显示器和传感器。

3. 工艺设计

在成形工艺方面，不锈钢壳体主要采用板料冲压工艺，零部件具有重量轻、刚度高、成本低、可大规模量产、性能一致性好等特点。

华帝近拢吸橱柜烟机 J6018H 壳体，对烟机顶盖与侧围的接合处采用激光焊接技术连接，该焊接方法具有焊缝平整美观不发黑、焊接效果牢固等特点。

烟机壳体表面采用金属拉丝工艺，使产品具有特殊的刚毅之美，将金属质感体现得淋漓尽致。金属拉丝的表面，可以清晰显现每一根细微丝痕，从而使金属亚光中泛出细密的发丝光泽，如图 11-9 所示。

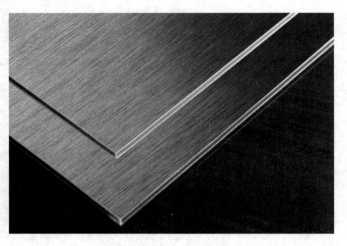

图 11-9　拉丝处理的金属板

4. 小结

吸油烟机作为家庭厨房的重要组成部分，与人、厨房环境之间关系密切。设计者把用户、厨房环境、家用电器作为整体进行规划设计，让彼此之间产生美学上的关联，打造出流畅舒适的厨房空间，受到越来越多用户的喜爱。华帝近拢吸橱柜烟机 J6018H 从产品外观形态、材料工艺、核心技术功能以及智能物联等方面进行创新，树立了空间节省、功能强大、清洁方便、智能操作的厨电产品形象，满足了消费者在厨房空间升级过程中对新一代烟机产品的需求。

参 考 文 献

[1] 江湘芸. 设计材料及加工工艺 [M]. 北京：北京理工大学出版社，2002.

[2] 赵江洪. 设计艺术的含义 [M]. 长沙：湖南大学出版社，1999.

[3] 郑建启. 材料工艺学 [M]. 武汉：湖北美术出版社，2002.

[4] 程能林. 产品造型材料与工艺 [M]. 北京：北京理工大学出版社，1991.

[5] 王纪安. 工程材料与成形工艺基础 [M]. 2版. 北京：高等教育出版社，2004.

[6] 梁耀能. 工程材料及加工工程 [M]. 北京：机械工业出版社，2005.

[7] 鞠鲁粤. 工程材料与成形技术基础 [M]. 北京：高等教育出版社，2004.

[8] 高岩. 工业设计材料与表面处理 [M]. 北京：国防工业出版社，2005.

[9] 赵英新. 工业设计工程基础 I：材料及加工技术基础 [M]. 北京：高等教育出版社，2006.

[10] 孙康宁，程素娟，孙宏飞. 现代工程材料成形与制造工艺基础：上册 [M]. 北京：机械工业出版社，2002.

[11] 王章忠. 机械工程材料 [M]. 北京：机械工业出版社，2001.

[12] 戴枝荣，张远明. 工程材料及机械制造基础（I）：工程材料 [M]. 2版. 北京：高等教育出版社，2006.

[13] 徐人平. 工业设计工程基础 [M]. 北京：机械工业出版社，2003.

[14] 邓文英. 金属工艺学 [M]. 4版. 北京：高等教育出版社，2000.

[15] 刘会霞. 金属工艺学 [M]. 北京：机械工业出版社，2001.

[16] 翟封祥，尹志华. 材料成形工艺基础 [M]. 哈尔滨：哈尔滨工业大学出版社，2003.

[17] 戴金辉，葛兆明. 无机非金属材料概论 [M]. 哈尔滨：哈尔滨工业大学出版社，1999.

[18] 殷凤仕，姜学波. 非金属材料学 [M]. 北京：机械工业出版社，1998.

[19] 齐宝森，王成国. 机械工程非金属材料 [M]. 上海：上海交通大学出版社，1996.

[20] 方昆凡. 工程材料手册：非金属材料卷 [M]. 北京：北京出版社，2000.

[21] 中国第一汽车集团公司编写组. 机械工程材料手册：非金属材料 [M]. 5版. 北京：机械工业出版社，1999.

[22] 葛晨光，张允华，朱文高. 最新国际铸造标准 [M]. 北京：机械工业出版社，1998.

[23] 曾晔昌. 工程材料及机械制造基础 [M]. 北京：机械工业出版社，1994.

[24] 杨慧智. 工程材料及成形工艺基础 [M]. 北京：机械工业出版社，2000.

[25] 沈其文. 材料成型工艺基础 [M]. 武汉：华中理工大学出版社，1999.

[26] 丁松聚. 冷冲模设计 [M]. 北京：机械工业出版社，1994.

[27] 朱玉义. 焊工实用技术手册 [M]. 南京：江苏科学技术出版社，1999.

[28] 李子东. 实用胶粘技术 [M]. 北京：新时代出版社，1992.

[29] 田锡唐. 焊接结构 [M]. 北京：机械工业出版社，1982.

[30] 任福东. 热加工工艺基础 [M]. 北京：机械工业出版社，1997.

[31] 张锡. 设计材料与加工工艺 [M]. 北京：化学工业出版社，2004.

[32] 克里斯·莱夫特瑞. 欧美工业设计5大材料顶尖创意：陶瓷 [M]. 顾源，译. 上海：上海人民美术出版社，2006.

[33] 克里斯·莱夫特瑞. 欧美工业设计5大材料顶尖创意：玻璃 [M]. 董源，陈亮，译. 上海：上海人民美术出版社，2006.

[34] 克里斯·莱夫特瑞. 欧美工业设计5大材料顶尖创意：金属 [M]. 张港霞，译. 上海：上海人民美术出版社，2006.

[35] 克里斯·莱夫特瑞. 欧美工业设计5大材料顶尖创意：木材 [M]. 朱文秋，译. 上海：上海人民美术出版社，2006.

[36] 方子良. 机械加工工艺学 [M]. 上海：上海交通大学出版社，1999.

[37] 柳秉毅. 金工实习 [M]. 北京：机械工业出版社，2002.

[38] 张亮峰. 机械加工工艺基础与实习 [M]. 北京：高等教育出版社，1999.

[39] 张辽远. 现代加工技术 [M]. 北京：机械工业出版社，2002.

[40] 傅建军. 模具制造工艺 [M]. 北京：机械工业出版社，2006.

[41] 刘晋春，赵家齐，赵万生. 特种加工 [M]. 4 版. 北京：机械工业出版社，2004.

[42] 刘之生，黄纯颖. 反求工程技术 [M]. 北京：机械工业出版社，2001.

[43] 卢清萍. 快速原型制造技术 [M]. 北京：高等教育出版社，2001.

[44] 童幸生，徐翔，胡建华. 材料成形及机械制造工艺基础 [M]. 武汉：华中科技大学出版社，2002.

[45] 黄天佑. 材料加工工艺 [M]. 2 版. 北京：清华大学出版社，2010.

[46] 叶久新，王群. 塑料制品成型及模具设计 [M]. 长沙：湖南科技出版社，2004.

[47] 刘新佳，姜银方，蔡郭生. 材料成形工艺基础 [M]. 北京：化学工业出版社，2006.

[48] 党新安，葛正浩. 非金属制品的成型与设计 [M]. 北京：化学工业出版社，2003.

[49] 梅尔·拜厄斯. 50 款椅子——设计与材料的革新 [M]. 劳红娟，译. 北京：中国轻工业出版社，2000.

[50] 梅尔·拜厄斯. 50 款桌子——设计与材料的革新 [M]. 劳红娟，译. 北京：中国轻工业出版社，2000.

[51] 梅尔·拜厄斯. 50 款产品——设计与材料的革新 [M]. 劳红娟，译. 北京：中国轻工业出版社，2000.

[52] 梅尔·拜厄斯. 50 款灯具——设计与材料的革新 [M]. 劳红娟，译. 北京：中国轻工业出版社，2000.

[53] 梅尔·拜厄斯. 50 款体育用品——设计与材料的革新 [M]. 劳红娟，译. 北京：中国轻工业出版社，2000.

[54] 杜丽娟. 工程材料成形技术基础 [M]. 北京：电子工业出版社，2003.

[55] 刘瑞霞. 日用塑料制品与加工 [M]. 北京：科学技术文献出版社，2003.

[56] 王峰. 设计材料基础 [M]. 上海：上海人民美术出版社，2006.

[57] 吉姆·莱斯科. 工业设计：材料与加工手册 [M]. 李乐山，译. 北京：中国水利水电出版社，2005.

[58] 柳秉毅. 材料成形工艺基础 [M]. 北京：高等教育出版社，2005.

[59] 方亮，程羽，王雅生. 材料成形技术基础 [M]. 北京：高等教育出版社，2004.

[60] 张子成，邢继纲. 塑料产品设计 [M]. 北京：国防工业出版社，2006.

[61] 施江澜，赵占西. 材料成形技术基础 [M]. 3 版. 北京：机械工业出版社，2014.

[62] 戈晓岚，赵占西. 工程材料及其成形基础 [M]. 北京：高等教育出版社，2012.

[63] 祁红志. 机械制造基础 [M]. 2 版. 北京：电子工业出版社，2010.

[64] 陈长生. 机械制造基础 [M]. 杭州：浙江大学出版社，2012.

[65] 李增平，何世松，陈运胜. 机械制造技术 [M]. 2 版. 南京：南京大学出版社，2019.

[66] 吴世友，吴荔铭. 机械加工工艺与设备 [M]. 2 版. 北京：人民邮电出版社，2013.

[67] 陈根. 图解产品设计材料与工艺 [M]. 北京：化学工业出版社，2022.

[68] 李亦文，黄明富，刘锐. CMF 设计教程 [M]. 北京：化学工业出版社，2022.

[69] 陈雪芳，孙春华. 逆向工程与快速成型技术应用 [M]. 北京：机械工业出版社，2022.

[70] 王广春，赵国群. 快速成型与快速模具制造技术及其应用 [M]. 3 版. 北京：机械工业出版社，2019.

[71] 成思源. 逆向工程技术综合实践 [M]. 北京：电子工业出版社，2017.

[72] 姜斌，缪宝莹. 创意产品 CMF（色彩、材料与工艺）设计 [M]. 北京：电子工业出版社，2020.

[73] 薛寿昌. 铝及其合金缎面阳极氧化工艺 [J]. 电镀与涂饰，2006（7）：44-45.

[74] 李有东，杨培杰. 铝合金在汽车上的应用及其发展前景 [J]. 汽车与配件，2000（4）：20-21.

[75] AMK 德国现代厨房行业协会. 2021 年厨房场景发展趋势 [J]. 电器，2021（7）：70-71.

[76] 张凌浩. 产品色彩设计的整合性思考 [J]. 包装工程，2005（6）：163-165.

[77] 胡静，陈建春. 仪器仪表壳体钣金加工工艺改进 [J]. 机械制造，2021，59（11）：53-55.

[78] 王家淳. 激光焊接技术的发展与展望 [J]. 激光技术，2001（1）：48-54.

[79] 罗布·汤普森. 写给设计师的工艺全书 [M]. 李月恩，赵莹，等译. 武汉：华中科技大学出版社，2020.

[80] 祖方遒. 材料成形基本原理 [M]. 3 版. 北京：机械工业出版社，2019.

[81] 童幸生. 材料成形工艺基础 [M]. 2 版. 武汉：华中科技大学出版社，2019.

[82] 温爱玲. 材料成形工艺基础 [M]. 北京：机械工业出版社，2020.

[83] 刘建华. 材料成型工艺基础 [M]. 4 版. 西安：西安电子科技大学出版社，2021.

[84] 夏巨谌，张启勋. 材料成形工艺 [M]. 2 版. 北京：机械工业出版社，2018.

[85] 吴树森. 材料成形原理 [M]. 3 版. 北京：机械工业出版社，2017.

[86] 郑红梅. 材料成形技术基础 [M]. 合肥：合肥工业大学出版社，2016.